国家科学技术学术著作出版基金资助出版

长江中下游河道崩岸预警与治理技术

夏军强　邓珊珊　假冬冬　周美蓉　著

科学出版社

北　京

内 容 简 介

本书采用实测资料分析、力学理论分析、概化水槽试验与数学模型计算相结合的研究方法，开展长江中下游河道崩岸预警与治理技术研究。本书主要研究内容如下：揭示了长江中下游河道崩岸机理与典型护岸工程的水毁机理；研发了不同尺度的床面冲淤与崩岸过程耦合的动力学模拟方法；创新构建了基于动力学模拟与机器学习的河道崩岸预警技术；总结提出了河道崩岸治理中的局部河势调控技术与大型窝崩抢险治理技术。

本书可供从事河流泥沙工程、河道防洪管理等专业的科技人员与高等院校相关专业的师生阅读和参考。

图书在版编目（CIP）数据

长江中下游河道崩岸预警与治理技术 / 夏军强等著. —北京：科学出版社，2024.9

ISBN 978-7-03-076803-2

Ⅰ. ①长… Ⅱ. ①夏… Ⅲ. ①长江中下游-河道整治-研究

Ⅳ. ①TV882.2

中国国家版本馆CIP数据核字（2023）第205710号

责任编辑：范运年 / 责任校对：郑金红
责任印制：吴兆东 / 封面设计：陈　敬

科学出版社 出版

北京东黄城根北街 16 号
邮政编码：100717
http://www.sciencep.com

北京厚诚则铭印刷科技有限公司印刷
科学出版社发行　各地新华书店经销

*

2024 年 9 月第 一 版　开本：720 × 1000 1/16
2025 年 2 月第二次印刷　印张：17 3/4
字数：355 000

定价：168.00 元

（如有印装质量问题，我社负责调换）

序

  防洪安全是长江中下游社会经济发展的基础。随着上游水土保持工程的实施、三峡及上游水库群的修建，长江中下游干流河道发生了长距离、长时间的河床冲刷。尽管中下游河道两岸实施了高强度、大范围的护岸工程，但在河床持续冲刷过程中，岸坡变陡、主流顶冲或深泓贴岸导致局部河段崩岸现象频发，严重影响防洪安全。

  夏军强教授等在国家杰出青年科学基金与长江水科学研究联合基金等多个项目的资助下，开展了长江中下游河道崩岸问题的研究。《长江中下游河道崩岸预警与治理技术》从机理分析、数值模拟、监测预警及治理技术等多个方面，综合反映了作者在崩岸研究方面取得的创新成果。首先，基于实测资料、水槽试验及理论分析，揭示了长江中下游河道崩岸机理及典型护岸工程的水毁机理，并提出了不同尺度床面冲淤与崩岸过程耦合的动力学模拟方法；其次，系统总结了长江中下游河道崩岸的监测方法，并融合动力学模型、机器学习等方法，研发了河道崩岸预警技术；最后，总结提出了长江中下游河道崩岸治理技术，包括局部河势调控技术及窝崩抢险治理技术。

  该书理论联系实际，其创新成果不仅具有很高的学术价值，也可用于指导工程实践，具有重要的实际应用价值，能为当前长江中下游河道的系统治理与防洪体系完善提供重要的技术支撑，从而为长江经济带发展提供坚实的水安全保障。

中国工程院院士

2023 年 12 月 19 日

前　言

随着长江上游水土保持工程的实施与三峡及上游水库群的修建，长江中下游沙量剧减 69%～93%，导致中下游河床持续冲刷，2002～2020 年已累计冲刷 49 亿 m³。尽管中下游河道两岸实施了高强度的护岸工程，但这种长时间的河床冲刷仍使得中下游局部河段的崩岸现象频发。据不完全统计，2002～2020 年长江中下游干流累计岸线崩退长度约 730km，严重威胁两岸防洪安全。故急需构建中下游河道崩岸预警技术，并提出崩岸治理技术，为保障中下游防洪安全提供技术支撑。在国家自然科学基金项目等多个项目的资助下，本书作者团队开展了长江中下游崩岸预警与治理技术研究。本书为多年研究成果的总结，包括以下四部分内容。

(1) 在崩岸机理分析方面，揭示了条崩与窝崩两类典型崩岸现象的动力学机理，以及平顺抛石及抛石丁坝两类典型护岸工程的水毁机理。首先提出了不同崩塌模式下河岸土体的临界力学平衡条件，并量化了二元结构河岸土体的抗冲、抗剪及抗拉特性，阐明了土体黏聚力、内摩擦角及抗拉强度随土体含水率的变化规律；然后依据典型窝崩实例分析了中下游大型窝崩现象的形成条件，并结合概化水槽试验，揭示了窝崩发展过程中的水流结构与地形变化规律，划分了窝崩发展的不同阶段，并明确了窝塘水流与河道主流的交换特点；最后基于概化水槽试验，阐明了平顺抛石护岸及抛石丁坝护岸的水毁过程及影响因素，并结合力学分析，揭示了二者的水毁机理。

(2) 在崩岸模拟方法方面，构建了断面尺度的崩岸数学模型，并将其与一维至三维水沙输移与床面冲淤数学模型耦合，提出了多尺度的崩岸过程模拟方法。首先构建了天然岸段与已护岸段的崩岸过程的动力学模拟方法，并引入了河道水位变化、潜水位变化及土体特性变化等多种因素对崩岸的具体影响。采用构建的模型计算了中游荆江段典型断面的崩岸过程以及抛石护岸工程的水毁过程，并分析了近岸水流冲刷、河道水位及土体特性变化等对崩岸过程的影响，以及块石粒径及水下坡度等对抛石水毁程度的影响。然后将构建的一维模型应用于长江中游长河段的崩岸过程模拟，确定重点崩岸区域；将二维模型用于局部河段的崩岸过程模拟，给出险工险段的岸线变化情况；将三维模型用于计算窝崩的详细发展过程。通过长江中下游河道的实测水沙与地形数据，对构建的模型进行了率定和验证。

(3) 在崩岸预警技术方面，研发了结合崩岸过程预测、预警指标构建及等级划分的崩岸预警模型。首先，介绍了长江中下游河道崩岸常规监测中采用的主要技术手段，涵盖水沙条件、河岸地形、河岸土体组成、渗流及变形的监测技术。然后，建立了河道崩岸预警技术，且该技术结合动力学模型和随机森林模型进行崩岸过程预测；根据预测结果计算表征崩岸强度的指标(崩岸概率和崩岸宽度)，并基于遥感影像确定表征崩岸危害程度的预警指标(临江居民住房面积占比和堤外滩体宽度)；采用模糊 C 均值算法划分预警指标的警限，并结合 Dempster-Shafer 理论对各指标的数据进行融合，划分崩岸预警等级，给出预警信息图。以长江中游为例，采用构建的模型开展了 2020 年中游河段的崩岸预警，并对预警结果进行了分析。

(4)在河道崩岸治理技术方面，研究了中下游河道的局部河段河势控制技术以及大型窝崩抢险与治理技术。首先以长江中游腊林洲与下游落成洲河段的典型河势控制工程为例，对其实施方案及治理效果等进行分析；其次阐明了长江中下游大型窝崩抢险与治理原则及采用的结构型式。通过物理模型试验，揭示了不同窝崩治理措施(树头石、潜坝及两者组合)的阻水与促淤效果，并以长江下游三江口与指南村两个典型窝崩现象为例，分析了这些措施的实施效果。

本书研究成果得到了国家自然科学基金项目(U2040215、51725902、52009095、52109098)、湖北省自然科学基金创新群体项目(2021CFA029)、博士后创新人才支持计划(BX2021228)等的资助，在此一并表示感谢。参加本书研究的主要人员为夏军强、邓珊珊、假冬冬、周美蓉，另外，张幸农、周悦瑶、应强、陈长英、孙启航、石希、刘鑫、朱恒等也参与了相关的研究工作。

由于作者经验不足、水平有限，书中难免出现疏漏，敬请读者批评指正。

作　者

2023 年 11 月于武汉大学

目　　录

第1章 绪 论

1.1 研究背景与意义

长江中下游河段全长约 1893km，不仅是我国重要的冲积通航河段，而且是重点防洪河段。近年来三峡工程及其上游水库群蓄水拦沙，显著改变了进入长江中下游河道的水沙过程(胡春宏和方春明，2017)。这种新水沙条件已导致坝下游河段出现河床大幅下切、滩岸崩退概率加大等显著变化，并引起险工失守、航槽移位等不利状况，不仅威胁堤防安全，还增加了"黄金水道"的治理难度(余文畴和卢金友，2008；卢金友等，2017；Xia et al.，2017；胡春宏和张双虎，2020)。当前防洪仍是长江中下游面临的主要问题，而开展崩岸预警与治理技术研究可为中下游防洪安全提供重要支撑。

三峡工程运用后，进入长江中下游河道的水量略有减少，宜昌站沙量由建库前(1950~2002 年)的 4.92 亿 t/a 减少到近期(2003~2020 年)的 0.35 亿 t/a。沙量急剧减少使得坝下游河道发生长距离、长时间的河床冲刷，长江中下游平滩河槽已累计冲刷 48.78 亿 m³(包含河道采砂和航道疏浚)，其中中游河段 26.28 亿 m³，下游河段 22.50 亿 m³(江阴以上)。在河床持续冲刷过程中，岸坡变陡、主流顶冲或深泓贴岸导致局部河段崩岸现象频发，特别是在中游的石首段、七弓岭段与洪湖段，以及下游九江与扬中段等都出现了严重的崩岸险情(张幸农等，2007；卢金友等，2017；Deng et al.，2019a；Best，2019；胡春宏和张双虎，2020)。2002~2011 年荆江北门口发生条崩，总崩退长度为 5020m，最大崩宽为 350m。2017 年 4 月 19 日长江干堤洪湖段的燕窝虾子沟堤段发生严重窝崩险情，崩岸长 75m，崩岸宽 22m，距堤脚最近仅 14m，直接威胁大堤安全。2017 年 11 月 8 日长江下游扬中市指南村附近发生窝崩险情，崩窝长约 540m，宽约 190m,直接导致主江堤防损毁约 440m 及民房损毁 9 幢。2020 年 12 月上旬，洪湖市长江干堤中小沙角段发生条崩，崩长约 900m、最大崩宽约 60m，距洪湖市长江干堤堤脚约 700m。据统计，三峡工程运用后长江中下游干流河道共发生崩岸险情 1010 处，累计崩岸长度约 730km，尤以荆江河段最为严重(丁兵等，2023)。

自 1998 年后，长江中下游干流修建了大量的护岸工程。据不完全统计(长江水利委员会，2017)，1999~2003 年，水利部长江水利委员会组织实施了长江重要堤防隐蔽工程，累计护岸总长 436km；三峡水库蓄水后(2003~2010 年)，又实施了部分河段河势控制应急工程，累计护岸总长约 200km；2011 年后，对宜昌至城陵矶河段的重点崩岸段以及城陵矶至湖口河段的部分重点崩岸段进行守护，并在172 项重大水利工程中对湖口以下重点崩岸段进行治理，已完成和正在实施的护岸工程长度超过 300km（姚仕明等，2022）。尽管如此，由于上游水土保持工程的实施及梯级水库群的修建，三峡库区入库沙量仅为设计阶段的 1/3 左右，且中下游河道冲刷强度超过以往预期，并可能持续近百年时间（Yang et al.，2014；胡春宏，2018，2019）。这种河床持续冲刷过程很可能使得长江中下游河道仍将长时间面临崩岸险情。

长江中下游河道崩岸机理十分复杂，影响因素众多，属于河流动力学与土力学的交叉学科问题，因此崩岸研究及工程治理难度较大（张幸农等，2007；夏军强和宗全利，2015）。目前对长江中下游河道崩岸特点及机理的认识不够深入，崩岸数值模拟方法仍有待改进，而崩岸监测预警机制亦尚未完全建立，崩岸治理技术也有待进一步完善。因此急需深入开展崩岸预警及治理技术研究，这不仅是当前长江中下游河道系统治理与防洪体系完善的重要内容，而且也能为长江经济带发展提供坚实的水安全保障。

1.2 研究现状

本节主要从崩岸机理及其影响因素、崩岸监测预警技术、崩岸治理技术三个方面对国内外的研究现状进行介绍。

1.2.1 崩岸机理及其影响因素

1. 崩岸类型

崩岸是指在近岸水沙与河床边界的相互作用下，河岸受到各种因素影响而发生部分土体崩塌的现象，它是冲积河流横向变形的主要方式之一（夏军强和宗全利，2015）。崩岸类型多样，在河流工程界通常按其平面形态与崩塌力学模式来划分（钱宁等，1987；Fukuoka，1994；张幸农等，2008；余文畴和卢金友，2008）。崩岸按平面形态主要可分为洗崩、条崩与窝崩（钱宁等，1987；余文畴和卢金友，2008；张幸农等，2008），如图 1.1 所示。洗崩是指局部河岸表层或小范围土体受水流或风浪侵蚀淘刷形成的剥落或流失，分布广且发生频率高。条崩则为较长河段内河岸土体发生大幅度崩解或塌落，且多出现在沿岸水流强度大、河岸土体抗冲性能较差且分布均匀的河段。窝崩是指局部河段内河岸土体的大面积坍塌，平面上呈窝状（半圆形或马蹄形）楔入河岸，崩退长度与宽度（数十米到上百米）的量级相当，其形成与河岸土质分布不均及特殊的水流结构（环流、横流或斜流等）密切相关（张幸农等，2009）。据不完全统计，在长江中下游规模较大的崩岸中条崩占 80%以上，而窝崩占 15%～20%(张幸农等，2008；王媛和李冬田，2008)。

(a) 中游叶家洲洗崩　　　　　　(b) 中游北门口条崩　　　　　　(c) 下游扬中市指南村窝崩

图 1.1　按平面形态的崩岸现象分类

按崩塌力学模式划分，崩岸可分为平面滑动、圆弧滑动及悬臂崩塌(坍落)等 (钱宁等，1987；夏军强等，2005；张幸农等，2008)。平面滑动一般发生在较陡 的黏性土河岸，且表层土体会出现较深的拉伸裂缝。圆弧滑动一般发生在坡度较 缓、高度中等的黏性土河岸。悬臂崩塌通常发生在二元结构河岸，特点是上层为 较薄的黏性土层(或根-土复合层)，下层为较厚且易冲的非黏性土层(粉砂或细 砂)。非黏性土层受近岸水流淘刷后造成上部土层悬空，直至发生绕轴或剪切等破 坏(Thorne and Tovey，1981；钱宁等，1987；Fukuoka，1994；Xia et al.，2014a)。

2. 崩岸发生的力学机理

河岸发生平面滑动或圆弧滑动的力学机理通常是近岸水流直接冲刷河岸表层 土体使岸坡变陡，或者是坡脚冲深使河岸高度增加，或者河岸土体长时间在水 中浸泡后强度减小，当岸坡稳定性降低到一定程度后，河岸上部的一部分土块 会发生滑动。失稳条件是潜在破坏面以上土体的重力与孔隙水压力形成的滑动力 大于由河道侧向水压力与土体黏聚力等提供的抗滑力(Osman and Thorne，1988； ASCE Task Committee，1998a；蒋泽锋等，2015)。悬臂崩塌是由于近岸水流淘刷 二元结构河岸下部砂土层，因此上部黏性土层悬空，受拉或受剪后发生崩塌 (Fukuoka，1994；假冬冬等，2010；Karmaker and Dutta，2013)。

窝崩发生的力学机理较为复杂，通常发生在深泓贴岸、近岸处水流冲刷强度 大、河岸土体抗冲性差且沿程分布不均匀的局部河段(冷魁，1993；张幸农等， 2008)。王延贵(2003)根据成因将其分为淘刷型与液化型窝崩。前者是指由于河岸 坡脚剧烈冲刷，土体迅速失稳，并连续坍塌；后者是指河岸土体发生液化，承载 力大幅度减小或消失(抗剪强度趋于零)，在外部触发因素的作用下，短时间内大 面积土体失稳坍塌。多数观点认为水流冲刷是窝崩形成的主要原因(冷魁，1993； 金腊华等，2001；余文畴和卢金友，2008；王媛和李冬田，2008；张幸农等，2011)。 例如，冷魁(1993)认为窝崩的产生是水流不断淘刷下局部深槽楔入，水下岸坡不 断变陡，当岸坡坡度超过稳定的临界值时失去平衡而发生的。余文畴和卢金友

(2008)的研究中认为水流顶冲是窝崩形成的主因，而窝塘内次生横向环流和回流对岸坡的淘刷作用也十分明显。王媛和李冬田(2008)通过流体力学的涡流理论分析，提出了用临界负压评价窝崩形成的原理与方法。张幸农等(2011)开展了窝崩概化模型试验，揭示了窝崩发展过程的四个阶段(起始、发展、趋缓和终止)，并指出岸坡土体抗冲性能差、近岸水流急是窝崩形成的基础条件，而伴随窝塘扩大出现高强度的回流是土体连续崩塌的重要动力因素。然而，上述研究对于岸坡稳定的临界条件以及窝崩过程中泥沙输移过程的解释仍十分定性。另外，丁普育和张敬玉(1985)指出长江下游岸坡土体存在液化的可能，并认为产生液化的外界诱因可能是动水压力，而水流冲刷造成的局部陡坡为剪切液化和渗透液化提供了条件。但冷魁(1993)的研究中指出长江下游水流平稳，无暴涨暴落现象，故因渗透压力造成大规模液化的现象不符合实际。张幸农等(2022)分析了彭泽马湖堤与和畅洲液化型窝崩现象，并给出了该类窝崩水平位移的计算公式，但关于河岸土体发生液化的原因及条件仍不完全明确。

3. 崩岸影响因素

根据崩岸影响因素性质的差异，可将其分为河岸边界条件及动力条件。前者主要涉及河道平面形态、局部岸坡形态、河岸土体组成、植被覆盖及护岸工程等多个因素；后者主要涉及河道水流对近岸床面及河岸土体的冲刷、重力侵蚀及河岸土体内部及表面动力过程(渗流、冻融及干燥等)造成的侵蚀等。

1) 河岸边界条件

通常情况下河道弯曲程度越大，水流顶冲作用越强(尤其是在凹岸侧)，崩岸发生的频率越高。Begin(1981)提出了弯道凹岸受到的单位冲击力与河道曲率半径与河宽比值(R/B)的函数关系。代加兵等(2015)的研究表明黄河毛不拉及陶乐河段的塌岸量与河流弯曲度呈正相关关系。局部岸坡形态是近岸水沙运动塑造的结果，但从短时段尺度来看，也是决定后续是否会发生崩岸的主要因素之一。崩岸段通常为高大陡坡，如长江中游荆江段崩岸区岸坡的坡比为 1∶1.5～1∶2.0，河岸高度为 10～20m(张幸农等，2009)。此外，对具有不同土层组成的河岸而言，黏性土河岸的稳定性一般大于二元结构河岸，后者又大于非黏性土河岸。原因在于：黏性土层越厚、黏粒含量越高的河岸，其整体的抗剪及抗冲性越强。例如，土体的起动切应力(抗冲性)随着黏粒含量的增加而增加，且可采用黏粒含量的多项式函数关系进行估计(Julian and Torres, 2006)。Torrey(1988)研究了密西西比河下游岸坡稳定性与土体二元结构的关系，发现当下卧砂土层厚度与上覆黏性土层厚度之比小于 0.7 时，岸坡基本处于稳定状态。部分学者则侧重研究河岸带植被覆盖对崩岸过程的影响，包括植被生长造成的土体内部含水率及基质吸力等的变化，以及植被根系加筋作用引起的根-土复合体抗剪强度的增长(Simon and Collison,

2002；Arnold and Toran, 2018；宗全利等，2018；邓珊珊等，2020）。

护岸工程的实施不同程度地改变了河岸的边界条件，并使得相应区域的流速场等发生改变。通常情况下，护岸工程前缘会发生较为剧烈的冲刷（卢金友等，2020），继而很可能导致护岸工程的损毁。另外，护岸工程损毁过程还与护岸材料及结构型式等有关。通常可将护岸工程分为散粒体、排体及刚性体。散粒体护岸以抛石护岸为代表，其损毁模式通常包括块石直接被水流带走、平移滑动、抛石层塌陷及河岸土体的塌陷（Lagasse et al., 2006）。其中平移滑动主要是由于河岸坡度较陡或坡脚被水流冲刷，引起大量块石下滑，或由于抛石不均形成空白区，在水流淘刷下，块石大量下滑（Lagasse et al., 2006；卢金友等，2020），而抛石层塌陷及河岸土体的塌陷多是由抛石层或土体内部过剩的孔隙水压力引起（Lagasse et al., 2006）。排体护岸的水毁与排体头、尾部及前沿的冲刷程度密切相关，若冲刷过于严重，排体会出现下滑或拉断等现象，或者发生翻卷及局部破坏（姚仕明和卢金友，2018）。刚性体护岸工程的损毁原因则与其无法适应水流冲刷作用下的河床变形有关（卢金友等，2020）。由此可见，护岸工程的实施可有效维持河岸的稳定性，但其自身的损毁过程及机理十分复杂，而当前定量评估护岸工程实施后自身稳定性的研究较少。

2) 动力条件

通常情况下，水流冲刷是引起冲积河流崩岸现象的最主要驱动因素，因此较早的研究中通常将崩岸现象的发生仅归结于河道水流的冲刷过程。重力对河岸土体的侵蚀作用，与河岸边坡的形态有关，而后者又由水流冲刷作用来塑造。因此，基于河流平衡态的研究认为河道展宽的程度取决于水沙特征因子，如造床流量或平滩流量等（Leopold and Maddock, 1953；Ferguson, 1986），而基于动力学过程的研究则认为河岸土体的横向冲刷速率与水流剩余切应力存在幂函数关系（Ikeda et al., 1981；Osman and Thorne, 1988）。随后的研究开始关注河岸内部及表层的动力过程，如河岸内部渗流过程引起孔隙水压和基质吸力的变化及其对土体颗粒的侵蚀作用（Darby and Thorne, 1996；Darby et al., 2007；Rinaldi et al., 2008；Fox and Wilson, 2010），以及冻融及干燥等造成的河岸土体颗粒的流失（Prosser et al., 2000；Couper and Maddock, 2001；Henshaw et al., 2013）。Karmaker 和 Dutta（2013）通过试验研究分析了渗流侵蚀对二元结构河岸崩塌过程的影响，并建立了河岸崩塌时间与渗流比降的经验关系。Henshaw 等（2013）分析了冻融次数对英国塞文（Severn）河源区崩岸过程的影响，指出崩岸速率随着冻融次数的增加而增大。

此外，崩岸过程对水流运动同样存在反馈作用，且主要表现为：①大幅度崩岸致使河宽明显调整后，可能会改变相应区域的河势，致使主流摆动，水流流速调整；②崩岸形成的坡脚堆积体，一方面对近岸河床起着一定掩护作用，另一方面又改变了局部水流结构，加剧局部河床的冲刷。余明辉和郭晓（2014）基于概化水槽试验结果指出：崩塌体临水面周围，尤其是上、下游区域，水流紊动强烈，易形成较大剪切力区，且崩塌体的体积越大，引起的剪切力变化也越明显。

综上可知，崩岸现象不仅机理复杂，影响因素繁多，而且各类因素之间存在相互作用。例如，河道形态约束水沙运动过程，后者塑造了局部岸坡形态，而崩岸现象又致使近岸水流结构做出改变；河道水位升降影响着河岸内部渗流过程，后者侵蚀河岸土体颗粒，并改变了土体内部孔隙水压力及基质吸力分布，继而影响河岸土体的物理力学特性；局部河床冲刷导致护岸材料发生滑移变形，渗流作用致使护岸工程发生局部破坏或整体塌陷，而护岸工程又改变了河床冲刷及渗流的发展过程。然而，现有研究对于如何准确描述这些崩岸影响因素之间的相互作用尚不完全清楚。

1.2.2　崩岸监测预警技术

监测预警技术在山洪、泥石流等自然灾害领域应用较广(Baum and Godt, 2010；Gourley et al., 2017；练继建等，2018)，但该技术目前在河流崩岸方面的应用较少。建立冲积河流的崩岸监测预警技术，首先需要解决三个关键技术问题：崩岸监测、崩岸模拟、崩岸预警指标及等级划分。

1. 崩岸监测技术

崩岸监测技术一定程度上取决于研究者所关注的时间及空间尺度。从地貌学角度看，研究者通常关注于长河段长时段(大于100a)的崩岸过程，采用的研究数据主要包括沉积特征、植被特征以及历史资料(相关记录、报告及遥感影像)等。然而从河流动力学及实际工程应用角度而言，崩岸监测通常关注于短时间尺度内(一场洪水过程或汛期内)的崩岸过程，需要更为精确的测量结果，关注焦点也通常局限于局部河段，因此通常采用的方法包括断面地形与平面位置的多次测量或岸线变形监测。

在断面地形测量方面，通常采用全站仪、电子水准仪、单波束测深系统、多波束测深系统等仪器开展水下和陆上地形测量(邓宇等，2018)，继而通过对比不同时刻的地形数据，来获取相关崩岸信息，如河岸高度、坡度及坡脚冲刷幅度等。这类测量所需要的人力和时间成本较高，通常不能做到大范围的实时精细测量。在平面位置测量方面，则可采用数字航空摄影技术，如利用无人机航空摄影技术获取不同地形特征的平面坐标，从而实现对局部岸线调整的观测(周建红，2017；冯传勇等，2018)，以及基于遥感影像提取监测河段地形地貌信息，反映岸线变化过程(邓宇等，2018)。该类监测方法所需要的时间成本相对较低，但受限于无人机航空摄影频次及遥感影像采集频次。岸线变形监测通过埋设多点位移计、沉降仪以及压力计等设备，测量土体内部的位移或变形(周建红，2017)，结合网络通信技术，可实现数据的实时采集与传输，用于实时分析险工险段河岸的稳定性。然而，受野外条件的限制，这些检测设备的安装、维护及检测点布置存在较大的难度，因此现阶段在实际工程中的应用相对较少。

　　除了崩岸现象本身，崩岸监测还需包括其主要影响因子的测量，如河道来水来沙条件及局部水流运动特点。在沿程各水文断面开展的常规水文测验，通常用于监测研究河段特定断面的流量、输沙率及水位过程，可用于实时分析研究河段的水位涨落、洪峰过程及河段整体冲淤情况。走航式声学多普勒测流技术可测得局部河段(尤其是急弯和分汊段)的水流结构，对于研究局部复杂水流条件对崩岸过程的影响具有重要意义，但受限于时间及人力成本，通常仅能获得特征流量下的水流结构。由于崩岸成因复杂且具有突发性等特点，崩岸监测需要开展的研究内容较多。对于大江大河，要实现全覆盖实时监测具有很大的难度，因此多以局部重点段监测为主，同时可利用遥感技术等兼顾一般岸段的崩岸监测。

　　2. 崩岸模拟技术

　　崩岸模拟技术可分为基于经验方法的崩岸模拟及基于动力学方法的崩岸模拟。前者通常以河床演变学为基础，构建崩岸特征参数的经验计算关系；后者则结合河流动力学与土力学理论，实现水沙输移、床面冲淤与河岸崩退过程的耦合模拟。

　　基于经验方法的崩岸模拟技术以河床演变原理为基础，构建崩岸特征参数(如年均崩退速率)与水沙因子(如平滩流量、水流冲刷强度等)之间的相关关系(Rosgen, 2001；Larsen et al., 2006；Xia et al., 2014b)。这类方法对特定河段具有一定的适用性，但缺乏坚实的动力学机制。以 Rosgen(2001)提出的经验方法为例，该方法以崩岸风险指标(bank erosion hazard index, BEHI)和近岸水流切应力(near-bank stress, NBS)指标为独立变量，构建崩岸速率与这两个变量之间的经验关系(Sass and Keane, 2012；Kwan and Swanson, 2014；Newton and Drenten, 2015)，但由于不同河流水文及地貌特征的差异，该方法不适用于所有河流(McMillan et al., 2017)。基于动力学方法的崩岸模拟技术以传统的水沙数学模型为基础，耦合水沙输移及床面冲淤计算与河岸稳定性分析模块，用于模拟河床的纵向与横向变形过程。这类技术具有较强的动力学机制，不仅能确定崩岸发生的位置，也能预测崩岸的发展过程(ASCE Task Committee, 1998b；Wang et al., 2008；假冬冬等, 2010；2020；夏军强等, 2019)。

　　水沙数学模型主要包括水沙输移与床面冲淤计算两部分，目前已出现很多比较成熟的一维至三维数学模型(方红卫和王光谦, 2000；陆永军等, 2009；胡德超等, 2010；Schuurman and Kleinhans, 2015；唐磊等, 2019)或相关计算软件，如美国陆军工程兵团开发的 HEC-6 一维模型、荷兰 Deltares 公司开发的 Delft3D 模型等。早期数学模型多基于平衡输沙假设，随后引入了非均匀沙不平衡输移理论，并考虑了全沙（悬移质及推移质）的输移过程（方红卫和王光谦，2000；Wu et al.，2004；Maleki and Khan，2016）。然而，尽管河流数值模拟技术已取得了较大的进展，但在坝下游长距离非均匀沙不平衡输移过程的计算中，仍存在较多问题待解决，如河床粗化过程中阻力的时空变化、非均匀沙分组挟沙力计算、泥沙恢复饱和系数取值等（胡春宏等，2006；刘鹏飞等，2012；胡春宏和方春明，2017；Xia et al.，2018）。

断面尺度及一维尺度的崩岸模型分别以美国农业部提出的 BSTEM（bank stability and toe erosion model）和 CONCEPTS（conservational channel evolution and pollutant transport system）模型为代表（Simon et al.，2009；Sutarto et al.，2014；Klavon et al.，2017）。BSTEM 可考虑坡脚冲刷、孔隙水压力、岸边植被等因素对崩岸的影响，但模型中关于孔隙水压力的计算较为简单，需要采用假设值或实测潜水位进行计算。Klavon 等（2017）对 BSTEM 进行了评估，指出该模型还需要考虑植被根系对土体力学特性的影响。基于河岸形态修正技术或局部动网格技术，将断面尺度崩岸模型与二维或三维水沙数学模型耦合，实现局部河段床面冲淤与崩岸过程的精细模拟（Darby et al.，2002；夏军强等，2005；Nardi et al.，2013；Deng et al.，2019b；假冬冬等，2020）。但多维数学模型计算量大，通常对崩岸过程进行了较多简化，考虑的因素相对较少，一定程度上限制了崩岸模拟的准确度。近期崩岸模拟研究增加了对多个影响因素的综合考虑（Rousseau et al.，2017）。但如何更为准确地模拟近岸水流冲刷、河岸土体渗流及坡脚堆积体分解输移等多个过程，仍是当前崩岸模拟需要解决的关键问题。另外现有模型通常仅适用于天然岸段的模拟，不能用于已护岸段的崩岸模拟，一定程度上限制了这些模型在实际工程中的应用。

3. 崩岸预警指标及等级划分方法

现有预警等级划分方法以实测地形资料分析为主，通过深泓位置、河岸坡度、高度等特征指标的变化来判定崩岸危险区域并评估其预警等级。部分研究以崩岸可能性大小或河岸稳定性的程度来确定预警等级（李义天等，2012；荆州市长江勘察设计院等，2018），或结合崩岸对沿岸人民生命财产安全等的危害程度来划分崩岸预警等级（刘东风，2014；周建红，2017；刘东风和吕平，2017；吴永新等，2017）。例如，李义天等（2012）选取河岸坡比为预警指标，预警过程包括临界坡度确定、深泓冲刷深度预测及河岸稳定性分析三个方面。该研究基于一维水沙输移及床面冲淤数学模型预测研究河段各断面的平均冲刷深度；并基于经验关系，预测深泓的冲深幅度，继而修正各断面河岸形态。对比预测坡度 S_a 与临界坡度 S_c 的大小，并将护岸方量小于 100m³/m 且 $0.9S_c \leqslant S_a$ 设为预警岸段，其余为一般岸段。此外，还将预警岸段中 $0.9S_c \leqslant S_a < S_c$ 设为警戒岸段，而将 $S_a \geqslant S_c$ 的岸段设为危险岸段。

荆州市长江勘察设计院等(2018)提出了基于分值评估体系的崩岸预警方法，其核心内容在于通过设立条件特征、冲刷过程特征及岸线状况特征三大条款及相应的子条款，并基于大量实测数据评估岸坡在这三方面获得的分值，进而确定加权后的综合分值，由此判断一般、二级设防、一级设防及警戒四类预警岸段。该方法考虑了河岸土体组成、渗流、河床冲刷及护岸工程等多重因素的影响，但各条款分值的评估未有明确的定量标准。

另外，刘东风和吕平(2017)提出结合河道演变分析、近岸断面套绘、岸坡稳定计算等方法，开展长江下游崩岸预警工作，并依据崩岸可能性及危害程度将崩岸预警划分成Ⅰ~Ⅲ等级。曹双等(2019)提出了崩岸预警的综合评估方法，包括河道演变分析、水沙数学模型计算及岸坡稳定性分析等多个方面。彭良泉(2022)从水流动力条件、河床边界条件和人类活动三个方面选取了流量、河弯曲率、深泓离岸距离等18个崩岸因子，然后基于以往的研究成果分别给出各指标的阈值，并采用模糊综合评价法，划分岸坡的四类稳定性等级。闻云呈等(2022)结合理论推导和统计分析，确定了长江下游河道流量、近岸流速、水位变幅、汊道分流比变化率等预警指标，并建立了四级稳定程度划分标准。

综上所述，现有研究中的崩岸预警指标不统一，等级划分手段多样且等级设定存在差异，各方法获取的结果较难相互转化。因此需要构建更为定量的崩岸预警方法，并融合经验方法、数值模拟及指标分析等多种手段，提高崩岸预测的准确度。

1.2.3　崩岸治理技术

本节分别从局部河势调控与护岸工程两个方面，介绍长江中下游河道的崩岸治理技术。由于长江中下游河道主要由分汊型和弯曲型河道所组成，故主要介绍这两种河型的局部河势调控措施及护岸工程类型。

1. 局部河势调控

分汊型河道的局部河势调控通过节点、江心洲及岸线控制等工程措施来调节适宜河宽、河长、弦长及弯曲半径，使其朝有利河势方向发展(卢金友等，2017)。具体措施可分为稳定、改善、堵塞三类，其中稳定汊道措施是指现状汊道条件能满足各方要求，工程措施是为了消除河势向不利方面发展的趋势，一般在汊道上游节点处、汊道入口处以及江心洲首尾修建整治建筑物。节点控导及稳定汊道常采用的工程措施是平顺护岸，而江心洲首尾部位的工程措施通常是分别修建上、下分水堤(或梳子坝)。其中上分水堤又名鱼嘴，其前端窄矮、浸入水下，顶部沿流程逐渐扩宽增高，与江心洲首部平顺衔接；下分水堤的外形与上分水堤恰好相反，其平面上的宽度沿程逐渐收缩，上游部分与江心洲尾部平顺衔接。上、下分水堤的作用,分别是为了保证汊道进口和出口具有较好的水流条件和河床形式,以使汊道在各级水位时能有相对稳定的分流分沙比,从而固定江心洲和汊道(李超,2012)。汊道的改善措施主要包括调整水流与河床两方面。例如,为了改善上游河段的情况,可在上游节点修建控导工程,以控制来水来沙条件;为了改变两汊道的分流分沙比,可在汊道入口处修建顺坝或导流坝,也可在汊道内进行疏浚;为了改善江心洲尾部的水流流态,可在洲尾修建导流坝、顺坝等(卢金友等,2017)。汊道的堵塞措施(塞支强干),往往是从汊道通航要求考虑,有意淤废或堵死一汊,常见的工程措施是修建锁坝,限制一汊的分流分沙比,也可采用修建一道或几道潜锁坝的工程措施。

弯曲型河道的局部河势调控则通过工程措施来控制河宽、河长及弯曲半径,并控制河长与弯曲半径的比值在合理范围内(卢金友等,2017;李超,2012)。根据弯道演变过程,具体措施可分为稳定、改善、裁弯取直三类。对于平顺弯曲型河道,对弯道凹岸及时加以保护,以防止弯道继续恶化。当弯道的凹岸稳定时,过渡段也可随之稳定,整个河段也就相对稳定。此时采用的河势调控措施为以护坡(岸)为主的防护型工程措施。对于过度弯曲型河道,需因势利导,采取相应的工程措施。对于由局部自然地形的阻挡产生的过度弯曲,可采用拓卡、削矶等方式,减弱卡口、矶头的挑流作用,改善水流条件。也可采用切滩或撇弯等措施,来调整弯道形状,改善水流条件,故此时采用的河势调控措施主要为治理型工程措施。

2. 护岸工程

20 世纪 50 年代之前长江中下游河道只有零星的护岸工程(以矶头和驳岸为主),1950 年之后长江中下游河段崩岸治理长度超过 1200km,有效地降低了崩岸频率和强度,稳定了岸线且控制了河势,对维护沿江地区防洪安全发挥重要作用(余文畴,2013)。在护岸工程型式上,长江中下游河道由传统的守点工程(矶头、丁坝)转变为平顺型护岸。在护岸材料上,由 20 世纪 50~80 年代起采用抛石、沉柴排、柴枕、混凝土铰链排、塑护软体排、枕和模袋混凝土等材料,然后到 20 世纪 90 年代末先后采用了系接压载软体排、四面六边透水框架、混凝土异形块和钢丝石笼护岸,再到 2015 年先后开始使用宽缝加筋生态混凝土护坡和网模卵石排护脚等新技术(姚仕明和岳红艳,2012;姚仕明等,2022)。

传统崩岸治理工程主要采用抛石和混凝土材料,造成近岸的水下和水上硬质驳岸,降低了水生生物栖息地多样性,而且具有光滑表面的硬化河岸也增加了近岸流速,减少了水生生物的栖息空间(董哲仁等,2009;Cavaille et al.,2013,2015)。因此,近几十年国内外关于城市河道和中小河流生态护岸技术已有较多工程实践,如植草护坡、植物网护岸、防护林护岸、格宾柔性网箱等(夏继红和严忠民,2004;

罗利民等, 2004; Evetter et al., 2012)。然而, 长江中下游崩岸治理工程只在局部河段(如下荆江石首河段、岳阳河段、九江河段、铜陵河段)采用了钢丝网石笼、四面六边透水框架、预制混凝土植生块等新型生态护岸结构(姚仕明和岳红艳, 2012; 卢金友等, 2017), 而对于长河段的生态护岸工程的研究和实践都较少, 暂且难以适应当前长江大保护和绿色发展理念需求。

1.3 本书主要内容

本书针对长江中下游崩岸现象, 从机理分析、数值模拟、监测预警及工程治理等多个方面开展了研究。首先, 介绍长江中下游河道崩岸与护岸情况, 阐明中下游崩岸与典型护岸工程水毁的机理, 并提出崩岸过程的动力学模型, 以及多尺度的床面冲淤与崩岸过程耦合模拟方法; 其次, 总结长江中下游河道崩岸的监测方法, 构建河道崩岸预警模型; 最后, 分析长江中下游河道崩岸治理技术及其工程应用实例。

第 1 章: 绪论。介绍研究背景及意义, 并从崩岸机理、监测预警及治理技术等方面阐述现有研究取得的进展及存在的不足。

第 2 章: 长江中下游河道崩岸与护岸情况。介绍长江中下游河道水沙及河道边界条件, 分析长江中下游崩岸现象的时空分布情况、河道护岸工程的布置情况以及护岸工程的结构与型式。

第 3 章: 河道崩岸与典型护岸工程水毁机理。结合实测资料分析、概化水槽试验及理论分析, 研究中下游条崩与窝崩现象的机理, 并分析平顺抛石护岸及抛石丁坝护岸的水毁过程及影响因素, 揭示二者水毁的力学机理。

第 4 章: 河岸崩退过程的动力学模拟方法及其应用。提出天然河岸崩岸过程的动力学模型以及抛石护岸工程水毁过程的动力学模型, 并以长江中游典型崩岸断面为例, 开展模型的应用。

第 5 章: 床面冲淤与崩岸过程耦合的多维模拟方法。构建一维至三维的水沙输移、床面冲淤与崩岸过程的耦合模型, 并将其用于长江中下游典型河段的崩岸过程计算。

第 6 章: 河岸崩退特征与稳定性评估。提出基于遥感影像的岸线变化分析与基于深泓位置及坡比分析的河岸稳定性评估方法。以长江中游为例, 确定河岸崩退位置、长度及面积; 构建长江中游水下坡比的概率分布函数, 并确定不同河段的稳定水下坡比, 以此分析长江中游不同断面的河岸稳定性。

第 7 章: 河道崩岸监测方法。总结长江中下游河道崩岸常规监测中采用的主要技术手段, 包括水沙条件监测、近岸地形监测、河岸土体组成及力学特性测量。

第 8 章：崩岸预警模型及其应用。结合崩岸过程预测、崩岸预警指标计算和崩岸预警等级划分三个部分，构建河道崩岸预警模型。将构建的模型用于长江中游典型年份的崩岸预警，并对预警结果进行分析。

第 9 章：河道崩岸治理技术。分析长江中下游局部河段河势调控技术以及大型窝崩抢险与治理技术。以典型河势控制工程为例，对其实施方案及治理效果等进行分析；研究大型窝崩抢险与治理原则及采用的结构型式；以典型窝崩为例，分析其治理方案及治理效果。

第2章　长江中下游河道崩岸与护岸情况

受上游梯级水库群修建及水土保持工程实施的影响，长江中下游河道的水沙条件发生变化，河床发生沿程冲刷，局部河段崩岸频繁。因此本章首先介绍长江中下游河道水沙及河床边界条件；其次分析中下游崩岸现象的时空分布情况；最后介绍中下游河道护岸工程的布置情况与其结构及型式。

2.1　水沙及河床边界条件

2.1.1　河道概况

长江中下游干流河道上起宜昌，下迄长江河口原 50 号灯标，经鄂、湘、赣、皖、苏、沪六省市，全长约 1893km(图 2.1)，且以湖口为界，又分为长江中游与下游。长江中游长约 955km，沿程两岸有洞庭湖及鄱阳湖两大淡水湖泊汇入，以及清江、汉江等较大支流入汇。湖口以下为长江下游，长约 938km，河道为宽窄相间、江心洲发育、汊道众多的藕节状分汊型河道。此外，根据地理环境及水文特征，可将长江中下游分为 5 个河段：宜枝、荆江、城陵矶至湖口、湖口至江阴、江阴至河口原 50 号灯标。

宜枝河段长约 60.8km，是山区河流向平原河流的过渡段，为单一微弯河型。河道两岸为低山丘陵地貌，河床覆盖着较粗的卵石层，因此抗冲性强，近百年来河道主流走向与河床平面形态较为稳定，两岸岸线也基本平顺(施少华等，2002)。

荆江河段长约 347.2km，上起枝城，下至城陵矶，且以藕池口为界，可分为上荆江与下荆江。上荆江长约 171.7km，河道内弯道较多，弯道内有江心洲，属微弯型河道。下荆江长约 175.5km，为典型的蜿蜒型河道，河床组成以中细沙为主，而河岸下层土体的抗冲性较差。该河段河势变化较为剧烈，发生过多次自然裁弯、切滩与撇弯等现象。

城陵矶至湖口段长 547.0km，为宽窄相间的藕节状分汊型河道，上承荆江和洞庭湖来水，下受鄱阳湖出流顶托。该河段由螺山、洪湖、嘉鱼、簰洲湾、武汉、戴家洲、九江、张家洲等 16 个子河段组成。河道两岸主要是冲湖积平原，同时均有更新世地层与基层分布，构成了疏密不等的天然节点，控制着各子河段的河势。该河段中分汊型河段的长度约占总长的 60%，包括顺直、弯曲及鹅头分汊三种类

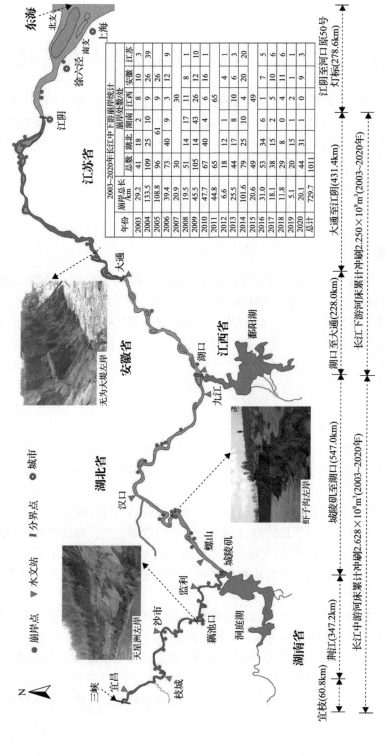

2003~2020年长江中下游崩岸统计												
		崩岸处数统计/处										
年份	崩岸总长/km	总数	湖北	湖南	江西	安徽	江苏
2003	29.2	41	18	2	8	10	3
2004	133.5	109	25	10	9	26	39
2005	108.8	96		61	9	26	
2006	39.4	73	40	9	3	12	9
2007	20.9	30			30		
2008	19.5	51	14	17	1	8	1
2009	45.5	105	14	43	26	12	10
2010	47.7	67	40	4		16	1
2011	44.8	65			65		
2012	6.6	18	12	1		4	1
2013	25.5	44	17	8	10	6	3
2014	101.6	79	25	10	4	20	20
2015	20.6	49			49		
2016	31.0	53	34	6	1	7	5
2017	18.1	38	15	2	5	10	6
2018	11.8	29	8	0	4	11	6
2019	5.1	20	15	2		2	1
2020	20.1	44	31	1	0	9	3
总计	729.7	1011					

图 2.1 长江中下游河势及三峡工程运用后的崩岸分布情况

型，且三者的河势稳定性依次降低(施少华等，2002)。

湖口至江阴河段长 659.4km，由三号洲、安庆、大通、铜陵、马鞍山、南京、镇扬、扬中、江阴等 16 个子河段组成，且大通以下属感潮河段。该河段的河型包括分汊、顺直微弯和弯曲型三类，其中分汊段的累计长度为 456km。该河段内矶头与节点分布较疏，河漫滩较宽，河床横向摆动较大。在土体抗冲性较弱的河岸，如三号洲彭泽岸、安庆官洲、镇扬六圩、和畅洲与扬中嘶马等，均发生较强烈的崩岸现象，导致局部河段河势发生变化。其中大拐、六圩的崩岸现象，还造成裕溪口港与镇江港严重的淤积(施少华等，2002)。

江阴至河口原 50 号灯标段长为 278.6km，其中江阴至徐六泾为澄通河段，长约 96.8km，而徐六泾至河口原 50 号灯标为长江河口段，长约 181.8km。河口段内徐六泾至连兴港为北支，徐六泾至吴淞口为南支。长江河口段主要为分汊型河道，且两岸的土体组成主要为粉砂与细砂，抗冲性很弱。但该河段内的水动力作用很强，不但受江流的影响，还受潮流与波浪等共同影响，从而导致该河段内河床演变剧烈，且主要表现为汊道主泓的迁移摆动(施少华等，2002)。

2.1.2 水沙条件变化

三峡工程运用后长江中下游来水量变化不大，但来沙量大幅度降低。表 2.1 给出了长江中下游主要水文站的多年平均径流量和输沙量。三峡水库蓄水前(2003 年前)，长江中下游宜昌、沙市、汉口和大通站多年平均径流量分别为 4369 亿 m³/a、3942 亿 m³/a、7111 亿 m³/a 和 9052 亿 m³/a，多年平均输沙量分别为 4.920 亿 t/a、4.340 亿 t/a、3.980 亿 t/a 和 4.270 亿 t/a。三峡水库蓄水后，2003~2020 年长江中下游各站除监利站水量较蓄水前偏丰 6%外，其他各站水量偏枯 1%~4%，见表 2.1。由于长江上游来沙偏少和梯级水库群拦沙作用，长江中下游干流各站输沙量大幅减小，减幅沿程递减。三峡工程运用后，2003~2020 年宜昌、沙市、汉口和大通站年均输沙量分别为 0.349 亿 t/a、0.522 亿 t/a、0.967 亿 t/a 和 1.340 亿 t/a，较蓄水前分别减少 93%、88%、76%和 69%。金沙江下游溪洛渡、向家坝水电站蓄水运用以来，三峡水库出库沙量进一步减少，2013~2020 年宜昌站年均输沙量仅为 0.183 亿/a，较 2003~2012 年减少了 62%(许全喜等，2021)。

表 2.1 长江中下游主要水文站多年平均径流量和输沙量(许全喜等，2021)

项目	时间段	宜昌	枝城	沙市	监利	螺山	汉口	大通
径流量/ (亿 m³/a)	2002 年前*	4369	4450	3942	3576	6460	7111	9052
	2003~2012 年	3978	4093	3758	3631	5886	6694	8376
	2013~2020 年	4450	4520	4094	3965	6643	7224	9288
	2003~2020 年	4188	4283	3907	3779	6222	6929	8782

项目	时间段	宜昌	枝城	沙市	监利	螺山	汉口	大通
输沙量/ (亿 t/a)	2002 年前*	4.920	5.000	4.340	3.580	4.090	3.980	4.270
	2003～2012 年	0.482	0.584	0.693	0.836	0.965	1.140	1.450
	2013～2020 年	0.183	0.218	0.308	0.494	0.694	0.749	1.200
	2003～2020 年	0.349	0.422	0.522	0.684	0.844	0.967	1.340
含沙量/ (kg/m³)	2002 年前*	1.130	1.120	1.100	1.000	0.633	0.560	0.472
	2003～2012 年	0.121	0.143	0.184	0.230	0.164	0.170	0.173
	2013～2020 年	0.041	0.048	0.075	0.125	0.104	0.104	0.129
	2003～2020 年	0.083	0.098	0.134	0.181	0.136	0.140	0.153

* 2002 年前统计年份：宜昌站为 1950～2002 年，枝城站为 1955～2002 年，沙市站为 1955～2002 年，监利站为 1951～2002 年，螺山站为 1954～2002 年，汉口站为 1954～2002 年，大通站为 1950～2002 年。

2.1.3　河床冲淤变化

在三峡工程修建前的数十年中，长江中下游河床冲淤变化较为频繁，但河道总体冲淤相对平衡。三峡工程运用前，宜昌至湖口河段(1975～2002 年)平滩河槽累计冲刷 1.6871 亿 m³(表 2.2)，而湖口至江阴河段(1975～2002 年)平滩河槽累计淤积 1.2728 亿 m³(表 2.3)。三峡工程运用后，大量泥沙拦蓄在库内，出库沙量大幅减少，导致中下游河道产生长距离、长历时的河床冲刷。2003～2020 年中下游平滩河槽累计冲刷量达到了 48.78 亿 m³(包含河道采砂和航道疏浚)，其中中游冲刷了 26.28 亿 m³，而下游冲刷了 22.50 亿 m³(图 2.2)。

表 2.2　长江中游不同时段平滩河槽冲淤量对比(许全喜等，2021)

项目	时段	河段				
		宜枝	荆江	城陵矶至汉口	汉口至湖口	宜昌至湖口
总冲淤量 /亿 m³	1975～2002 年	−1.4400	−2.9804	1.0726	1.6607	−1.6871
	2002 年 10 月至 2006 年 10 月	−0.8138	−3.2830	−0.5990	−1.4679	−6.1637
	2006 年 10 月至 2008 年 10 月	−0.2230	−0.3569	0.0197	0.4693	−0.0909
	2008 年 10 月至 2020 年 11 月	−0.6051	−8.6547	−4.6279	−6.1394	−20.0271
	2002 年 10 月至 2020 年 11 月	−1.6419	−12.2946	−5.2072	−7.1380	−26.2817
年均冲淤强度 /(万 m³/(km·a))	1975～2002 年	−8.8	−3.2	1.6	2.1	−0.7
	2002 年 10 月至 2006 年 10 月	−33.5	−23.6	−4.8	−9.9	−15.1
	2006 年 10 月至 2008 年 10 月	−18.3	−5.1	0.4	7.9	−0.5

续表

项目	时段	河段				
		宜枝	荆江	城陵矶至汉口	汉口至湖口	宜昌至湖口
年均冲淤强度 /(万 m³/(km·a))	2008 年 10 月至 2020 年 11 月	−8.3	−20.8	−15.4	−17.3	−17.5
	2002 年 10 月至 2020 年 11 月	−15.0	−19.7	−10.9	−12.7	−14.9

注：表中冲淤结果均为断面地形法计算得到，各站平滩河槽计算水位为 47.25m（宜昌）、43.81m（枝城）、34.47m（藕池口）、23.55m（城陵矶）、20.98m（汉口）、15.47m（湖口），85 国家高程基准；城陵矶至湖口河段 2002 年 10 月地形（断面）资料采用 2001 年 10 月资料。

表 2.3　不同时段长江下游湖口至江阴平滩河槽冲淤量对比（许全喜等，2021）

项目	时段	湖口至大通	大通至江阴	湖口至江阴
总冲淤量 /亿 m³	1975~2001 年	1.7882	−0.5154	1.2728
	2001 年 10 月至 2006 年 10 月	−0.7986	−1.5087	−2.3073
	2006 年 10 月至 2011 年 10 月	−0.7611	−3.8150	−4.5761
	2011 年 10 月至 2016 年 10 月	−2.1569	−2.7109	−4.8678
	2016 年 10 月至 2020 年 11 月	−1.0904	−3.3855	−4.4759
	2001 年 10 月至 2020 年 11 月	−4.8070	−11.4201	−16.2271
年均冲淤强度 /(万 m³/(km·a))	1975~2001 年	3.0	−0.5	0.7
	2001 年 10 月至 2006 年 10 月	−7.0	−7.0	−7.0
	2006 年 10 月至 2011 年 10 月	−6.7	−17.7	−13.9
	2011 年 10 月至 2016 年 10 月	−18.9	−12.6	−14.8
	2016 年 10 月至 2020 年 11 月	−12.0	−19.6	−17.0
	2001 年 10 月至 2020 年 11 月	−11.1	−13.9	−13.0

注：湖口至大通河段计算水位为 15.47m（湖口）、10.06m（大通），大通至江阴河段计算水位为 10.06m（大通）、2.66m（江阴）。

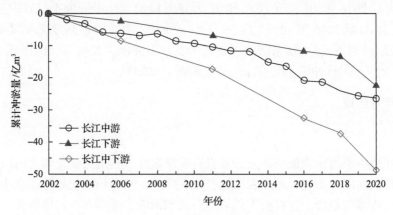

图 2.2　2003~2020 年长江中下游平滩河槽累计冲淤量（相较于 2002 年）

表 2.2 给出了长江中游不同时期平滩河槽冲淤量对比。三峡工程运用后，2002 年 10 月至 2020 年 11 月，长江中游河段平滩河槽年均冲刷量为 1.46 亿 m³，且表现为滩槽均冲，但主要集中在枯水河槽，其冲刷量占平滩河槽冲刷量的 92%。在三峡工程围堰蓄水期（2002 年 10 月至 2006 年 10 月），长江中游河段普遍冲刷，年均冲刷量达 1.54 亿 m³；在初期运用期（2006 年 10 月至 2008 年 10 月），河床略有冲刷，年均冲刷量达 0.045 亿 m³；175m 试验性蓄水以来（2008 年 10 月至 2020 年 11 月），长江中游河床冲刷强度明显增大，年均冲刷量达 1.67 亿 m³。特别是 2012 年以来，三峡水库坝下游河道冲刷加剧，宜昌至湖口河段 2012 年 10 月至 2020 年 11 月的平滩河槽年均冲刷量达到了 1.82 亿 m³，相较于 2002 年 10 月至 2012 年 10 月的年均冲刷量偏大了 56%（许全喜等，2021）。

长江中游宜枝河段冲刷主要集中在三峡工程运用后的前 6 年（2002 年 10 月至 2008 年 10 月），总冲刷量为 1.0368 亿 m³，而 175m 试验性蓄水以来（2008 年 10 月至 2020 年 11 月），宜枝河段平滩河槽总冲刷量为 0.6051 亿 m³（表 2.2），河床冲刷强度呈减弱趋势。荆江河段在 2002 年 10 月至 2008 年 10 月平滩河槽总冲刷量为 3.6399 亿 m³，但试验性蓄水以来，荆江河段平滩河槽总冲刷量增加到 8.6547 亿 m³，河床冲刷强度为增加态势。城陵矶至湖口段 2002 年 10 月至 2008 年 10 月总冲刷量为 1.5779 亿 m³，而试验性蓄水以来，河床冲刷明显加剧，2008 年 10 月至 2020 年 11 月总冲刷量增加至 10.7673 亿 m³。由此可知，三峡水库坝下游的河床强冲刷区域已逐步向下游发展。

长江下游湖口至江阴段河床整体同样以冲刷为主（表 2.3）。2001 年 10 月至 2020 年 11 月，湖口至江阴段的平滩河槽累计冲刷泥沙 16.2271 亿 m³，且冲刷同样集中在枯水河槽（占平滩河槽冲刷量的 86%）（许全喜等，2021）。从冲淤量的沿程分布特征来看，2001 年 10 月至 2020 年 11 月湖口至大通段、大通至江阴段的冲刷量分别占总冲刷量的 29.6%和 70.4%。并且湖口至江阴段冲刷强度有逐渐增加的趋势，2016 年 10 月至 2020 年 11 月该河段的总冲刷量为 4.4759 亿 m³，与 2001 年 10 月至 2006 年 10 月的 2.3073 亿 m³ 相比，河床冲刷强度显著增大。江阴至徐六泾（澄通河段）由蓄水前的微淤转为蓄水后冲刷，2001 年 10 月至 2020 年 11 月，该河段累计冲刷 5.41 亿 m³（许全喜等，2021）。

2.1.4 河床组成

1. 床沙组成

长江中下游河床除极小部分为基岩直接裸露外，其余大部分均为由疏松砂砾组成的现代河流冲积物，河床表层沉积物在组成上呈沿程细化趋势，在土层厚度上有逐渐增厚的趋势。宜枝段主要为卵石夹砂河床，砾卵石所占比例自上而下递减；荆江段河床组成为中细砂，卵石层已深埋至床面层以下；城陵矶以下河段的床沙组成均以细砂为主。三峡水库蓄水后，长江中下游河床表层床沙表现出粗化的趋势，如图2.3所示(杨云平等，2016)，近坝段的0～200km河段内粗化较为明显，且宜枝河段粗化程度最大；枝城至螺山河段呈普遍粗化，但向下游粗化程度减弱；螺山站以下河段总体为粗化趋势，但粗化与细化交替发生(杨云平等，2016)。

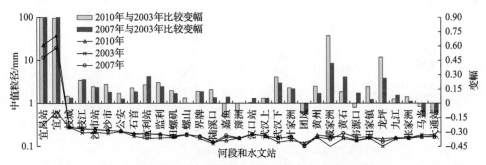

图 2.3　2003 年、2007 年和 2010 年三峡水库坝下游河段床沙
中值粒径沿程变化(杨云平等，2016)

2. 河岸组成

长江中下游河道沿程向下总体上呈岸坡逐渐增高、土体组成逐渐变细的变化规律。河岸土体组成存在较为明显的垂向分层现象，大多为上部黏性土层与下部砂土层组成的二元结构。中游宜枝段的岸线主要由低山丘陵组成，且受多个基岩节点控制，河岸抗冲性强，使得该河段河道平面形态变化不大，河势也相对稳定。荆江段河岸土体组成呈二元结构，其中上荆江上部黏性土层厚度一般为 8～16m，而下部砂土层较薄；下荆江上部黏性土层厚度一般仅数米，下部土层以中细砂为主，厚度一般超过 30m(夏军强和宗全利，2015)。城陵矶至湖口河段的河岸土体组成结构多变，抗冲性分布不均，以亚黏土和亚砂土为主，而洲滩岸坡以粉细砂为主。

长江下游河岸也多为二元结构，但土层垂向分布较为交错夹杂，且上下层厚度变化均较大。大通至江阴河段上层河岸土体主要为粉质黏土，厚 4～30m，下层主要为中细砂，厚度为数米至 60 多米；江阴以下河口段左岸的上层黏性土层厚度为 10～16m，下层砂土厚度超过 20m，右岸的上层黏性土层厚度为 5～18m，且七丫口以下为壤土(长江流域规划办公室，1983)。

图 2.4 给出了长江中下游典型崩岸断面的河岸土体垂向组成情况。可以看出，上荆江腊林洲荆 34 与荆 55 断面的黏性土层厚度分别为 11.3m 和 14.1m；下荆江荆 98 和石 8 断面的黏性土层厚度分别为 4.5m 和 4.1m；城汉河段虾子沟处的黏性土层厚度为 14.4m；汉湖河段团风右岸和九江左岸的黏性土层厚度分别为 19.5m 和

20.3m；下游南京河段三江口附近、扬中河段指南村处及江阴处的黏性土层厚度分别为 11.5m、17.0m 与 27.5m，且江阴处河岸上部黏性土层间存在明显的软弱夹层。

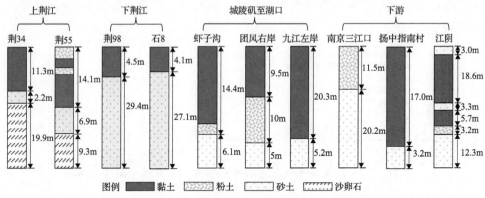

图 2.4　长江中下游典型崩岸断面的河岸土体垂向组成

此外，节点是长江中下游一个特殊的河岸边界条件。节点在沿江的广泛分布使得长江中下游河道具有宽窄相间的藕节状外形。这些节点主要由突出于江边的天然矶头和山体所组成，可以完全是基岩的，也可以是由更新统的砾石层、黏性土层阶地或全新统的黏性土层出露而成。少部分节点则是人为的工程措施，如马鞍山河段的人头矶导流工程以及南京河段下关的护岸工程。这些节点在长江中下游两岸分布不均匀。例如，城陵矶至江阴河段右岸大都是突出的岩石山体或阶地，而左岸主要是河漫滩平原，所以右岸节点明显多于左岸。大多数节点彼此之间相隔一定距离(10～20km)，且这样的分布形式会影响分汊河段的形成；也有一部分节点距离较近，对河道有严格的控制作用，易形成比较顺直的河段(中国科学院地理研究所等，1985)。

2.2　崩岸分布情况

长江中下游河段沿江两岸地貌及地质条件的差异大，且由于各河段来水来沙条件也有所区别，因而中下游河道崩岸在时间和空间上呈现不同的分布特征。

2.2.1　时间分布特点

本节从年际和年内两个方面分析长江中下游崩岸的分布特点。年际分布特点通常与来水来沙量有关，且三峡工程运用后，长江中下游水沙条件显著变化，导致崩岸现象呈现出新的分布特点。年内分布与来水来沙的过程有关，故主要分析崩岸现象在不同时段内(枯水、涨水、洪水和退水期)的分布特点。

1. 年际分布特点

三峡工程运用前，崩岸现象在长江中下游非常普遍，按照时间脉络可分为 3 个发展阶段（表 2.4）。20 世纪 50 年代前，长江中下游河段基本处于自然演变状态，不仅河岸大幅崩退，河势调整也非常剧烈，下荆江多次发生自然裁弯。据 20 世纪 80 年代资料统计，长江中下游从枝城至江阴鹅鼻咀主要崩岸总长为 722km（中华人民共和国水利部，2001）。20 世纪 90 年代以来，为稳定河势与整治航道，河道及航道部门逐步对长江中下游河道实施工程守护，故大范围崩岸及河势调整基本不发生，仅局部河段发生崩岸。1998 年长江中下游发生特大洪水，该年 330 多处出现崩岸现象，崩岸的数量和程度远大于一般年份，可见崩岸在年际的分布具有明显的不均匀性。

表 2.4　三峡工程运用前长江中下游崩岸特点

时间	主要特点	重点河段/典型事件
20 世纪 50 年代前	两岸频繁崩岸，河势变迁剧烈，如裁弯、主槽大幅摆动	下荆江、镇扬河段、六圩弯道
20 世纪 50～80 年代	崩岸频繁，但河势稳定，以条崩和窝崩为主	1976 年 11 月马鞍山电厂人工矶头大窝崩，长 460m、宽 350m
20 世纪 90 年代后	护岸工程实施并完善，河势总体稳定，但崩岸现象时有发生，局部岸段发生大规模崩岸	1996 年 1 月彭泽河段马湖堤崩岸，总长约 390m、宽约 80m；1998 年 6 月枞阳江堤大砥含崩岸，长 135m、宽 50m

2003 年以来，受三峡工程及其上游水库群运用等的影响，长江中下游来沙量减幅高达 69%～93%，使得河床发生长距离、长时间的冲刷，也加剧了坝下游河段的崩岸险情。据不完全统计，三峡工程运用后（2003～2020 年）中下游干流河道共发生崩岸险情 1010 处，累计崩岸长度约 729.5km。表 2.5 为近年来长江中下游发生的典型崩岸实例，反映了沿程崩岸现象的新特点，具体包括：①在邻近三峡大坝的荆江河段，局部河道崩岸现象加剧，崩岸频次、规模和部位均有所变化，且河漫高滩崩塌更为明显；②城陵矶至南京中下游河段，河道内洲滩大范围、长距离的崩退现象较为频繁；③南京以下感潮河段河势基本稳定，崩岸以局部规模较大的窝崩为主（张幸农等，2021）。

表 2.5　近年来长江中下游典型崩岸实例（张幸农等，2021）

地点	时间	崩岸类型	主要特征	形成原因
沙市河段腊林洲（荆 34—荆 37）	2002～2013 年	条崩	右岸腊林洲持续崩塌，累计崩退 147m	坡脚冲刷，上部土体在重力和渗流作用下产生崩塌
公安河段文村夹（荆 60 断面附近）	2002～2013 年		左岸持续崩塌，累计崩退 96m	

续表

地点	时间	崩岸类型	主要特征	形成原因
石首河段北门口 （荆98）	2002～2012年		右岸持续崩塌， 累计崩退292m	坡脚冲刷，上部土体在 重力和渗流作用下产生 崩塌
调关河段中洲子 （荆133附近）	2002～2012年	条崩	左岸持续崩塌， 累计崩退160m	
马当河段 江调圩	2002～2012年		左岸持续崩塌， 累计崩退110m	水流强烈冲刷坡脚或顶 冲坡体，岸坡土体在重 力和水流冲刷作用下持 续崩塌
芜湖河段 新大圩	2007～2016年		右岸6km内连年出现窝崩， 多出现在6～9月汛期，窝塘 基本为半圆形，长度在150～ 300m，宽度在50～150m	水流贴岸冲刷，岸坡变 陡、前沿水深增大，局 部岸坡崩塌，窝塘出现 形成回流，内侧土体不 断崩塌且随回流下移
马鞍山河段 彭兴洲	2009～2012年		洲头下右岸10km内出现8次 窝崩，均在11月后的枯水期， 窝塘基本为半圆形，长度在 50～200m，宽度在30～135m	
南京龙潭河段 三江口	2008年11月18日	窝崩	右侧岸坡局部土体突然崩塌， 并且持续快速发展，一天后形 成长340m、宽230m的半圆 形窝塘	水流贴岸冲刷，前沿有 水下深坑，局部岸坡薄 弱，窝塘出现并形成回 流，内侧土体不断崩塌 且随回流输移出口门
镇江河段 和畅洲	2012年10月13日		洲头原崩岸处出现大规模窝 崩，岸坡土体持续快速崩塌， 一天后形成长400m、宽500m 的Ω形窝塘	水流顶冲致使原窝塘内 产生高强度回流，局部 岸坡崩塌，内侧土体出现 剪切液化且形成大幅斜 向水平位移而滑出口门
扬中河段 指南村	2017年11月08日		右侧岸坡局部土体突然崩塌， 并且持续快速发展，不到24h 形成长540m、宽190m的椭 圆形窝塘	水流贴岸冲刷，前沿有 水下深坑，局部岸坡薄 弱，窝塘出现并形成回 流，内侧土体不断崩塌 且随回流输移出口门

2. 年内分布特点

根据湖北省水利厅查勘结果，本节统计了2008～2021年长江中游湖北省内的崩岸地点与时刻，并计算了各月崩岸的发生次数占全年崩岸次数的比例（图2.5）。由图可知，2008～2021年观测到的崩岸现象主要发生于汛后9～12月，崩岸共计45次，约占总次数的58%；汛后退水期9～10月共24次，占31%。枯水期（11月至次年3月）崩岸频率较大（55%）；洪峰期（7～8月）崩岸现象也较为频繁，分别包括了3次和4次崩岸，约占9%；而涨水期（4～6月）内崩岸共计4次，仅约占

5%。但值得注意的是，由于崩岸现象记录时刻与查勘时间(一般在枯水期)有关，因此统计的崩岸发生时间可能与实际情况存在一定的区别。但由图 2.5 可以发现，长江中游的崩岸现象多发生于汛后退水期，这与水利部长江水利委员会水文局(2014)的报告数据一致。此外，长江下游河段洪峰期 7~8 月发生崩岸的次数几乎占全年的崩岸次数的 50%，其次是汛后的退水期 9~10 月，其间崩岸次数占全年的 22%，枯水期 11 月至次年 1 月期间崩岸次数占全年的 20%，而汛前涨水期崩岸较少发生(张幸农等，2021)。由此可见，长江中下游崩岸现象常发生于洪峰期与退水期内。

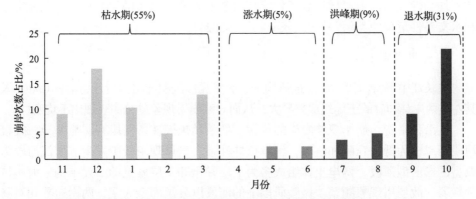

图 2.5　2008~2021 年长江中游河段(湖北省内)各月份崩岸次数占比

此处以近年在中游北门口观测到的 4 次崩岸现象为例(图 2.6)，分析不同时段的崩岸现象及其主要成因。在 2019 年和 2020 年退水期初期(图 2.6 中①、②)分别发生了两次崩岸，当时的退水速率较大，介于 0.3~0.5m/d，河岸土体含水率近似处于饱和状态，而河道水位形成的侧向水压力迅速减小，从而在一定程度上降低了河岸稳定性，加之前期(洪峰期)的河床冲刷，导致了这两次崩岸现象的发生。在 2021 年 5 月(涨水期)，北门口也发生了一次明显的崩岸(图 2.6 中的③)，

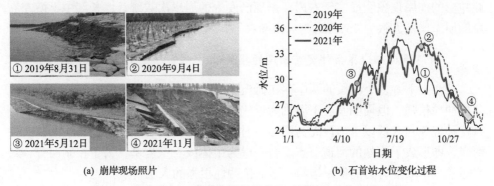

(a) 崩岸现场照片　　　　　　　　　(b) 石首站水位变化过程

图 2.6　荆江北门口崩岸险情的照片及石首站的水位变化过程

而相应的河道和地下水位均上升至 30m 左右，接近下部砂土层顶板，故此时下部砂土层含水量的大幅增加可能导致下部砂土层表观黏聚力消失，河岸稳定性降低。2021 年 11 月北门口再次发生崩岸现象，而相应河道水位已下降到 27.0m 左右，但河岸内部地下水位高于河道水位约 0.8m，从而形成了较高的孔隙水压力，加上汛期水流对河岸坡脚的剧烈冲刷，可能触发了此次崩岸现象的发生。

2.2.2 空间分布特点

长江中下游崩岸现象空间分布的主要特点可以总结为：随河岸地质条件呈现的不均衡性，随河道局部边界条件突变出现的集聚性以及随岸坡地形、土体组成和水文条件呈现的类型差异性(张幸农等，2021)。

1. 随河岸地质条件呈现的不均衡性

在长江中下游河段，由于地质构造、历史泥沙沉积与河道变迁，沿程(纵向)及其左右两岸(横向)的土体组成差异大，从而导致崩岸现象的分布表现出不均衡性。

从沿程来看，崩岸现象发生的位置、处数及规模在各河段有明显差异。宜枝河段两岸多为低山丘陵和阶地，河岸抗冲性强，崩岸现象较少发生。荆江河段为典型的弯曲型河段，两岸土体组成多为上层黏土和下层砂土的二元结构，河岸抗冲性弱，故崩岸现象频繁。城陵矶以下的河段以分汊河型为主，两岸边界相对稳定，但江心洲崩岸现象较为频繁，如中游岳阳临湘段、武汉段龙王庙和天兴洲，下游九江永安段、安庆官洲段，以及南京河段三江口、镇扬河段和畅洲与太平洲等处，均出现过较为强烈的崩岸现象。

从左右两岸来看，长江中下游两岸地质条件也有较大不同，崩岸现象出现频率有明显的差异。尤其是城陵矶至江阴河段，右岸多为山地丘陵或阶地，左岸是冲积河漫滩地。因此，右岸稳定性较高，即使是主流顶冲或深泓贴岸的河段也不易发生崩岸或崩岸强度很小，而左岸的冲积河漫滩地土质疏松，抗冲性较差，因此左岸的崩岸现象明显多于右岸。据现已发生的崩岸次数统计，长江中下游左右岸的崩岸比例大致为 75% 和 25%(张幸农等，2021)。

2. 随河道局部边界条件突变出现的集聚性

长江中下游多个河段的两岸存在孤丘独山或石壁岩基，形成所谓的"矶头"，其抗冲性很强，但周围及上下游则为近代沉积形成的疏松河漫滩，抗冲性很差，且这种现象在武汉以下河段尤为明显。对于两岸均是山体或抗冲性较强的黏土性河岸，即形成了天然的河道节点。若一岸为山体或石壁岩基，为了控制河势，对岸通常也采取强有力的护岸措施，形成抗冲性很强的人工节点。

河岸边界条件出现突变的岸段，一般都会发生崩岸现象，即表现出崩岸的集聚性。对于存在节点的河段，受节点的挑流作用影响，其下游抗冲性差的斜对岸则会因水流顶冲发生崩岸现象，且由于节点下游水流动力轴线频繁摆动，水流顶冲部位及范围也随之不断变化，因而在节点下游一段范围内，通常均会出现明显的崩岸现象。另外，突出河岸的矶头，其后部出现的二次流(或回流)强度也很大，容易对抗冲性差的河岸形成淘刷，从而造成较为严重的崩岸现象。例如，黄石河段的西塞山形成强烈的挑流作用，导致对岸的丝周岸段受冲刷较为严重，常出现崩岸现象而成为险工段；马当河段马当矶突入江中，不仅导致对岸的搁排洲右缘强烈冲刷，而且马当矶上下游岸段附近也形成较强烈的回流区，局部崩岸现象同样严重。

3. 随岸坡地形、土体组成和水文条件呈现的类型差异性

长江中下游沿江岸坡地形、土体组成和水文条件的不同，使得不同河段的崩岸类型呈现出明显差异。长江中游河段(尤其是荆江段)由于沿程河岸土体组成差别相对较小，因此崩岸现象多为条崩(图 2.7(a))，但在特殊边界和水沙条件下(如部分已护岸段)，长江中游河段也会出现窝崩现象，如 2017 年 4 月的虾子沟窝崩以及 2021 年 12 月的肖潘窝崩(图 2.7(b)和(c))。然而，相对于下游的大型窝崩而言，中游窝崩的规模较小。

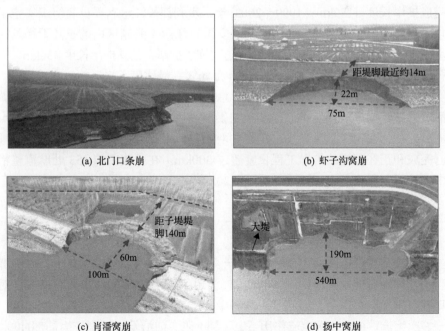

(a) 北门口条崩　　　　　　　　　(b) 虾子沟窝崩

(c) 肖潘窝崩　　　　　　　　　(d) 扬中窝崩

图 2.7　长江中下游典型崩岸现象

长江下游河段河岸或河漫滩不高，一般在常年枯水位以上不到 10m，尤其是大通以下，基本不存在洪枯滩之分，但河漫滩以下往往存在 30m 以上的深槽，即高大陡坡多处于水下。因此，绝大多数崩岸属于随水流淘刷或是剪切液化而引起的窝崩，其中芜湖以下河段出现的崩岸基本是由于水流淘刷形成的窝崩，且由于岸滩前沿多为水下深槽，故该类崩岸现象土体破坏形式主要是大量土体滑落至水下深槽，俗称"塌江"（图 2.7(d)）。

2.3　护岸工程

护岸工程是长江中下游防洪、河势控制和河道整治工程的重要组成部分，以往的研究在中下游护岸工程布置、结构型式等方面取得了重要进展，并积累了丰富的工程经验，但新水沙情势对中下游护岸工程技术提出了更高的要求。

2.3.1　护岸工程布置情况

长江中下游护岸工程历史悠久，早在明朝成化年间就在荆江大堤黄滩堤兴建了护岸工程，但中下游护岸工程的大规模建设是 20 世纪 50 年代以后（余文畴和卢金友，2008）。目前长江中下游沿江两岸已实施了大量的护岸工程，据不完全统计（姚仕明等，2022），1998 年前累计完成抛石量 6687 万 m³，沉排 410 万 m²，累计完成护岸长度 1189km；1999~2003 年，水利部长江水利委员会组织实施了长江重要堤防隐蔽工程，对湖北、湖南、安徽、江西 4 省辖区内的长江干堤及汉江遥堤、赣江赣抚大堤等超过 2000km 堤防实施了护岸，累计护岸长度 436km，完成抛石量 2215 万 m³，混凝土铰链沉排 100 万 m²；三峡水库蓄水后的 2003~2010 年，又实施了部分河段河势控制应急工程，总长约 200km；2011 年后，对宜昌至城陵矶河段的重点崩岸段以及目前受其影响逐渐显现的城陵矶至湖口河段部分重点岸段进行守护，在 172 项重大水利工程中对湖口以下重点河段河道崩岸进行治理，且已完成和正在实施的护岸工程长度超过 300km。在已竣工的 153 处航道整治工程中，护岸工程也有 16 处（姚仕明等，2022）。

2.3.2　护岸工程型式及结构

长江中下游护岸工程按其平面形态，可分为平顺护岸、矶头群护岸和丁坝护岸三种类型，并以平顺护岸型式为主（余文畴和卢金友，2008）。其中，矶头群护岸和丁坝护岸对近岸水流结构影响比较大。由于矶头和丁坝突出原有岸线，对水流具有阻碍和离解作用，因此矶头群护岸和丁坝护岸工程实施后将产生回流、螺旋流等次生流。在这些次生流作用下，丁坝、矶头前沿及上下腮产生局部冲刷坑，影响未护段岸线的稳定和丁坝或矶头建筑物的稳定与安全，不利于航行。

平顺护岸工程兴建后，枯水位以下近岸河床被护岸材料覆盖，枯水位以上岸坡经削坡护砌后，较护岸前坡度更平缓。平顺护岸基本上不改变近岸水流结构和特性，因此在长江中下游得到了广泛应用(余文畴和卢金友，2008)。但是由于护岸材料在近岸河床上形成抗冲覆盖层，岸坡抗冲能力增强，横向变形受到抑制，水流只能从坡脚外的河床上获取泥沙补给，使得坡脚外河床冲刷。

按枯水位高度，可将平顺护岸工程分为两部分。其中，水上护坡段常采用浆砌石及干砌石进行坡面整修，兼有混凝土预制块和混凝土挡土墙；水下护脚段按结构及材料不同，又可分为抛散粒体护岸和排体护岸。抛散粒体护岸材料包括抛石、混凝土预制块、四面六边体透水框架、钢丝笼及土工织物沙枕等(图 2.8)，排体护岸材料包括柴排、混凝土铰链排、土工布压载软体排、模袋混凝土等(余文畴和卢金友，2008)。

(a) 混凝土预制块　　　　(b) 四面六边体透水框架　　　　(c) 抛石

图 2.8　典型传统护岸结构

近年来，随着社会经济的发展，以及人类与自然界对良好生态环境的需求，集防洪、生态与景观效应于一体的新型护岸工程研究是现代河流治理的发展趋势，多种生态型护岸工程新技术和新型生态护岸材料也逐渐发展(姚仕明等，2022)。其中，新型水上护坡结构包括植被护坡、植被加筋护坡、人工卵石及钢丝网石垫护岸、宽缝加筋生态混凝土、分格现浇网筋生态混凝土，而水下护脚结构包括卵石笼、网模卵石排和网筋人工石群等(图 2.9)。为减小对生态环境的不利影响，在护岸工程布置和工期安排上也通常需要尽量考虑生态的需求，如尽量避开生态核心区和鱼类产卵期等。

图 2.9　典型生态护岸结构

2.4　本　章　小　结

本章主要分析了长江中下游河道水沙及边界条件、崩岸现象的时空分布情况以及护岸工程的布置情况，主要结论如下。

(1)三峡及其上游梯级水库建成运用后，长江中下游河道水沙条件发生变化，水量变化不大，但沙量大幅度减少。2003~2020 年宜昌、沙市、汉口和大通站年均输沙量分别为 0.349 亿 t/a、0.522 亿 t/a、0.967 亿 t/a 和 1.340 亿 t/a，较蓄水前(2002 年前)分别减少 93%、88%、76% 和 69%。来沙量的大幅度降低，导致中下游河道发生长时间、长距离的冲刷。2003~2020 年中下游河床已累计冲刷了 48.78 亿 m³，其中中游冲刷量达 26.28 亿 m³，而下游冲刷量达 22.50 亿 m³。

(2)中下游河床除极小部分为基岩直接裸露外，其余大部分均为由疏松砂砾组成的现代河流冲积物。河床表层冲积物在组成上呈沿程细化的趋势，但在厚度上有逐渐增加的趋势。宜枝河段两岸主要由基岩组成，抗冲性较强；荆江段主要为由上部黏性土层与下部非黏性土层组成的二元结构河岸，抗冲性较差；城汉河段河岸土体组成分布不均，以亚黏土和亚砂土为主，洲滩岸坡以粉细砂为主；下游河岸也为二元结构，但土层垂向分布较为交错夹杂，且上下层厚度变化均较大。此外，中下游河道沿江还广泛分布着由基岩、砾石层、黏性土层阶地等形成的节点。

(3)长江中下游河道崩岸现象在时间分布上，多发生于洪峰期及退水期，而在空间分布上，具备随河岸地质条件呈现的不均衡性，随河道局部边界条件突变出现的集聚性，以及随岸坡地形、土体组成和水文条件呈现的类型差异性等特点。此外，长江中下游沿江两岸实施了大量的护岸工程，且以平顺护岸为主，而护岸结构则逐渐从混凝土预制块等传统结构向植被加筋护坡等生态型结构进行转变。

第3章　河道崩岸与典型护岸工程水毁机理

本章主要研究长江中下游河道条崩与窝崩机理，并探讨两类典型护岸工程的水毁机理。首先，分析不同模式下条崩的力学机理以及二元结构河岸土体的抗冲、抗剪及抗拉特性；其次，依据典型实例分析中下游大型窝崩现象的形成条件，并基于概化水槽试验，揭示特定窝塘形态下的水流结构特征，以及窝崩发展过程中的水流结构与地形变化规律；最后，分析平顺抛石护岸及抛石丁坝护岸的水毁过程及影响因素，揭示二者的水毁机理。

3.1　河道条崩机理

长江中下游河道条崩现象的发生机理通常是近岸水流直接冲刷二元结构河岸下部的非黏性土层，致使岸坡变陡，或是近岸床面冲深导致河岸高度增加，继而导致河岸上部土体在重力、河道侧向水压力及孔隙水压力等的作用下发生崩塌。崩塌后的土体会堆积在坡脚，起到一定的掩护作用，但随后又会被水流分解并冲刷带走，导致河岸坡脚重新受水流冲刷(图 3.1)。由于二元结构河岸上下层厚度的差异，河岸崩塌的模式也会存在区别(包括平面滑动、圆弧滑动及悬臂崩塌)。此外，受河道水位变化等影响，河岸土体的物理力学特性也会发生明显改变，从而影响河岸的稳定性。因此研究中下游河道的条崩现象需要从不同崩塌模式的力学机理以及河岸土体的抗冲、抗剪与抗拉力学特性等方面进行分析。

3.1.1　不同崩塌模式下的力学机理

1. 平面滑动与圆弧滑动

以长江中游上荆江为例，该河段上部黏性土层厚，而下部非黏性土层薄。因此该类河岸的崩塌模式通常以平面滑动或圆弧滑动为主。由夏军强和宗全利(2015)的概化水槽试验结果可知，该类河岸发生崩岸现象时，一般先在岸顶出现竖向裂隙，裂隙发展到一定程度，发生裂隙的整块土体(滑崩体)就会沿滑动面向下滑动，引起河岸崩塌(图 3.1(a))。

滑崩体在滑动面上的力学平衡原理即为河岸崩塌发生的力学机理，崩塌体自身重力以及土体内部孔隙水压力是促使崩塌体在滑动面上滑动的力，而破坏面上分

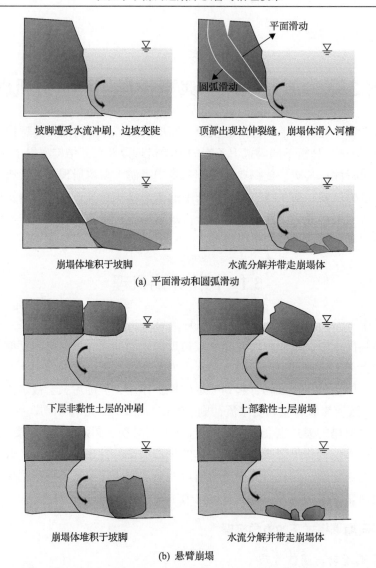

坡脚遭受水流冲刷，边坡变陡　　　　顶部出现拉伸裂缝，崩塌体滑入河槽

崩塌体堆积于坡脚　　　　　　水流分解并带走崩塌体

(a) 平面滑动和圆弧滑动

下层非黏性土层的冲刷　　　　　　上部黏性土层崩塌

崩塌体堆积于坡脚　　　　　　水流分解并带走崩塌体

(b) 悬臂崩塌

图 3.1　不同模式下二元结构河岸的崩塌过程(平面滑动、圆弧滑动及悬臂崩塌)

布的土体抗剪应力以及河道水流对滑崩体产生的水压力等是抵抗崩体滑动的力。滑崩体的力学平衡条件可以用土力学边坡稳定理论中滑动面上的安全系数来表达。若安全系数定义为抵抗滑崩体滑动的力与促使滑崩体滑动力的比值，则其值小于 1.0 表示河岸会发生崩塌。实际河岸是否发生崩塌可根据此力学机理，通过计算安全系数大小进行判断。

　　此外，河道水位涨落变化过程会引起河岸内部地下水位的相应调整，进而改变河岸土体的含水率，而土体的物理力学特性(物理性质，抗冲、抗剪和抗拉特性)又会随着含水率的变化而改变。因此在不同时期,河岸潜在滑动面上的力学平衡条件会有所差异。对该类河岸崩塌的力学平衡条件进行分析时,就需要考虑不同时期内河岸土体物理力学特性的变化。

2. 悬臂崩塌

长江中游下荆江河岸上部黏性土层薄(1~4m),下部非黏性土层厚,故该河段崩岸发生的形式主要为悬臂崩塌。该类崩岸现象的机理为当水流将下部砂土层淘空后,上部黏性土层失去支撑而发生崩塌。发生的力学条件是悬空土块宽度超过其临界值,自身产生的重力矩大于黏性土层的抵抗力矩,从而绕中性轴旋转发生崩塌。这类崩岸现象发生时,上部黏性土层先是出现一定深度的张拉裂隙,随着下部砂土层的淘刷,上部黏性土层的悬空部分达到临界值而发生崩塌(图 3.1(b))。此时上部悬空的黏性土层力学平衡原理即为河岸崩塌发生的力学机理。

根据悬臂梁平衡的力学理论,当上部黏性土层处于临界状态时,悬空土体自重引起的外力矩与断裂面上产生的抵抗力矩(抗拉与抗压力矩之和)相平衡。同样可以将上部黏性土层的安全系数作为河岸是否崩塌的判别依据,定义为滑动面上的抵抗力矩与悬空土体自重产生外力矩的比值。如果安全系数小于 1.0,表示河岸会发生崩塌。此外,也可以根据实际悬空宽度及临界悬空宽度的大小,判断黏性土层是否发生崩塌。当实际悬空宽度大于或等于临界悬空宽度时,河岸将发生崩塌;当实际悬空宽度小于临界悬空宽度时,河岸上部的黏性土层稳定,水流会继续冲刷下部非黏性土层。

3.1.2 非黏性土体的抗冲特性

河岸土体的冲刷速率主要由水流作用(水流切应力)与土体的抗冲刷作用(土体起动切应力及冲刷系数)决定。只有当水流切应力大于土体的起动切应力时,土体才会被水流冲刷,而相应的冲刷速率 ε (m/s)可表示为(Hanson and Simon, 2001):

$$\varepsilon = k_{\mathrm{d}}\left(\tau_{\mathrm{f}} - \tau_{\mathrm{c}}\right) \tag{3.1}$$

式中, k_{d} 为土体的冲刷系数($\mathrm{m^3/(N \cdot s)}$); τ_{f} 为水流的平均切应力($\mathrm{N/m^2}$); τ_{c} 为土体起动切应力($\mathrm{N/m^2}$)。

夏军强和宗全利(2015)通过开展长江中游荆江段河岸下层砂土的起动流速试验,测定了砂土的起动切应力、冲刷速率等参数。表 3.1 给出了两种中值粒径下荆江段河岸砂土的起动切应力。可以看出,随着粒径的增加,起动切应力有所增加;同粒径下,随着土体干密度的增大,起动切应力也有所增加。此外,荆江段河岸下层砂土的中值粒径约为 0.14mm,由此可以推断该河段下部砂土层的起动切应力(普遍动)应通常不超过 0.5N/m^2,抗冲性较差。

表 3.1　非黏性河岸土体起动流速及起动切应力的试验结果(夏军强和宗全利,2015)

中值粒径 D_{50}/mm	含水率 ω/%	湿密度 ρ_w/(t/m^3)	干密度 ρ_d/(t/m^3)	起动流速 u_c/(m/s)		起动切应力 τ_c/(N/m^2)	
				少量动	普遍动	少量动	普遍动
0.057	12.4	1.43	1.28	0.162	0.249	0.143	0.304
	11.6	1.45	1.30	0.175	0.255	0.163	0.315
	20.1	1.58	1.32	0.207	0.307	0.216	0.432
	26.9	1.78	1.40	0.222	0.340	0.246	0.521
0.129	6.2	1.50	1.41	0.238	0.312	0.280	0.449
	6.4	1.48	1.39	0.205	0.313	0.215	0.451
	16.9	1.62	1.39	0.219	0.280	0.240	0.368
	22.3	1.80	1.47	0.233	0.337	0.269	0.513

注:少量动表示仅少量的土体发生起动;普遍动表示土体普遍发生起动。

图 3.2 给出荆江段河岸下层砂土的冲刷速率 ε 与剩余水流切应力 $\tau_f - \tau_c$ 的关系曲线,以及冲刷系数 k_d 与起动切应力 τ_c(少量动)的关系曲线。从图中可以看出,ε 与 $\tau_f - \tau_c$ 基本呈现出线性关系,满足式(3.1)。此外,冲刷系数 k_d 随着起动切应力 τ_c 的增大呈现先减小后增大的变化趋势。这主要因为砂土粒径越大,其起动切应力也越大,越难被冲刷,但当粒径增加到一定程度后,砂土颗粒一旦被起动,由于其粒径较大,便会在短时间内被水流冲刷较远距离,从而形成较大的冲刷速率。

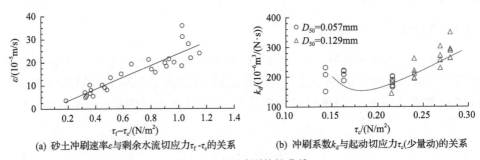

(a) 砂土冲刷速率ε与剩余水流切应力τ_f-τ_c的关系　　(b) 冲刷系数k_d与起动切应力τ_c(少量动)的关系

图 3.2　砂土冲刷特性曲线

3.1.3　黏性土体的抗剪特性

二元结构河岸上部黏性土体的抗剪强度(黏聚力 c 及内摩擦角 φ)是其维持稳定的主要因素,但其受含水率变化的影响十分明显。图 3.3 给出了长江中游上、下荆江段不同断面河岸土体的黏聚力随含水率的变化过程,可以看出黏聚力随含水率呈现出先增后减的变化趋势。含水率在 15%~25% 时是黏聚力变化的一个界限区间,此区间内,黏聚力达到峰值,随后黏聚力随含水率的增大而减小,并逐渐趋于平缓。趋于平缓后的黏聚力与其峰值相差较大，峰值/平缓后的值可以达到 3。

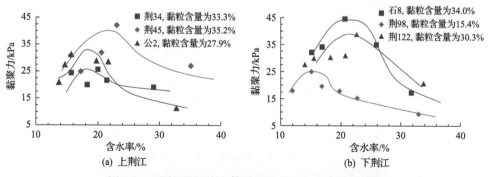

图 3.3　不同河段河岸土体黏聚力与含水率之间的关系

与黏聚力相比，黏性土体内摩擦角随含水率增大呈现出单调减小的变化趋势（图 3.4）。由图 3.4(a)可知，当上荆江河岸土体含水率从 13%增加到 37%时，相应内摩擦角由 32°减小到 15°，减小趋势明显；由图 3.4(b)可知，当下荆江河岸土体含水率从 15%增加到 35%时，相应内摩擦角由 31°减小到 22°。由此可见，天然河道内当河岸上部黏性土体长时间受浸泡，含水率达到饱和后，其抗剪强度很可能大幅度降低，从而导致河岸稳定性明显降低。

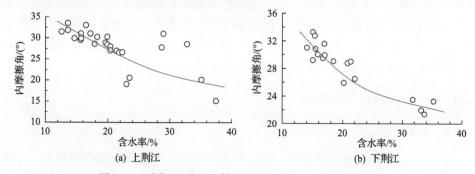

图 3.4　不同河段黏性土体内摩擦角与含水率之间的关系

3.1.4　黏性土体的抗拉特性

图 3.5(a)给出了长江中游荆江段黏性土体的抗拉强度与含水率的关系曲线，可以看出前者随后者的增加呈单调减小的趋势，且抗拉强度的变化范围介于 4.0～9.5kN/m² 。这主要是因为黏性土体含水率增加，会使薄膜水变厚，甚至增加自由水，则土体颗粒之间的电分子力减弱，使抗拉强度降低。从图 3.5(b)中可以看出，随着土体干密度的增大，土体抗拉强度逐渐变大。这主要因为干密度越大表明土体单位体积内土颗粒越多，对应单位体积内土颗粒排列越紧密，颗粒之间的黏结

力也就越大,所以土体的抗拉强度也会越大。

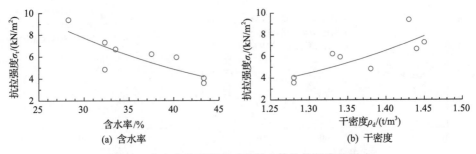

图 3.5 含水率及干密度对黏性土体抗拉强度的影响

3.2 河道窝崩机理

长江中下游窝崩现象可分为淘刷型窝崩与液化型窝崩(王延贵和匡尚富,2006),前者是指由于河岸坡脚剧烈冲刷,土体迅速失稳,并连续坍塌;后者是指河岸土体发生液化,承载力大幅度减小或消失(抗剪强度趋于零),在外部触发因素的作用下,短时间内大面积土体失稳坍塌。然而,多数情况下,长江中下游窝崩现象的形成主要是水流冲刷引起,仅少数窝崩现象被认为是外力作用下土体的液化现象引起(张幸农等,2022)。因此本节主要分析淘刷型窝崩的形成与发展过程。该类窝崩形成后,窝崩区内的水流结构不断演化,形成回流,并与河岸土体相互作用,致使窝崩区不断扩展,随后回流强度减弱,窝崩停止。

3.2.1 窝崩的形成过程与条件

1. 窝崩形成过程

长江中下游窝崩现象发生时,短时间内河岸土体会出现大面积的崩塌,少则数十米,多则上百米,并在平面上形成明显的凹陷区域(这块区域通常称为窝塘)。此外,区别于条崩现象,窝崩现象的纵向尺寸通常与横向尺寸相当,具有较大的宽长比。例如,表 3.2 给出了长江中下游几个典型窝崩特征值的统计结果,其中高家圩窝崩的长度与宽度分别为 360m 和 460m,宽长比达到了 1.28,而近期扬中指南村窝崩现象的宽长比也达到了 0.35。

长江中下游大型窝崩的发生首先从近岸深槽开始,然后逐渐向岸边逼近,形成河岸土体的楔形坍塌。一个大的窝崩是在较短的时间内分若干次发生的,时间间隔为几十分钟至数小时不等,即一个窝崩是分若干阶段由外向内、由中部向两侧进行扩展(冷魁,1993)。例如,图 3.6(a)~(e)给出了长江下游扬中河段嘶马窝崩形成过程中的地形变化。可以看出,在平面形态上窝崩的发展表现为各等深线

表 3.2　长江中下游典型窝崩特征值统计

地点	时间	窝长/m	窝宽/m	宽长比	深槽变化/m	
					崩前	崩后
高家圩	1973 年 10 月 6 日	360	460	1.28	−30m 槽 楔入 30m	−20m 槽 楔入 190m
潜洲	1973 年 12 月 31 日	680	680	1.00	口门出现 −30m 深潭	−25m 槽 楔入 240m
嘶马	1984 年 4 月 21 日	350	330	0.94	−35m 槽 楔入 50m	−20m 槽 楔入 140m
燕子矶	1983 年 8 月 21 日	120	150	1.25	口门出现 −20m 深潭	−20m 槽 楔入 40m
六合圩	1988 年 12 月 3 日	168	110	0.65	−30m 槽楔入 44m	深槽淤塞
虾子沟	2017 年 4 月 19 日	75	22	0.29	−10m 近岸深槽	—
扬中指南村	2017 年 11 月 8 日	540	190	0.35	两处−50m 近岸深槽	—
肖潘	2021 年 12 月 18 日	180	70	0.39	−20m 深槽	—

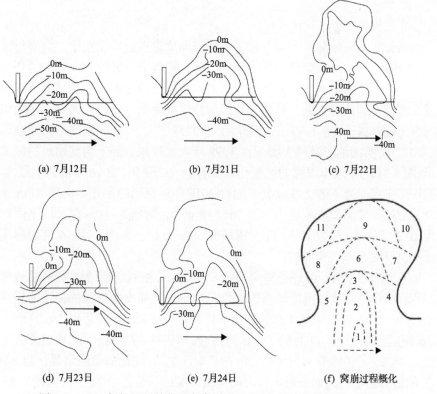

(a) 7月12日　　　　(b) 7月21日　　　　(c) 7月22日

(d) 7月23日　　　　(e) 7月24日　　　　(f) 窝崩过程概化

图 3.6　1984 年长江下游嘶马窝崩形成过程(余文畴和苏长城，2007)

持续向河岸楔入。该窝崩发生于 1984 年 7 月,且位于左岸丁坝下游。7 月 12 日在丁坝附近,近岸河床冲深至–50m,而–30m 等高线向岸边楔入,此时由于丁坝下游回流淘刷的影响,已形成了一定长度的窝崩现象,窝塘宽度约为其长度的40%。7 月 21 日窝塘迅速崩塌发展,宽度迅速增加,而口门的长度基本没发生改变。7 月 22 日,在窝塘回流的剧烈淘刷作用下,其宽度在 1 日内迅速扩大。至 7 月23 日与 24 日窝塘平面形态趋于稳定,回流作用减弱。

2. 窝崩的形成条件

冷魁(1993)给出了长江中下游易发生窝崩区域的四个主要特点,包括:①位于水流顶冲的弯道凹岸的下半部,以及平顺河段的主流及深泓贴岸段;②位于丁坝或坝垛的下游,以及平顺护岸的空白段;③河床局部区域有明显的深槽出现,且发展方向为最深点持续冲深,位置向河岸方向移动;④近岸边坡某处垂线平均流速大于土体的起动流速。在此基础上,本节进一步增加了两个特点:①河岸土质较为松散而易受水流冲刷的区域;②感潮河段内的窝崩易发生于落潮阶段。此处以近期长江中游虾子沟窝崩与下游扬中指南村窝崩现象为例,具体分析窝崩形成的主要条件。

1)虾子沟窝崩

洪湖长江干堤燕窝虾子沟段位于中游簰洲湾弯道进口段左岸,窝崩险情发生于 2017 年 4 月 19 日,窝塘长 75m、宽 22m,距堤脚最近约 14m(图 2.7(b))。根据资料,该处窝崩形成的主要条件在于河岸土体抗冲性弱,主流贴岸持续冲刷,且近岸深槽持续冲深扩展,从而导致河岸稳定性降低。该河段河岸上部为相对松散的壤土或砂壤土,厚 6～8m;下部为砂土且厚度大于 30m(荆州市长江勘察设计院,2017)。实测地形资料表明,自 1998 年大水以来,虾子沟窝崩段的深泓紧贴河岸(图 3.7(a))。近岸深槽的位置与面积有较大的变化,2016 年前窝崩段内–10m深槽均位于窝崩处下游 2.4km 处,但自 2016 年后窝崩处也开始出现–10m 深槽,同时下游处深槽面积有所减小。至 2017 年 4 月,窝崩处–10m 深槽的平面面积扩大为 10.28 万 m^2,是 2016 年 11 月深槽面积的 10 倍。由此可见,在窝崩形成前该段近岸深槽的面积迅速增加。

从断面地形来看,由虾子沟窝崩处下游 0.1km 处固定断面(CZ33)的地形变化可知(图 3.7(b)),该处河槽形态近似为偏 V 形,窝崩发生处深泓持续冲深并向河岸侧移动。2015 年以来河床总体冲刷下切,近岸河床深泓高程由 2015 年 11 月的–5.8m 下切至 2016 年 11 月的–7.8m,且向河岸侧移动约 34m,河岸坡度由 1:4.8变陡为 1:3.6。根据窝崩发生后 2017 年 4 月 22 日的地形监测结果,与 2016 年11 月的地形相比,窝崩处近岸深泓高程由–7.8m 下切至–8.2m,冲深约 0.4m,向河岸侧移动约 15m。

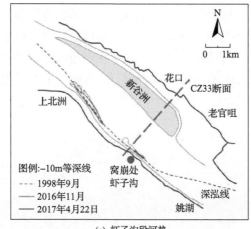

(a) 虾子沟段河势

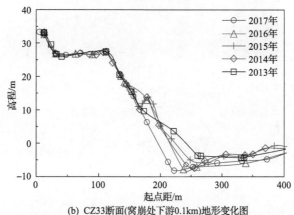

(b) CZ33断面(窝崩处下游0.1km)地形变化图

图 3.7 长江中游虾子沟段窝崩区域地形变化

2)指南村窝崩

长江下游扬中指南村附近的窝崩险情发生于 2017 年 11 月 8 日,窝塘长 540m,宽 190m(图 3.8)。根据资料,该窝崩形成条件包括:①近岸深槽冲深,并向河岸侧移动;②下层土体的抗冲性弱;③感潮河段内水位涨落变化的影响。

扬中指南村段深泓由落成洲左汊嘶马弯道后,在窝崩发生处(指南村)变为紧贴右岸。1999~2006 年,窝崩下游处浅滩上移,导致主流在窝崩处分流,增强了窝崩段附近的近岸水流动力(图 3.8(b))。2011 年鳗鱼沙洲头守护工程实施以后,浅滩位置相对固定,近岸深槽得以持续发展。从水下地形来看(图 3.9),该处上、下游各有一处深槽(称为上、下深槽),且在 2011 年 4 月已形成。在 2011 年 4 月、2015 年和 2017 年 8 月,下深槽中–40m 等深线距窝崩处最短距离分别为 291m、267m 和 99m。因此在 2011 年 4 月至 2017 年 8 月,上、下深槽的演变规律均为最深点持续冲深、位置逐渐向河岸方向移动。指南村处河岸上部土体由素填土和粉质黏土组成，易被水流冲刷，厚约 11.8m，而下部粉砂层大于 10m，土体抗冲性较差。此外，图 3.10 给出了 2017 年 11 月 8 日扬中指南村处潮位变化（罗龙洪等，2019）。可以看出，窝崩最初形成时（5:30），潮位处于最低点；随后涨潮阶段，窝崩逐渐发展；但第二次落潮阶段（9:20 左右）崩岸速率明显增加；至第二次落潮结束时，窝塘趋于稳定。

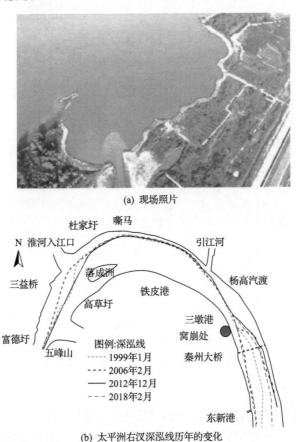

(a) 现场照片

(b) 太平洲右汊深泓线历年的变化

图 3.8　扬中指南村窝崩现场照片与太平洲右汊深泓线历年的变化

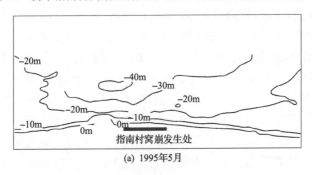

(a) 1995年5月

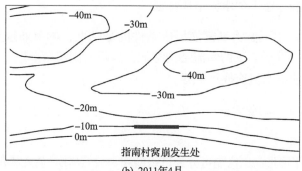

(b) 2011年4月

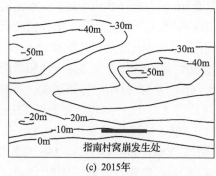

(c) 2015年

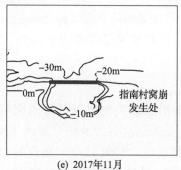

(e) 2017年11月

图 3.9　扬中指南村窝崩处水下地形变化

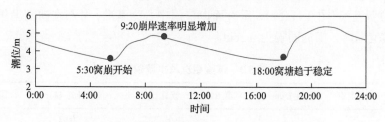

图 3.10　扬中指南村处潮位变化(2017 年 11 月 8 日)

3.2.2　特定窝塘形态下的水流结构特征

在明确长江中下游大型窝崩形成条件的基础上，本节通过开展室内水槽试验，测量特定窝塘形态下的水流结构特征，分析不同窝塘形态下的水流紊动特性及其与河道主流的水量交换过程等。

1. 试验布置及测量方法

1) 试验布置

根据窝塘平面形态，窝崩可分为口袋型和一般型窝崩（余文畴和卢金友，2008）。本试验在武汉大学水力学实验室长 5m、宽 0.3m 的自循环水槽中进行，水槽的边壁采用亚克力玻璃板，具有良好的透光性。试验中水流通过离心泵上扬和稳流板平顺后，进入水槽，水深 H 为 7.5cm。窝崩模型上下游河岸长度分别设置为 1.5m 和 1.7m，高度为 7.5cm，坡比为 1:2。一般型与口袋型窝崩模型分别参考虾子沟和指南村窝崩发生后实测的水下地形图进行概化设计，并使用 3D 打印机打印制成。一般型窝崩模型长 15cm、宽 4cm，平面和垂向比尺均为 1:500；口袋型窝崩长 12cm、宽 6cm，平面比尺为 1:3500，垂直比尺为 1:500。流场测量采用美国 TSI 公司生产的粒子图像测速仪，包括脉冲激光发射器（YAG200-NWL_532/266，最大频率为 15Hz）、CCD 相机（分辨率为 4000 像素×2600 像素，像素深度为 12bit，帧频率为 4.8 帧/s）、同步仪、图像采集与处理软件（Insight 4G 10.1）。试验过程中，激光的脉冲间隔设置为 400μs，图像采集频率为 7.25Hz，后处理的网格大小为 32 像素×32 像素。

2) 试验组次

按照进口流量和窝崩形态的类型设置试验组次（表 3.3），并将未布设窝崩模型的组次作为对照组。试验组次共为 9 组，如表 3.3 所示，且各工况下的尾门水深均设置为 7.5cm。设置测量水平面 15 个，垂直面 11 个。测量水平面时，CCD相机布置于窝崩区域正上方，脉冲激光发射器布置于水槽侧面（图 3.11(a)）。水平面分布于水面以下，垂向间隔为 0.5cm。测量垂直面时，CCD 相机与脉冲激光发射器的位置互换（图 3.11(b)）。垂直面以口门中心为基准，分布在向窝塘里外延伸2.5cm 的范围内，横向间隔为 0.5cm。

表 3.3　试验组次及水流条件

试验组次	崩岸类型	长度 L/cm	宽度 B/cm	流量 Q/(m³/h)	平均流速 U/(m/s)	雷诺数 Re
1				36.7	0.62	21649
2	一般型	15	4	26.7	0.45	15750
3				18.7	0.32	11031

续表

试验组次	崩岸类型	长度 L/cm	宽度 B/cm	流量 Q/(m³/h)	平均流速 U/(m/s)	雷诺数 Re
4				36.7	0.62	21649
5	口袋型	12	6	26.7	0.45	15750
6				18.7	0.32	11031
7				36.7	0.62	21649
8	无崩岸	—	—	26.7	0.45	15750
9				18.7	0.32	11031

 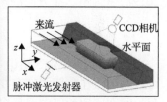

(a) 虾子沟窝崩(一般型)

  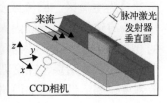

(b) 指南村窝崩(口袋型)

图 3.11　试验布置与模型概化

3) 数据处理

水流瞬时、时均流速及紊动强度可分别表示为

$$u_t=\overline{u}+u', \quad v_t=\overline{v}+v', \quad w_t=\overline{w}+w' \tag{3.2}$$

$$\overline{u}=\frac{1}{n}\sum_{i=1}^{n}(u_t)_i, \quad \overline{v}=\frac{1}{n}\sum_{i=1}^{n}(v_t)_i, \quad \overline{w}=\frac{1}{n}\sum_{i=1}^{n}(w_t)_i \tag{3.3}$$

$$\overline{U}_{xy}=\sqrt{(\overline{u}^2+\overline{v}^2)}, \quad \overline{U}_{xz}=\sqrt{(\overline{u}^2+\overline{w}^2)} \tag{3.4}$$

$$\mathrm{TKE_h}=\frac{1}{2}(u'^2+v'^2), \quad \mathrm{TKE_v}=\frac{1}{2}(u'^2+w'^2) \tag{3.5}$$

式中，u_t、v_t、w_t 为 x、y、z 方向的瞬时流速(m/s)；$\overline{u}$、$\overline{v}$、$\overline{w}$ 为时均流速(m/s)；n 为数据量；$\overline{U}_{xy}$ 和 $\overline{U}_{xz}$ 分别为 x-y 平面和 x-z 平面的合速度(m/s)；u'、v'、w' 为脉动流速(m/s)；$\mathrm{TKE_h}$ 和 $\mathrm{TKE_v}$ 分别为水平与垂直方向的紊动强度(m²/s²)。无量

纲化后的时均流速与紊动强度可分别表示为

$$\hat{u} = \overline{u}/u_*, \quad \hat{v} = \overline{v}/u_*, \quad \hat{w} = \overline{w}/u_* \tag{3.6}$$

$$\hat{U}_{xy} = \overline{U}_{xy}/u_*, \quad \hat{U}_{xz} = \overline{U}_{xz}/u_* \tag{3.7}$$

$$\mathrm{TKE}_h^+ = \mathrm{TKE}_h/u_*^2, \quad \mathrm{TKE}_v^+ = \mathrm{TKE}_v/u_*^2 \tag{3.8}$$

式中，u_* 为主流区的摩阻流速（m/s），且可根据对数流速分布公式 $\overline{u}/u_* = 1/\kappa \ln(z/z_0)$ 进行确定，κ 为卡门常数（0.40），z_0 为等效粗糙度，取为 0.0014cm（Barman et al.，2019），z 为沿水深方向的坐标。

2. 流场特性

图 3.12 和图 3.13 给出了一般型与口袋型窝崩工况的平面流场（$Q=36.7\mathrm{m}^3/\mathrm{h}$）。可以看出，在窝塘内部存在明显的回流结构，而在窝塘口门处存在强烈的掺混现象。结合以往的研究成果（刘青泉，1995；张幸农等，2020），可将试验中的水流运动分为主流区、回流区及涡流区，如图 3.14 所示。主流区内水流流线基本平行，为有势流；回流区内大尺度旋涡几乎布满整个窝塘，流速介于主流平均流速的 0%~30%；涡流区内水流紊动剧烈，且掺混宽度沿主流方向逐渐增大。

根据试验结果，在窝塘口门的下端附近，出现高流速梯度区，而窝塘内的回流强度也随流量的增加而增大。例如，$Q=36.7\mathrm{m}^3/\mathrm{h}$、$Q=26.7\mathrm{m}^3/\mathrm{h}$ 和 $Q=18.7\mathrm{m}^3/\mathrm{h}$ 时，口袋型窝塘内的最大回流流速分别为 0.32m/s、0.13m/s、0.11m/s。涡流区内的垂向掺混强度则随流量的减小而减小，三组流量下口袋型窝崩口门处的平均掺混强度由 $8.7\times10^{-3}\mathrm{m/s}$ 减小至 $4.1\times10^{-3}\mathrm{m/s}$。由此可见，窝崩口门下端附近，水流紊动作用较强。且随着流量的增加，窝塘回流运动及口门的掺混强度增加，有利于窝塘进一步扩展及窝塘内部泥沙的搬运。

另外，试验结果表明，窝塘边界形态的差异导致了一般型与口袋型窝塘内部水流结构存在较为明显的差异（图 3.12、图 3.13），主要表现为：口袋型窝崩回流区流速变化范围比一般型窝崩偏大，分别为 30% 及 20% 的主流流速，而口袋型窝崩的垂向掺混强度明显小于一般型窝崩；同时口袋型窝崩的回流中心比一般型窝崩更靠近窝塘里侧。

3. 回流中心与水体交换系数

窝塘内回流中心的位置影响其水流流速及梯度的分布规律。图 3.15 给出了在不同流量下（$Q=36.7\mathrm{m}^3/\mathrm{h}$、$Q=26.7\mathrm{m}^3/\mathrm{h}$、$Q=18.7\mathrm{m}^3/\mathrm{h}$）的不同类型窝崩的回流中心位置。可以看出，窝崩回流中心位置略偏向窝塘中心下游，且相比于一般型窝崩，口袋型窝崩的回流中心位置更加偏向下游窝塘中心下端和里侧。此外，为了定量

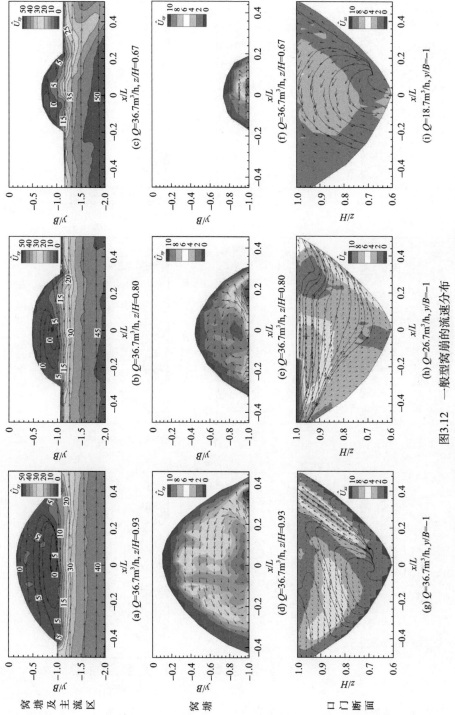

图3.12 一般型窝崩的流速分布

H是主流区的水深；z是坐标；x是平面坐标；L是口门长度；B是水槽宽度，本章余同

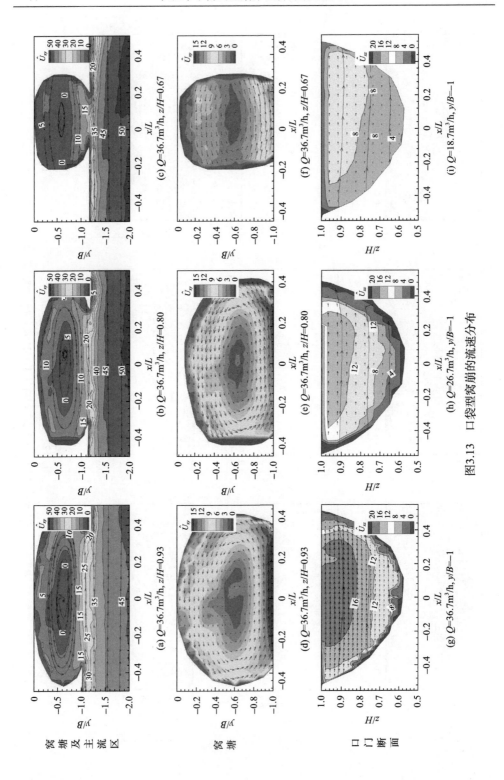

图3.13 口袋型窝崩的流速分布

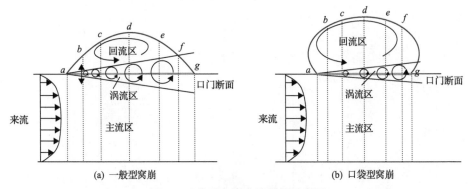

(a) 一般型窝崩　　　　　　　　　　　　(b) 口袋型窝崩

图 3.14　典型窝崩水流结构示意图

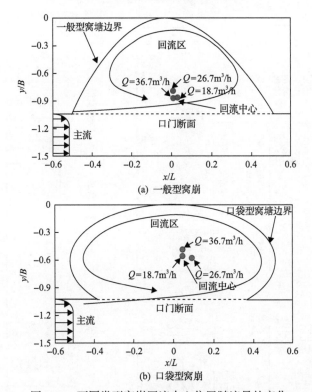

图 3.15　不同类型窝崩回流中心位置随流量的变化

描述窝塘内外水体交换的强度,定义水体交换系数为每秒主流与窝塘的水体交换量和窝塘区域内水体体积的比值。图 3.16 给出了窝塘口门断面横向流速(垂直于口门断面)的分布情况以及水量交换系数随流量的变化过程。可以看出:主流区水流主要分别通过口门断面上、下游区域流出和流入窝塘,且一般型窝崩的水量交换系数随流量的减小而减小,而口袋型窝崩水量交换系数随流量的变化不大。

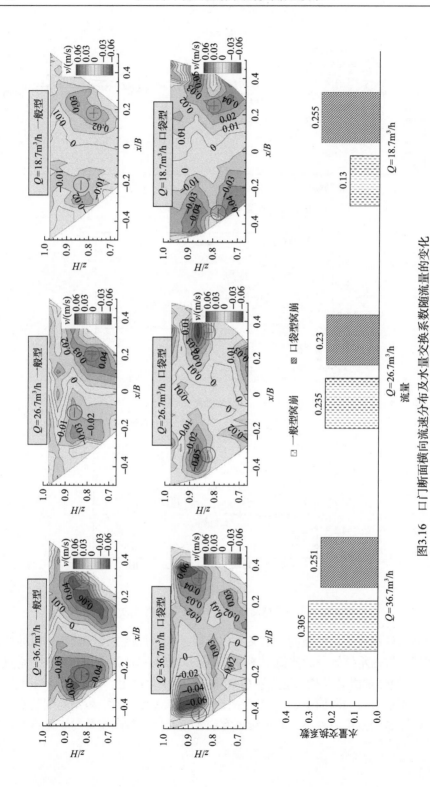

图3.16 口门断面横向流速分布及水量交换系数随流量的变化

4. 紊动特性

图 3.17 和图 3.18 分别给出了不同流量条件下一般型窝崩和口袋型窝崩水平面
(表层)和口门断面的紊动强度分布。可以看出,在涡流区内水流的紊动强度较大,
且从上游至下游口门处强紊动区的范围逐渐增大。借鉴李卓越(2021)关于后向台
阶流动中三维湍流结构产生机理及演化规律的研究成果(图 3.19),可以发现涡流
区变化的原因可能在于:涡流区上游剪切流动的不稳定性(Carpenter et al., 2011),
使得小尺度涡结构在其中产生并发展,而随着涡结构沿涡流区向下游移动,涡
结构之间发生配对作用,尺度不断增大(Hasan, 1992)。此外,严格意义上涡流区
的边界不稳定,但从时均角度来看其具有较为明确的边界,并且涡流区的横向宽
度与距口门断面上端点的距离呈线性关系(刘青泉,1995)。在较低流量条件下,
口袋型窝崩的涡流区边界并不明显,这很可能与试验中窝塘区与主流区在平面尺
度上的不匹配有关。

3.2.3　窝崩发展过程中水流结构与地形变化规律

1. 试验布置与测量方法

由于天然窝崩多出现在弯道,因此本试验布置在长 30m、宽 1.5m 的弯曲水槽
中,见图 3.20(a)。该水槽共由三个反弯段组成,前后两反弯段之间由顺直段连接。
试验岸坡段布置在中部弯段,宽度为 1.5m,水深 0.4m,内径为 6m。岸坡选用长
江下游原型细砂制作,坡高 0.4m、坡比为 1:2,中值粒径为 0.225mm,不均匀系
数为 1.91,内摩擦角为 36.5°。水槽进口断面平均流速为 80cm/s,且按窝塘发展不同
程度分为 4 个阶段。

通过固化不同阶段的试验岸坡地形,采用三维声学多普勒流速仪(acoustic
doppler velocimeter, ADV)(频率为 100Hz、测量时间为 20s)和平面粒子图像测速
仪(particle image velocimetry, PIV)以及电容式水位仪等量测设备,观测窝塘内外
水流运动数据(图 3.20(b)),包括窝塘内回流流速、口门外主流流速、上下口门
区波动水位等,并采用录像和拍照方法记录窝塘附近水流流态。其中窝塘口门
外布设 7 个测流断面,窝塘内布置 12 个测流断面,测点数量及其位置则根据窝
塘发展情况按间距 5cm 而定,垂向则根据水深按五点法布置。

2. 水流结构变化规律

根据试验结果,河岸崩退过程同样是随水流的淘刷而呈现渐进式的土体滑落
或崩塌,且破坏后的坡体形态呈上层土体(部分在水下)半圆形凹进而下层坡体仍

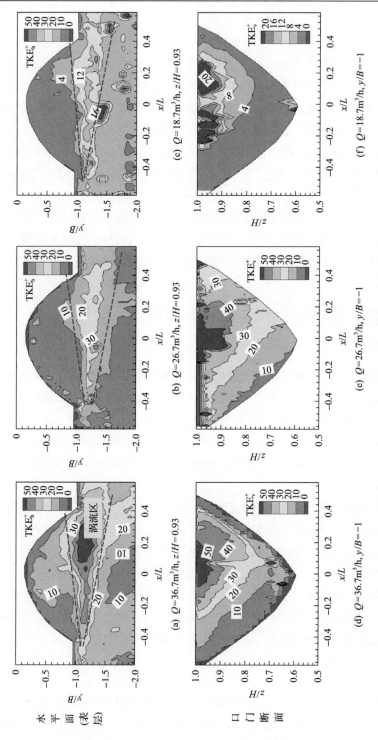

图3.17 不同流量条件下一般型窝崩水平面(表层)和口门断面的紊动强度分布

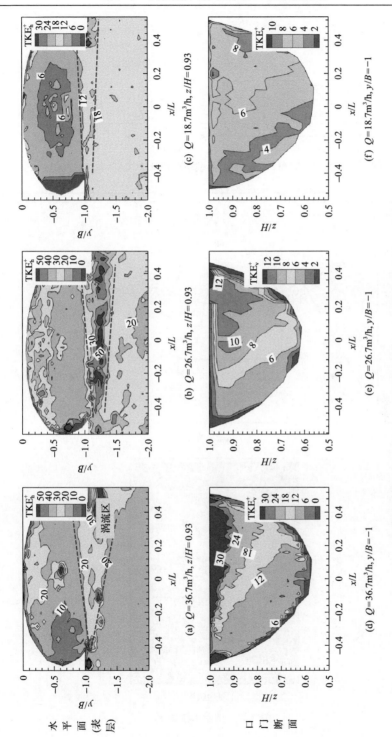

图3.18　不同流量条件下口袋型崔崩水平面(表层)和口门断面的紊动强度分布

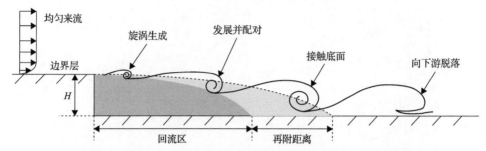

图 3.19　后向台阶流纵切面中的典型动态特征结构(李卓越，2021)

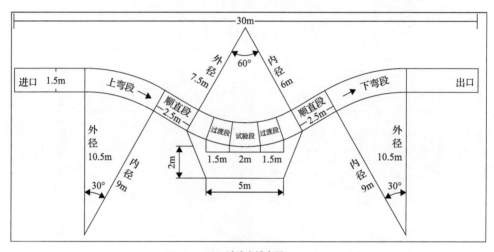

(a) 试验水槽布置

(b) 试验照片

图 3.20　试验水槽概况

保持一定坡度的窝状。根据试验监控摄像，结合窝塘边缘岸坡土体崩塌和流场变化情况，判断出不同试验时间对应的窝崩发展程度，分别为窝崩始发期(试验时间 58min 左右)，对应发展程度为 25%；窝崩中期(试验时间 94min 左右)，对应发展程度为 50%；窝崩成熟期(试验时间 186min 左右)，对应发展程度为 75%；窝崩稳定期(试验时间 420min 左右)，对应发展程度为 100%(图 3.21)。在窝崩的发展过程中，窝塘附近水流结构不仅十分紊乱，存在各类复杂涡流或回流，而且不断变化(图 3.22)。

试验时间12min
(窝崩发展程度为0)

试验时间42min
(窝崩发展程度为9%)

试验时间58min
(窝崩发展程度为25%)

试验时间64min
(窝崩发展程度为30%)

试验时间94min
(窝崩发展程度为50%)

试验时间124min
(窝崩发展程度为59%)

试验时间186min
(窝崩发展程度为75%)

试验时间420min
(窝崩发展程度为100%)

图 3.21　窝崩发展过程

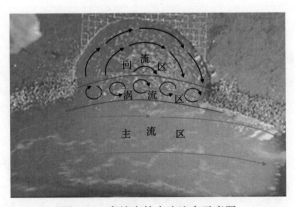

图 3.22　窝塘内外水流流态示意图

1)窝塘口门外主流特征及变化规律

窝塘口门外主流基本为明渠弯道水流，除与口门附近涡流掺混的局部区域外，大部分区域仍符合弯道水流的分布特征。图 3.23 为窝塘中部断面垂线平均纵向流速的横向分布情况，可见，在离窝塘较远区域(距原岸边约 40cm 以外区域)，纵向流速在横向上基本保持不变，为80cm/s左右，故此区域水流受窝崩影响不大。在主流区与涡流区交界面附近，流速迅速减小，直至窝塘内流速转为反向流速，流速值可达25～40cm/s，即已成为窝塘内回流，同时说明交界面附近存在很大的流速梯度。从窝崩发展过程看，总体上，窝塘出现后，主流区向窝塘一侧(凹岸)有所偏移，尤其是在窝崩始发期至中期(发展程度为25%～50%)时较为明显，窝崩成熟期至稳定期(发展程度为75%～100%)则有所回移。

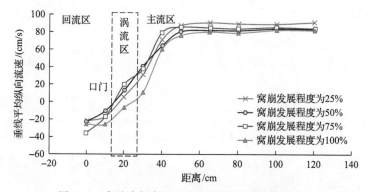

图3.23 窝塘中部断面垂线平均纵向流速横向分布

图3.24为窝塘中部断面的水流分布情况，从中可见，主流区呈现明显的环流结构特征。总体规律表现为，断面表层水流从凸岸(主流区)流向凹岸(窝塘)，凹岸一侧水流沿着试验岸坡向下流动并从底层流向凸岸，断面中心处则形成环流中心。

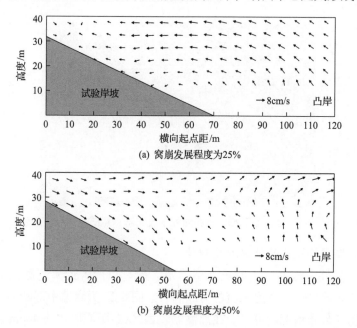

(a) 窝崩发展程度为25%

(b) 窝崩发展程度为50%

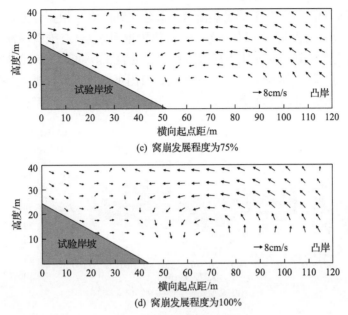

(c) 窝崩发展程度为75%

(d) 窝崩发展程度为100%

图 3.24　窝塘中部断面水流分布

从窝崩发展过程看，窝崩始发期至中期（发展程度为 25%～50%），因窝塘外出现涡流，水流波动剧烈，受此影响环流结构破坏，水流分布紊乱。始发期水流紊乱区域较小，仅在窝塘附近，主流区环流特征依然明显。然而，窝崩发展中期，水流紊乱区扩大，几乎整个断面均形成紊乱水流，窝崩成熟期至稳定期（发展程度为75%～100%），因涡流发展相对稳定，水流又重现明显的环流特征。

2）窝塘口门涡流变化规律

如前所述，窝塘口门外涡流是窝塘内外主流与回流掺混的结果，水流流态极为紊乱复杂，并且水面上下波动剧烈。此处由试验结果发现，口门外涡流区在窝塘上下口门之间，呈现一长条形态，其内存在多个大小、形态、位置和强度不断变化的涡旋，几乎无周期性的规律。总体上而言，涡流区形态、范围与位置取决于其内涡旋变化，涡旋在交界面上端生成，在随着主流快速下移的过程中，不断破碎或分解，同时又在下移过程中形成新的涡旋，直至窝塘口门下端。初步得到的认识是：涡旋的尺度明显小于窝塘内回流，仅是其十分之一或数十分之一，因而形成的涡流区宽度基本在 10～20cm；涡旋下移、破碎或分解和重新生成速率很快，下移速率接近主流流速，破碎或分解和重新生成时间数秒钟；因涡流随时变化，涡流区的位置也不断变化，窝崩始发期窝塘上半部口门外涡旋变化较为明显；成熟期和稳定期，窝塘中下部口门外涡旋变化较为明显。

此外，涡流区流态紊乱复杂、水面波动，在口门附近表现尤为突出，主要是因为口门附近不仅窝塘内外静、动水流剧烈摩擦和掺混，而且也存在土体崩塌的影响，因而窝塘口门上、下端是涡流区的起始点和终点。根据 ADV 流速观测结果，统计得出口门上端 B 点和下端 A 点(位置见图 3.25)三维瞬时流速的波动范围，并根据波高仪测出瞬时水面的波动范围，见表 3.4。可以发现：①口门下端流速值大于口门上端，窝塘形成后更为明显，口门下端水流受窝塘发展影响较为明显，水流冲刷侵蚀口门下端更剧烈；②口门上、下两端水流三维特征均十分明显，

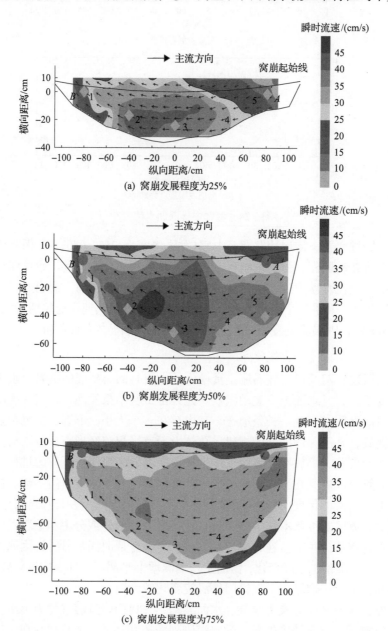

(a) 窝崩发展程度为25%

(b) 窝崩发展程度为50%

(c) 窝崩发展程度为75%

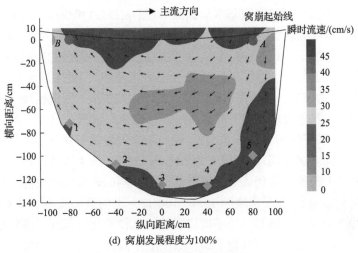

(d) 窝崩发展程度为100%

图 3.25　窝塘内回流流速等值线

表 3.4　窝塘口门上、下端三维瞬时流速和水面波动范围

窝崩发展程度/%	口门上端（B 点）				口门下端（A 点）			
	u_t/(cm/s)	v_t/(cm/s)	w_t/(cm/s)	水面/cm	u_t/(cm/s)	v_t/(cm/s)	w_t/(cm/s)	水面/cm
25	−28～21	−3～22	−18～25	−0.64～0.38	−34～16	−28～8	−24～29	−0.44～0.82
50	−30～28	−10～30	−31～21	−0.24～0.66	−52～26	−37～5	−26～37	−1.05～0.76
75	−14～25	7～36	−21～15	−0.82～0.48	−40～24	−50～5	−31～36	−1.22～0.58
100	−22～20	9～35	−18～13	−0.42～0.39	−44～27	−42～−1	−26～37	−1.35～0.76

注：u_t、v_t、w_t 分别为纵向流速、横向流速和垂向流速，水面 0 点为试验前静止水面。

窝崩发展初中期，垂向流速大于横向流速，而窝崩发展后期，横向流速值甚至大于纵向流速，同时水流具有很强的脉动特性，瞬时流速脉动范围可达到瞬时流速同等量级；③口门上、下两端水面波动剧烈，幅度超过 2cm，约为水深的 1/20；④随着窝崩发展，口门上端水流先是脉动强度增大、水面波动加剧，而后趋向平稳，但口门下端水流则始终表现为维持原有的脉动强度和水面波动幅度。

3) 窝塘内回流变化规律

窝塘内回流为绕垂向竖轴的环流，形成原因是窝崩改变了河岸边界条件，窝塘内外的动静水流摩擦，从而产生了脱离主流的次生环流。此类回流属于典型的空腔回流，主要特征是水流从空腔下游侧壁进入回流区，以对流形式参与回流区水流运动。显然，随着窝塘的发展，窝塘内回流是不断变化的。

(1)回流形态与范围。在窝塘发展过程中，窝塘内基本上是一个大回流，虽然在口门或边界附近还可能存在次级回流，但范围和强度均很小。图 3.25 为窝崩发展不同阶段窝塘内回流流速等值线，窝崩始发期至中期(发展程度为 25%～50%)

时，窝塘深度不大，回流平面基本呈椭圆形（图 3.25(a)和(b)），明显纵向长、横向短。纵向基本可至整个窝塘，横向则可发展至外侧主流区域。窝崩成熟期至稳定期（发展程度为 75%～100%）时，窝塘深度扩大，回流平面已趋向圆形（图 3.25(c)和(d)），纵向上已至整个窝塘，横向上则处于窝塘内，口门外主流甚至已侵入窝塘。

（2）最大流速位置。随着窝崩的发展，窝塘持续扩展，回流区最大流速位置也出现明显变化，基本表现出向下和离岸的迁移规律。从图 3.25 可以看出，窝崩始发期至中期（发展程度为 25%～50%），最大流速位置偏于窝塘上半部，并且距离岸边很近；中期至成熟期（发展程度为 50%～75%），最大流速位置明显下移、分离，上侧的最大流速位置仍处于窝塘上部，而下侧的最大流速位置已移至窝塘下部；成熟期至稳定期（发展程度为 75%～100%），上侧最大流速位置又略有上移，基本位于窝塘中部，下侧则仍处于口门下端。这种变化过程同样说明窝崩始发期至中期，回流动力主要冲刷窝塘上部，致使上半侧和中间部位岸坡坍塌严重，其后随着窝塘的扩展回流动力逐步下移，窝塘下部冲刷扩展，窝崩成熟期至稳定期，回流区最大流速位置已移至接近口门下端。

（3）回流强度。图 3.26 为窝塘内沿程各处近岸点（即回流边缘，测点位置见图 3.25）流速随时间变化。从图 3.26 中可见，窝塘中心流速可达到 35～45cm/s，为口外主流的 40%～50%。回流强度总体上呈现增大—减弱—趋稳的规律。窝崩始发期至中期，回流处于增强阶段，尤其是窝崩始发期回流强度迅速增大；窝崩发展程度达到 25%时，回流中心流速已达 40cm/s 以上，窝塘上部流速增幅虽不明显，但流速值最大，而窝塘下部虽然流速值相对较小，但流速增幅明显；窝崩发展程度达 50%时，回流强度最大，窝塘中部偏上区域回流中心靠近岸坡边缘，中心流速在 45cm/s 以上，近岸点流速也在 40cm/s 左右；窝崩成熟期至稳定期（发展程度为 75%～100%）时，窝塘扩大，回流强度处于减弱阶段。其中窝崩发展程度为 75%时，中心流速在 35cm/s 左右，近岸点流速在 23～28cm/s，而窝崩发展程度为 100%时中心流速已衰减至 30cm/s 左右，而上下近岸点流速接近，保持在 23cm/s 左右。

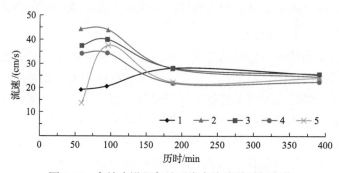

图 3.26　窝塘内沿程各处近岸点流速随时间变化

3. 窝塘地形的变化规律

图 3.27 给出了窝塘地形的平面变化及断面地形的变化过程，可以看出：①从平面变化看，在窝崩始发期，窝塘基本上是上下均有所扩展，但之后窝塘的扩展主要是在下半部分，说明始发期之后，随着窝塘内回流下移，窝塘内侧边缘的淘刷崩塌主要在下半部分。②从断面变化看，窝崩初期岸坡主要受主流顶冲，岸线整体冲刷崩塌后退，始发期之后窝塘形成，岸坡后退现象逐渐减弱，但窝塘周边土体在回流的淘刷下继续崩塌，窝塘边缘陡立，土体处于极不稳定状态，不断发生剪切崩塌或悬臂崩塌，其中窝塘中部最为明显。因此，从整体上看，最终的岸坡保持基本稳定，但上层土体崩塌并被水流搬运，形成向内横向拓展的半圆形窝塘。③从时间过程看，在窝崩始发期至中期，窝塘迅速扩展，之后发展速度减缓，尤其是窝崩发展程度为 75%后，窝塘内水流动力已不足以将崩塌的土体带入主流，因而窝塘上游端崩塌土体下滑至坡脚处，甚至出现淤积现象。

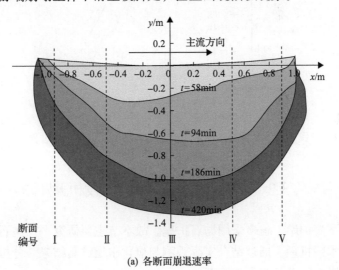

(a) 各断面崩退速率

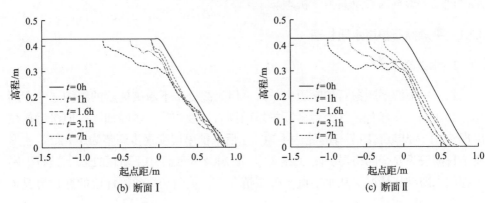

(b) 断面Ⅰ　　　　　　　　　　　　　　　　(c) 断面Ⅱ

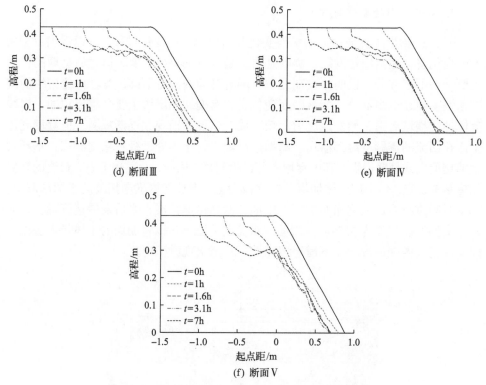

图 3.27　窝塘地形的平面变化与典型断面地形变化过程

3.3　典型护岸工程的水毁机理

长江中下游护岸工程多采用抛石护岸，故本节主要研究平顺抛石护岸和抛石丁坝护岸的水毁机理。通过结合实际观测与概化水槽试验结果，分析两类工程的水毁过程、影响因素及其力学机理。

3.3.1　平顺抛石护岸水毁机理

1. 水毁现象

长江中下游平顺抛石护岸历史长久，但始终处于不断破坏后的维护之中。例如，20 世纪 50 年代荆江大堤多段护岸因抛石坡度较陡，虽经加固，但汛后往往出现 1∶1 的陡坡，甚至有的陡达 1∶0.7，后来护岸坡度逐步调整为 1∶2.5，才形成了目前较为安全的格局。图 3.28 给出了 2004 年长江中下游两处水下抛石护岸工程的水毁破坏情况，从水上抛护外观情况看，黄冈干堤丝周标段的抛护情况较好，而广济圩丁马标段局部有滑落现象。图 3.29 为这两河段岸坡在水下抛石前、抛石后与检测时(4 年后)的断面地形。可以看出局部坡比在 1∶1 左右，随时可能发生块石滚落。由此可见，天然情况下，长江中下游河段平顺抛石护岸水毁现象最明显的表现形式就是块石滑落和岸坡变形。

(a) 黄冈干堤丝周标段　　　　　　　　(b) 广济圩丁马标段

图 3.28　长江中下游水下抛石护岸工程水毁状况

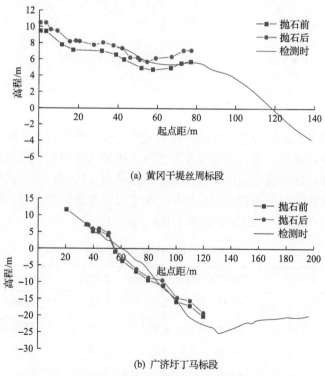

(a) 黄冈干堤丝周标段

(b) 广济圩丁马标段

图 3.29　检测时断面地形与抛石前后断面地形的对比

2. 水毁过程及影响因素

1) 试验布置

为充分说明平顺抛石护岸的水毁破坏方式及规律，在南京水利科学研究院铁心桥基地淮河厅开展了抛石护岸的动床概化模型试验。采用几何正态模拟方式(平面比尺和垂直比尺为 1:25)建立的弯道水槽平面布置形式，如图 3.30 所示，水槽宽度为 2.5m，总长 20m，由三个反向弯道段组成，中部试验段凹岸为动床。试验测量内容包括流速、水位、护岸结构位移及地形，具体的试验布置情况可参见费晓昕(2017)的研究。

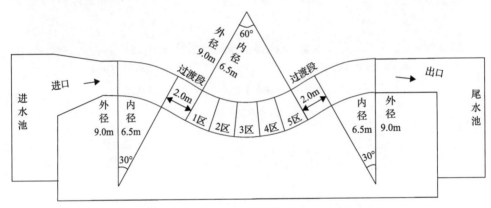

图 3.30　平顺抛石护岸弯道水槽试验平面布置形式

试验中观察了护岸块石位移随时间的变化过程，并探讨了不同岸坡坡度、水深、流速、块石级配、块石铺设厚度及坡脚守护情况等因素对抛石护岸水毁程度的影响。具体对比试验的组次及相应试验布置见表 3.5、表 3.6，其中试验岸坡的块石按单层平铺、双层抛护及多层抛护三种工况来考虑设置，分别模拟天然河道内抛石量约 850kg/m² 、1275kg/m² 和 1700kg/m² 的工况。

表 3.5　抛石护岸弯道水槽试验

试验组次	坡度	块石级配	块石铺设厚度	水深/cm	流速/(cm/s)	坡脚守护
1	1:2	均匀 I	单层	32	32.36	外延守护
2	1:2	均匀 II	单层	32	32.36	外延守护
3	1:2	均匀 III	单层	32	32.36	外延守护
4	1:2	均匀 IV	单层	32	32.36	外延守护
5	1:2	非均匀 V	单层	32	42.81	外延守护
6	1:2	非均匀 VI	单层	32	42.81	外延守护

试验组次	坡度	块石级配	块石铺设厚度	水深/cm	流速/(cm/s)	坡脚守护
7	1:2	非均匀V	单层	32	62.69	外延守护
8	1:2	非均匀VI	单层	32	62.69	外延守护
9	1:2	非均匀VI	双层	31	62.69	外延守护
10	1:2	非均匀VI	多层	31	62.69	外延守护
11	1:2	非均匀VII	双层	31	62.69	外延守护
12	1:2	非均匀VII	双层	31	62.69	刚性守护
13	1:2.5	非均匀V	双层	31	61.57	外延守护
14	1:2.5	非均匀VI	双层	31	61.57	外延守护
15	1:2.5	非均匀VII	双层	31	61.57	外延守护
16	1:2.5	非均匀VII	双层	31	61.57	刚性守护
17	1:2	非均匀V	双层	31	61.57	外延守护
18	1:2	非均匀VI	双层	31	61.57	外延守护
19	1:2	非均匀VII	双层	31	61.57	外延守护

表 3.6　抛石护岸试验块石级配情况

块石级配	各组粒径块石重量所占百分比/%			
	0.5~1.0cm	1.0~1.5cm	1.5~2.0cm	2.0~2.5cm
均匀I	—	—	—	100
均匀II	—	—	100	
均匀III	—	100	—	—
均匀IV	100	—	—	—
非均匀V	20	30	30	20
非均匀VI	10	30	45	15
非均匀VII	20	40	30	10

2) 水毁过程

试验中出现的主要水毁现象见图 3.31，且其水毁破坏方式主要表现为块石的流失、滑落以及坡面土体的裸露，从而使得被保护的岸坡失去块石的守护而遭到水流的淘刷。

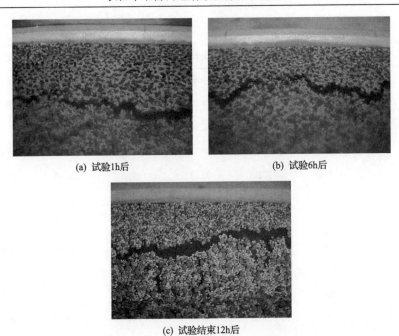

(a) 试验1h后　　　　　　　　　(b) 试验6h后

(c) 试验结束12h后

图 3.31　弯道水槽平顺抛石护岸试验中的水毁现象(组次 6)

具体来说，当试验水槽中水流流速大于床沙起动流速时，床沙大量起动，使得护脚处床沙遭受淘刷，慢慢形成局部冲坑。冲坑又逐渐侧向内凹，并逐步加深、加宽和加长。块石边缘的河床冲深后，块石失去下部的支撑，向外侧滚落。块石滑动过程中，先是最外侧块石失去支撑滚落或滑落，而滚落的块石原处就会出现空白，该空白处失去防护的泥沙便会被水流淘刷，从而导致上部的块石继续滑落和滚落，并覆盖下部露出的空白。这样的块石滑落现象形成的空白区，则由下至上一层一层往坡顶方向传递。若坡脚处冲刷达到平衡，则冲刷停止，块石到达深泓后，上部块石也基本停止下滑，岸坡逐渐形成新的稳定状态。

从块石滑动的方向来看，块石的移动一般以下滑为主(少量滚动)，还包括不成片连续运动和单颗或是少量几颗的间歇性运动。岸坡上块石基本不会发生水平向的移动，仅会由于坡脚的冲刷发生垂向位移。此外，空白区在坡脚至坡面中部发展较快，坡面中部以上空白发展变缓，越到近坡顶处，发展过程越慢。

3) 主要影响因素

(1)流速。图3.32给出了不同流速工况下坡面空白区(护岸抛石出现不连续、下层土体出露的区域)的发展规律，可以看出较小流速工况下空白区比较狭窄，位置处于岸坡的中间，而较大流速工况下护岸水毁现象更为明显，空白区的产生和移动的速率变快，且其宽度也变大。此外，不同流速下块石的坍塌量可相差6~8倍，其原因在于近岸水流条件影响了块石和其周围的床沙的冲刷程度，而大流速对床沙冲刷作用更强，坡脚未受到防护的泥沙被冲刷得更快，从而导致坡面更容易出现空白区，护坡块石的破坏程度更大。

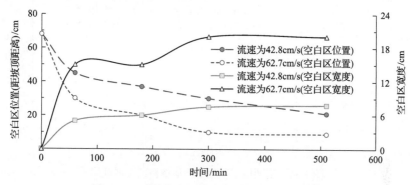

图3.32 不同流速工况下坡面空白区发展规律

(2)抛护厚度。图3.33给出了弯道抛石护岸在不同抛护厚度工况下坡面空白区的发展情况，可以看出单层抛护的水毁发展更快，空白区宽度增幅明显更大。双层抛护和多层抛护时，坡面上出现的空白区会被上部块石填补，尤其是较小的块石。由于其下滑较快，故在抛护量足够的情况下，下滑块石越多，填充的时间就越短，空白区尺度就越小，从而使得护坡水毁破坏不明显。

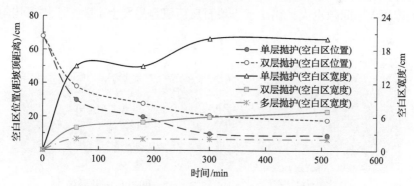

图3.33 不同抛护厚度工况下坡面空白区发展规律

(3)坡度。图3.34给出了不同坡度工况下抛石护岸水毁速率与坡面空白区位置和宽度随时间的变化规律，可知当坡比为1∶2.0时，抛石空白区的发展速度略高于坡比为1∶2.5的情况，且其空白区宽度更大。当坡比为1∶3.0时，虽然初始坡面产生了一些空白区，但空白区发展缓慢且基本位于坡面下部，且随着块石的间歇性调整而逐渐变小消失。这是由于在坡度较小时，使块石向下滑动的重力分量变小，且块石间存在相互支撑和作用，使得空白区不易发展。当岸坡较陡时，其空白区宽度发展得更快更大，护岸工程水毁严重。但当冲刷坑能被及时填补时，护坡上的块石分布则表现为趋于均匀而密实。天然河道抛石的水下稳定坡度一般为 1∶1.5～

1∶2.0，而当坡度缓于 1∶2.0 时能显著增强抛石护岸的稳定性(应强等，2009)。

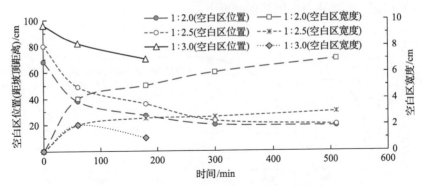

图 3.34　不同坡度工况下坡面空白区发展规律

(4)块石粒径与级配。目前长江中下游护岸工程的抛石粒径范围一般在 0.15～0.50m。大块石抗冲性强，但体积大、间隙大，易引起坡脚处及坡面下的床沙淘刷，而小颗粒石料抗冲性有限但适应河床变形能力强，在水流作用下的自行调整过程中更易形成密实的整体，对水流的扰动相对较小，有利于防止河床泥沙被淘刷(姚仕明和卢金友，2006)。

图 3.35 给出了不同抛石级配工况的试验照片，可以看出：大块石虽然抗冲性强，但体积大，间隙也大，相比于小块石反而更容易发生水毁。小块石均匀级配

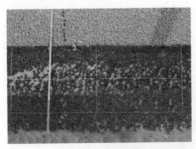

(a) 大块石均匀级配

(b) 小块石均匀级配

(c) 非均匀级配块石

图 3.35　不同抛石级配工况下的护岸效果

下，抛石失稳的时间稍晚，故小石块相较于大石块更有利于保证坡面不出现整体性破坏，但是其缺点在于抗冲性弱，易受水流冲刷。此外，非均匀级配块石的护岸效果优于均匀级配的块石，能更有效地遮蔽岸坡，且空白区出现的时间晚于后者。因此若能保持较优良的抛石级配，使大块石的抗冲作用与小块石的遮蔽作用相结合，则空白区发展会变缓，也能增强护岸块石的稳定性。

3. 力学机理

平顺抛石护岸水毁的主要原因是水流冲刷作用下的岸坡变形，使得块石失稳产生位移，具体表现形式有三种：单颗粒块石滚动失稳、块石团整体性滑移破坏以及块石团整体性塌陷破坏(Clopper et al., 2006；费晓昕，2017)。故此处针对三种情况分别开展力学机理的分析。

1) 单颗粒块石滚动失稳

单个块石在坡面的滚动或滑动主要是因为块石间的相互作用力不足以抵抗水流对块石的推力。从力学的角度看，导致岸坡上单个块石失稳的力主要包括水流拖曳力 F_D (kN) 及上举力 F_L (kN)、块石有效重力 W (kN)(图 3.36)，且可分别表示为

$$W = \alpha_0 \left(\gamma_s - \gamma\right) d^3 \tag{3.9}$$

$$F_D = C_D \alpha_1 d^2 \gamma \frac{u^2}{2g} = C_D \alpha_1 d^2 \gamma \frac{u_{bc}^2 + u_{bl}^2}{2g} \tag{3.10}$$

$$F_L = C_L \alpha_2 d^2 \gamma \frac{u^2}{2g} = C_L \alpha_2 d^2 \gamma \frac{u_{bc}^2 + u_{bl}^2}{2g} \tag{3.11}$$

式中，α_0、α_1、α_2 分别为上述各力相对应的面积系数；u 为作用于颗粒的流速 (m/s)；u_{bc}、u_{bl} 分别为作用于块石颗粒的沿坡面方向的流速和纵向流速(m/s)；C_D、C_L 为块石颗粒所受的推力及上举力的系数；γ_s、γ 分别为块石和水的容重 (N/m^3)；d 为块石粒径(m)；g 为重力加速度(m/s^2)。

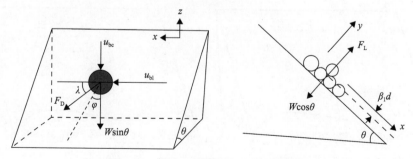

图 3.36　岸坡上单颗粒块石受力示意图

当作用在块石上的拖拽力和上举力的联合力矩与块石重力和嵌着力的联合力矩相等时，块石即会出现滚动失稳（图 3.36），相应的力矩平衡方程式可表示为

$$F_D L_1 \cos(90° - \lambda - \varphi) + W \sin\theta L_2 \cos\varphi + F_L L_3 = W \cos\theta L_4 \tag{3.12}$$

式中，L_1、L_2、L_3、L_4分别为F_D、$W\sin\theta$、F_L、$W\cos\theta$的力臂（m），其中$L_1 = L_2 = \beta_1 d\,(0 < \beta_1 < 0.5)$，$L_3 = L_4 = \sqrt{(d/2)^2 - (\beta_1 d)^2}$；$\lambda$为水流作用线与水平线的夹角；$\varphi$为块石运动方向与下滑力方向的夹角；$\theta$为岸坡坡度。若进一步假设块石颗粒为等容粒径为$d$的圆球体，且垂线流速服从指数分布，则可由式（3.12）推求得到单个块石断面起动流速U_c，为

$$U_c = K\sqrt{\frac{\gamma_s - \gamma}{\gamma} gd}\left(\frac{h}{d}\right)^{m_u} \tag{3.13}$$

式中，K 为与泥沙颗粒运动方向φ、θ、λ有关的系数；m_u 为幂指数；h 为块石所处位置的水深（m）。

2）块石团整体性滑移破坏

水流冲刷坡脚或裸露的坡面，护岸块石因失去下部支撑而间歇性地整体向下滑移，往往使得岸坡坡面上出现裸露土体。若床沙淘刷加剧，且后方无足够的石方量补给，则会引起局部抛石护岸工程的坍塌，这种破坏方式主要表现为块石成团状下滑。

坡脚遭水流冲刷后，块石团滑动过程一般是最外侧块石失去支撑率先滑落（第1阶段），原块石覆盖处则出现空白区（第2阶段），空白区处失去防护的床沙又被水流吸出，导致上部的块石继续滑落和滚落，覆盖下部露出的空白区，这样由下至上空白区一层层传递至坡顶（第3阶段）。若坡脚处冲刷达到平衡，则由坡脚冲刷引起的块石滑落将会停止，滑落的块石到达深泓后，上部块石基本停止下滑位移，岸坡就逐渐形成稳定的状态（第4阶段），见图 3.37。

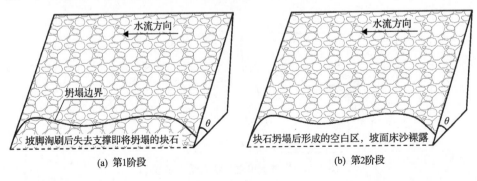

（a）第1阶段　　　　　　　　　　　　　　　（b）第2阶段

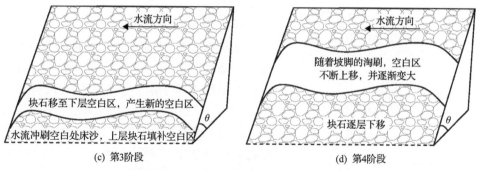

(c) 第3阶段　　　　　　　　　　　　(d) 第4阶段

图 3.37　坡脚遭冲刷后抛石坡面水毁过程

从力学的角度看，坡脚处边缘块石团的受力如图 3.38 所示。块石团主要受支撑力 F_N、重力 W、摩擦力 f、动水压力 P、水流拖曳力 F_D 和上举力 F_L 的作用，其中摩擦力 $f(\text{kN})$ 与动水压力 $P(\text{kN})$、上举力 F_L 及重力分力 $W\cos\theta$ 有关，可表示为

$$f = \mu F_N = \mu\left(P + W\cos\theta - F_L\right) = \mu\left[P + n\alpha_0\left(\gamma_s - \gamma\right)d^3\cos\theta - C_L\alpha_2(nd)^2\gamma\frac{u^2}{2g}\right]$$

$$(3.14)$$

式中，$W = \left(\gamma_s - \gamma\right)\pi d^3/6$；$\theta$ 为岸坡坡度 $(°)$；μ 为摩擦系数；n 为块石团的块石数。

由于水流拖曳力在平行于及垂直于坡面方向的力对块石团的运动的影响微乎其微，若忽略水流拖曳力的影响，当块石团稳定时（图 3.38(a)），平行于斜坡上的力学平衡方程为 $f = W\sin\theta$；当块石团下部坡脚被淘刷时（图 3.38(b)），$W\sin\theta$ 不变，F_N 减小，f 减小；进而 $f < W\sin\theta$，块石团因受力不平衡下滑（图 3.38(c)），下层块石坍塌后，在原位置处形成空白区，水流对空白区有一定的冲刷作用，使得上层块石也产生向下的运动。

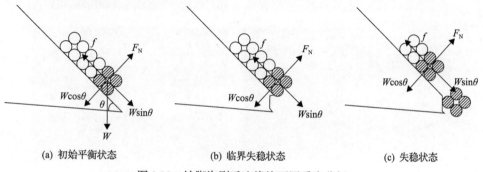

(a) 初始平衡状态　　　　　　(b) 临界失稳状态　　　　　　(c) 失稳状态

图 3.38　坡脚淘刷后边缘块石团受力分析

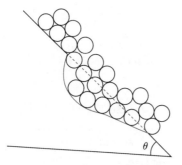

图 3.39　岸坡整体坍塌时
块石团位移模式示意图

3)块石团整体性塌陷破坏

当岸坡土体性质不好,存在软弱层或存在较大比降的渗流时,坡体后方土体有可能形成较大范围土体下陷。岸坡上块石同样成团产生破坏,但破坏形式与前述下滑不同,主要表现为随岸坡的坍陷而坍陷,块石团的运移以垂直位移为主(图 3.39),坡面一个区域的成片块石形成整体的下滑或塌落。此类破坏现象涉及岸坡地质条件,块石团位移完全取决于岸坡的变形。

3.3.2　抛石丁坝护岸水毁机理

1. 水毁现象

抛石丁坝护岸水毁按照水毁部位的不同,表现为迎水坡和背水坡的边坡裂挫、塌陷,导致坝身水毁、坝头水毁(坝头下挫、塌陷)、坝根水毁,如图 3.40 所示。坝根水毁多是由于坝基处理不当或是受水流顶冲。坝身水毁的表现形式有两种,一种是由于基础冲刷,丁坝局部或整体崩陷塌落,另一种是坝身处块石由于水动力作用出现块石剥落,形成小缺口,随着水流继续作用,慢慢演变成大缺口,或者是水流直接导致背水坡块石滚落或坍塌。坝头水毁大多是因为坝头处绕流形

图 3.40　抛石丁坝护岸坝头、坝身及坝后水毁照片

成的不良流态。这三种形式的水毁现象中，因坝头位于河床中部靠近主流，绕流流速最大，其破坏最为常见(费晓昕，2017)。

2. 水毁过程及影响因素

1)试验布置

根据长江中下游抛石丁坝的实际情况，本节开展了坝头水毁的试验研究，分析了坝前流速、水深、块石级配等不同因素对坝头水毁的影响。抛石丁坝试验在南京水利科学研究院铁心桥基地淮河厅的直水槽中进行，直水槽平面布置见图 3.41(a)，水槽长 40m、宽 2.2m、高 0.6m，水槽进口设置消能池及导流栅，动床试验段长 15m，位于水槽中部，分别距水槽进口和尾门 12.5m，动床试验段中间嵌入两段长 2m 的玻璃边壁，用于观察床沙与抛石丁坝的变化。为尽量模拟长江中下游抛石丁坝的常见结构型式、尺度及参数，试验丁坝为梯形断面结构，如图 3.41(b)所示，坝顶宽度为 12cm，迎水坡坡比为 1∶1.5，背水坡坡比为 1∶2，坝头坡比为 1∶5，坝高 20～24cm。具体的试验布置情况可参见费晓昕(2017)的研究。

鉴于试验重点为坝头水毁过程，并考虑到水槽尺度的限制，仅模拟坝身部分长度(局部模型)，且试验块石选用不同颜色，以便分析水毁过程中坝面块石的运动轨迹。水槽槽壁侧至坝头分为坝头和坝身两部分，如图 3.41(c)所示。其中靠槽

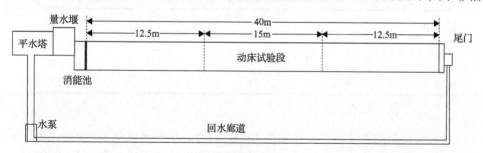

(a) 直水槽布置图

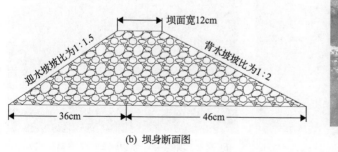

(b) 坝身断面图

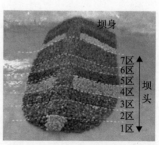

(c) 坝身和坝头分区

图 3.41　抛石丁坝试验布置形式

壁四段(每段长度为 12.5cm)块石为坝身,其余七段(1~7 区)为坝头,中间沿丁坝长度方向的条带块石为坝顶面层。具体的试验组次及工况、试验块石的级配见表 3.7、表 3.8。

表 3.7　抛石丁坝试验组次及工况

试验组次	坝高 h_d/cm	水深 h/cm	坝长 B_d/cm	水流流速 u/(cm/s)	冲刷时间/h	级配
1	20	15	150	40	2	I
2	20	20	150	40	2	I
3	20	22	150	40	2	I
4	20	25	150	40	2	I
5	20	15	150	50	2	I
6	20	20	125	40	2	I
7	20	20	150	38	2	I
8	20	20	125	55	2	I
9	20	20	125	40	2	II
10	20	20	150	55	2	II
11	20	20	150	55	2	I

表 3.8　抛石丁坝试验块石的级配

块石级配	各组粒径块石重量所占百分比/%			
	0.5~1.0cm	1.0~1.5cm	1.5~2.0cm	2.0~2.5cm
I	20	30	30	20
II	0	0	100	0

2)水毁过程

抛石丁坝周围水流特征总体表现为(图 3.42):坝前水流受丁坝阻水作用,流速减缓,比降减小;接近抛石丁坝时,产生绕坝水流,水流分离,水流束窄而流

(a) 非淹没丁坝(组次5,水深h=15cm,坝高H_d=20cm)　　(b) 淹没丁坝(组次3,水深h=22cm,坝高H_d=20cm)

图 3.42　水槽试验中丁坝附近流态

速增大，冲刷河床，且绕坝流形成坝后回流区。水流紊动强度较大的区域为坝头及坝头下游侧，且通常情况下紊动强度与丁坝冲刷坑所在位置也有较好的对应关系。由此可见，丁坝发生水毁的重要原因是坝头周围水流流态紊乱，紊动能较大，使得床沙遭受水流的强烈淘刷，产生冲刷坑，导致块石坍塌入坑内。

图3.43给出了抛石丁坝水毁试验的照片，可以看出抛石丁坝的主要水毁破坏方式表现为坝头块石的坍塌和流失，且水毁破坏最严重的部位为坝头部、坝头下游侧及坝后背水坡，这与水流剧烈紊动的区域基本保持一致。坝头坍落的块石基本有三处停留：一是坝头坍塌处冲刷坑边坡至坑底范围，二是距丁坝坝头块石坍塌处有一定距离的冲刷坑边坡上，三是坝后淤积体上。绝大多数块石停留在坝头坍塌处冲刷坑边坡至坑底之间。

图3.43 水槽试验中丁坝水毁破坏模式

3）主要影响因素

（1）水深。对比不同水深工况下抛石丁坝的试验现象（图3.44），水毁程度由大到小依次为组次3＞组次2＞组次1＞组次4。当水深较大时（图3.44（a），组次4），水流流速在坝头处相对较小，近底流速也减小，流态相对缓和，坝头处水流紊动不强烈，坝体水毁强度较弱。水深略高于丁坝时（图3.44（b），组次3），水流条件最紊乱，部分过坝水流在坝头处以斜向下潜流的方式淘刷泥沙，使得冲刷更为严重，而坝头坝面石子也在绕流的作用下更易滑落，水毁最严重。水深与坝顶齐平时水毁情况有所减弱（图3.44（c），组次2），但水流对坝头块石的作用面积相比非淹没状态（图3.44（d），组次1）更大，水毁程度较非淹没状态偏大。

（2）流速。当来流流速较小且坝体被淹没时（图3.45（a）），丁坝破坏以坝头冲刷导致的块石坍塌破坏为主，往坝身方向坝面块石基本没有变化，且破坏最严重部位为坝头下游侧，也是冲刷坑发展较严重的部位。流速大的组次（图3.45（b）），其水毁程度明显大于小流速组次，冲刷坑范围也相应较大，且坝头块石随冲刷坑范围的变大而坍塌，坝头水毁更严重。

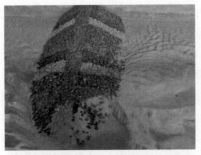

(a) 水深较大(组次4, 淹没水深5cm)　　　　　　(b) 水深略大(组次3, 淹没水深2cm)

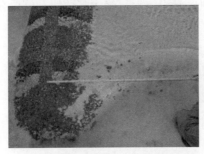

(c) 淹没临界状态(组次2, 水深与坝顶齐平)　　　　(d) 非淹没状态(组次1)

图 3.44　不同水深工况下抛石丁坝水毁状态

(a) 小流速(u=40cm/s)　　　　　　　　(b) 大流速(u=55cm/s)

图 3.45　不同流速工况下抛石丁坝水毁状态

　　此外, 当来流流速增大时, 块石更易受绕流作用影响, 水平方向运动更剧烈。其原因在于丁坝处于临界淹没的状态时, 水流受丁坝阻挡, 一部分水流从坝头处绕流而下, 另一部分水流因惯性绕过坝头指向床面流向下游。第一部分水流随流速增大, 坝头坝面处绕流流速增大, 对各区块石水流力增大, 导致不同区块石的交换; 而流向下游的水流在试验中的表现为, 过流区被压缩的程度越大, 主流流速越大, 冲刷沟及冲刷坑越明显, 从而导致大流速组次(图 3.45(b))中坝头 1～3 区块石的全部垮塌。

　　不同水流条件对丁坝水毁程度的影响不同, 取决于坝头及主流区的流速大小及流态。这些因素决定了冲刷坑的大小及范围，而丁坝块石坍塌又与冲刷坑大小基本呈现正相关的关系。因此，一般情况下，流态好流速也不会太大，而流速大对应的流态也相对紊乱，故坝头流速对坝头水毁是一项非常重要的指标。

（3）丁坝长度。坝长越长，过流区被压缩的程度也越大，导致坝头及主流流速越大，水流流态越紊乱，块石坍塌量越大。长丁坝试验组次中（B_d=150cm），块石坍塌量明显更多，坝头附近的绕坝流较强烈，坝头水毁严重，且背水坡下游附近冲刷范围增长明显（图 3.46(a)）。短丁坝试验组次中（B_d=125cm），绕坝流稍缓，背水坡下游附近冲刷范围略缓于长丁坝组次（图 3.46(b)）。值得注意的是，长江中下游天然河道中，河宽较大，冲刷坑范围不会如本水槽试验中因丁坝长度不同而有如此大的差别。总体来说，河道缩窄度越小，丁坝附近河床冲刷越严重，丁坝水毁也越严重。

(a) 长丁坝(B_d=150cm)　　　　　　　(b) 短丁坝(B_d=125cm)

图 3.46　不同丁坝长度工况下抛石丁坝水毁情况

（4）块石级配。大块石间存在缝隙，水流在缝隙的紊动和流动，易吸出缝隙间床沙，故更易出现丁坝水毁现象。但丁坝水毁一般是由于冲刷坑发展引起的坝头块石坍塌，而块石级配对冲刷坑的发展影响不大。因此，块石级配的改变对丁坝水毁没有显著影响，但是在坝头抛石较少的部位，非均匀级配的块石的守护效果优于均匀级配的块石。

3. 力学机理

1) 坝头水毁机理

坝头水毁的一种方式是坝头块石直接受水流作用后发生滑动、滚动后块石脱离原位而被破坏，另一种方式是坝头附近河床常年受到水流的冲刷和侵蚀作用，使其基础淘空，导致丁坝在其自身重力作用下失去支撑，继而发生局部或整体塌陷。由此，下面分别从丁坝周围水流结构和坝头冲刷坑的发展两个方面分析坝头水毁机理。

（1）水流结构。对于非淹没丁坝，如图 3.47 所示，丁坝的存在使得水流受阻，坝前水流比降逐渐变缓，且在靠近坝体不远处形成负比降，同时坝前水流的流速减小。坝前水流被阻挡后改变流向，沿坝轴线往河槽方向运动，水流流速逐渐加大。在Ⅰ-Ⅰ断面坝头处存在下潜水流，导致该断面流速沿垂线分布更均匀。水流绕过丁坝后，束窄作用减弱，但直至断面Ⅱ-Ⅱ(收缩断面)水流仍然会由于惯性进一步收缩，从而导致流速变大。过了Ⅱ-Ⅱ断面后，水流逐渐扩展，直到在Ⅲ-Ⅲ(扩展断面)处逐渐恢复到天然状态。

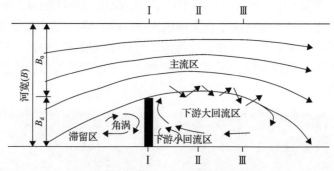

图 3.47　非淹没丁坝平面流场示意图

从图 3.47 中可知，丁坝上下游存在 3 个回流区，丁坝上游小回流区、下游大回流区和下游小回流区。上游小回流区为行进水流脱离原运动路线，在主流和边壁形成的角涡。角涡的范围为坝根、坝头及主流边界形成的三角区，同时该处往往是坝前泥沙淤积较明显的地方。另外，绕坝下泄水流与坝后水流之间存在流速梯度，导致坝后回流区的产生(下游大回流区)。下游小回流区的形成是由于下游大回流区对坝根附近水流的剪切作用。

对于淹没丁坝，由于束水作用大大降低，下游回流区随着淹没度的增大而逐渐消失。图 3.48 为淹没丁坝平面流态和垂向流态示意图。水流明显地被坝体分为表流和底流，坝头和坝顶存在着水流分离的现象，且水流分离的强弱程度随着淹没程度的不同而变化。坝顶以上的表流，基本保持原来的运动方向不变，流向稍微偏向坝头方向(图 3.48(a))；坝顶以下底流在靠近丁坝时由于受到阻碍部分水流

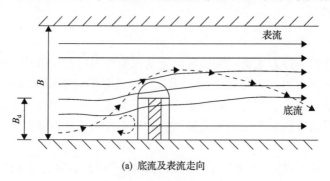

(a) 底流及表流走向

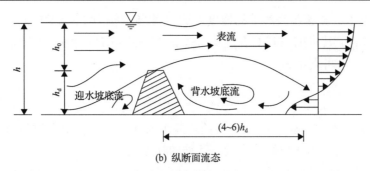

(b) 纵断面流态

图 3.48　淹没丁坝平面流态和垂向流态示意图（虚线为底流流向，实线为表流流向）

上升，向坝头方向扩散，溢过坝顶流向下游；底流其余部分从上游绕过坝头下泄，在下游形成很强的回流（图 3.48（b））。

（2）坝头冲刷坑的形成机理。目前较为清晰的认识是，丁坝的存在使得其附近水流结构发生变化，坝头流速明显增大，产生局部冲刷。冲刷初期，水流冲刷坝头附近的床面，往下游挟带泥沙形成淤积，初期的淤积体呈现窄长形。随着冲刷的继续发展，淤积体下延变宽，水深也变小，绕过坝头的水流，漫过淤积体迅速向下游发散。发散的水流一方面折向岸边，使回流区尺度减小并趋向岸边，形成狭长的回流带，另一方面越过淤积体后，水深变大导致流速骤减，形成滞流区，而这正利于淤积体朝侧向展宽。随着水流的继续冲刷，冲刷坑逐渐成形，淤积体不断增大。

其中，对冲刷坑发展起主要作用的为坝头水流旋涡，该旋涡在冲刷坑的形成发展过程中将坑内的泥沙以螺旋式上升方式输运到坑外，一部分带至主流区，另一部分被输运到淤积体表面，且该处泥沙又被部分输运到淤积体后的滞流区。如此淤积体不断下延增大，高程也不断增高，进一步使得阻力增大，输沙能力减弱。这时，冲刷坑逐渐变深，坑内的泥沙也难以输运至坑外，淤积体的变化也逐渐缓慢，导致冲刷坑局部冲刷基本平衡。

2）坝根与坝身水毁机理

丁坝坝根的水毁与坝根处的地质与地形条件及丁坝的类型有关，大多是因为与坝根连接的河床抗冲性差，受水流冲刷后坝根出现局部或整体塌陷。丁坝坝身的水毁（坝身截断）大多是由于散抛石坝护面的块石粒径偏小，稳定重量不足，在受到中洪水主流、横向环流或斜向水流的强烈冲击时，坝体表面块石逐渐被水流冲移，形成缺口，继而扩大冲深，从而导致坝体的损毁，且破坏程度与丁坝前后的跌水高度有关。

坝顶的跌水对块石失稳的影响表现为较陡的跌水会在块石前后产生较大的水压力差，从而形成向下游的推力，导致块石发生滚动。假设坝顶面上处于静止状态的块石发生以 O 点为支点的滚动失稳（图 3.49），则作用在块石上的力包括块石

的有效重力 W、流速水头产生的拖曳力 F_D、水流上举力 F_L 以及前后压力差引起的推移力 F_{D2}，其中前三者的表达式与式(3.9)~式(3.11)一致，而前后压力差引起的推移力 F_{D2} 可表示为

$$F_{D2} = \alpha_4 d^2 \gamma \Delta Z \tag{3.15}$$

式中，d 为块石粒径(m)；ΔZ 为块石前后跌水高度(m)；α_4 为泥沙颗粒形状系数。同样地，根据力矩平衡可推导出抛石起动的临界流速为

$$U_c = k_1 \left(\sqrt{\frac{\gamma_s - \gamma}{\gamma} gd} - k_2 \sqrt{g\Delta Z} \right) \left(\frac{h + \Delta Z}{d} \right)^{m_u} \tag{3.16}$$

式中，k_1、k_2 均为与块石形态有关的系数；h 为水深(m)。式(3.16)表明，当块石前后水位差较小趋于零时，式(3.16)与式(3.13)一致；随着块石前后跌水高度的增大，块石起动的临界流速变小，亦即坝体上的块石易失稳。

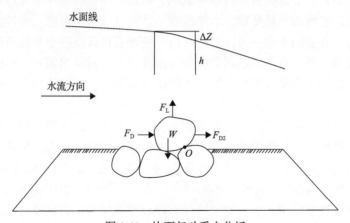

图 3.49　块石起动受力分析

3.4　本章小结

本章结合实测资料分析、概化水槽试验及理论分析，研究了长江中下游条崩与窝崩的机理，揭示了条崩的力学模式及河岸土体特性的变化规律，阐明了窝崩的形成条件，以及窝崩发展过程中的水流结构及地形的变化特征；研究了平顺抛石护岸及抛石丁坝护岸两种典型护岸工程的水毁过程、影响因素及力学机理。取得的主要结论如下。

(1)长江中下游条崩现象的力学模式包括平面滑动、圆弧滑动及悬臂崩塌三类，前两者的力学机理为在滑动面上由重力等形成的滑动力与由土体抗剪强度形

成的抗滑力之间的平衡关系，而后者的力学机理为由重力等形成的滑动力矩与由土体抗拉强度形成的抗滑力矩之间的平衡关系。此外，长江中游荆江段二元结构河岸下层砂土的抗冲性较弱，起动切应力通常小于 $0.5kN/m^2$，而上部黏性土体的抗剪强度及抗拉强度总体上均随着土体含水率的增加而减小，表明洪峰期及退水期内土体的含水率较高时，河岸稳定性会显著降低。

(2)除以往研究给出的长江中下游窝崩河段的几个主要特点外，本章还发现感潮河段内在落潮阶段较易发生窝崩。窝塘区附近水流结构可分为口外主流区、口门涡流区和窝塘回流区三大区域。口外主流区基本为明渠水流；口门涡流区呈现长条形态，存在多个大小、形态、位置和强度变化的涡旋，口门上、下两端水流呈明显三维特征且紊动剧烈；窝塘回流区内为典型空腔回流，且随着窝崩发展，其范围扩大，强度呈现增强—减弱—稳定的变化趋势。

(3)平顺抛石护岸工程的水毁过程表现为坡脚处水流对河床的淘刷，导致块石的流失或滑落，使得护岸块石间出现缝隙，随着水流继续冲刷，缝隙逐渐扩大，岸坡土体裸露，逐渐形成大面积的空白区，并不断往坡顶发展。抛石丁坝护岸水毁过程主要表现为坝头块石的坍塌和流失，且坍塌量随冲刷坑范围的变大而变大。其主要原因是丁坝周围水流流态紊乱，紊动能较大，水流淘刷河床，形成冲刷坑，使得块石失去支撑而发生坍塌。

第4章 河岸崩退过程的动力学模拟方法及其应用

本章首先建立天然岸段崩岸过程的动力学模拟方法；然后提出抛石护岸工程水毁过程的动力学模拟方法；最后采用这些模拟方法计算荆江段典型断面的崩岸过程以及典型区域内抛石护岸工程的水毁过程。此外还基于数值试验，分析近岸水流冲刷、河道水位及土体特性变化等对崩岸过程的影响，以及近岸流速、块石粒径及水下坡度等对抛石水毁程度的影响。

4.1 天然河岸崩退过程的动力学模拟方法

本节耦合了坡脚冲刷计算、潜水位变化计算及河岸稳定性计算三个模块，提出了基于力学过程的断面尺度崩岸模拟方法，用于计算长江中下游典型断面的河岸崩退过程。图 4.1 给出了该模拟方法的计算流程：首先计算河岸坡脚的冲刷过

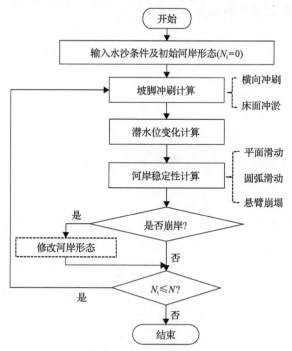

图 4.1 天然河岸崩退过程模拟方法的计算流程(断面尺度)

N 为总时间步数；N_t 为当前时间步数

程,包括横向冲刷及床面冲淤;然后依据水流条件计算土体内部潜水位变化,确定孔隙水压力及土体特性等参数;最后考虑平面滑动、圆弧滑动及悬臂崩塌三种河岸崩塌方式,计算河岸的稳定性,并判断河岸是否会发生崩塌,若河岸发生崩塌,则修改河岸形态。

4.1.1　近岸水流冲刷过程计算

1. 横向冲刷宽度

近岸水流对河岸土体的横向冲刷速率,通常可表示为水流剩余切应力的幂函数关系。例如,忽略河岸坡度对土体起动的影响,水流横向冲刷宽度 ΔW (m)可由式(4.1)计算(Hanson and Simon, 2001):

$$\Delta W = k_{\mathrm{d}} \cdot (\tau_{\mathrm{f}} - \tau_{\mathrm{c}}) \cdot \Delta t \tag{4.1}$$

式中, τ_{c} 为土体的起动切应力(N/m^2); k_{d} 为冲刷系数(m^3/(N·s)),与土体组成及其起动切应力有关,且可表示为 τ_{c} 的幂函数(Hanson and Simon, 2001; Karmaker and Dutta, 2011); Δt 为时间(s); τ_{f} 为作用于岸坡上的水流切应力(N/m^2),假设该值与水深成正比,即 $\tau_{\mathrm{f}} = \gamma_{\mathrm{w}} H J$,其中 γ_{w} 为水的容重(N/m^3), H 为坡脚处的水深(m), J 为水面纵比降。土体起动切应力 τ_{c} 依据夏军强和宗全利(2015)的研究成果确定,即

$$\tau_{\mathrm{c}} = 0.265 \rho_{\mathrm{d}}^{3.51} \tag{4.2}$$

式中, ρ_{d} 为河岸土体干密度(kg/m^3)。

2. 床面冲淤厚度

近岸处床面冲淤涉及水流要素及床沙组成情况,可采用床面变形方程计算,即

$$\rho' \frac{\Delta Z_{\mathrm{b}}}{\Delta t} = \sum_{k=1}^{N} \alpha_{\mathrm{s}k} \omega_{\mathrm{s}k} (S_k - S_{*k}) \tag{4.3}$$

式中, ΔZ_{b} 为床面冲淤厚度(m); ρ' 为床沙干密度(kg/m^3); N 为非均匀沙的分组数; S_k 、 S_{*k} 分别为第 k 粒径组泥沙的含沙量(kg/m^3)及挟沙力(kg/m^3),且 $S_{*k} = \Delta P_{*k} \cdot S_*$, ΔP_{*k} 是水流挟沙力级配,且此处假设其等于床沙级配, S_* 是总的水流挟沙力(kg/m^3); $\alpha_{\mathrm{s}k}$ 为第 k 粒径组泥沙的恢复饱和系数; $\omega_{\mathrm{s}k}$ 为第 k 粒径组泥沙的有效沉速(m/s)。其中 S_* 采用张瑞瑾挟沙力公式计算,即

$$S_* = k_{\mathrm{s}} \left(\frac{U^3}{gH\omega_{\mathrm{s}}} \right)^m \tag{4.4}$$

式中，k_s 为系数；m 为幂指数；U 为断面平均流速 (m/s)；ω_s 为非均匀沙的平均沉速 (m/s)。

4.1.2　河岸土体内部渗流过程计算

当河道水位升降时，河岸内部潜水位相应发生改变 (图 4.2)，继而引起土体内孔隙水压力及土体物理力学特性发生变化，影响河岸的稳定程度。由于黏性土的渗透性较弱，因此在上部黏性土层较厚的二元结构河岸内部，潜水位变化通常滞后于河道水位变化，从而导致退水期内孔隙水压力的减小较慢，河道侧向水压力减小较快，降低河岸稳定性。此外，河岸土体的力学特性，包括抗拉及抗剪强度指标，也会随着由潜水位变化引起的土体含水率的改变而发生改变。若研究河段内河岸上部黏性土层较厚，下部非黏性土层顶板高程较低，可采用一维具有自由液面的非恒定渗流控制方程来描述河岸内部潜水位的变化过程。若研究河段上部黏性土层较薄，而下部砂土层厚 (夏军强和宗全利，2015)，则潜水位变化需采用二维渗流控制方程来描述。

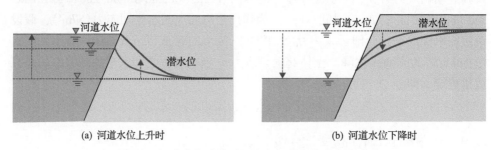

(a) 河道水位上升时　　　　　　　　　　　　(b) 河道水位下降时

图 4.2　河道水位升降时河岸内部潜水位变化示意图

1. 一维渗流过程模拟

对于上部黏性土层较厚的河岸，其内部潜水位的变化过程可采用式 (4.5) 描述 (Chiang et al., 2011)：

$$\mu \frac{\partial Z_g}{\partial t} = k_c \frac{\partial}{\partial y}\left(Z_g \frac{\partial Z_g}{\partial y} \right) + q_{1D}^s \tag{4.5}$$

式中，Z_g 为潜水位高度 (m)；k_c 为渗透系数 (m/s)；μ 为给水度，$\mu = 0.117\sqrt[7]{k_c}$ (顾慰慈，2000)；q_{1D}^s 为单位面积的表面入渗率 (m/s)，与降雨和蒸发作用等因素有关；y 为空间坐标 (m)。此外，这里假设孔隙水压力与基质吸力均沿潜在破坏面呈线性分布 (Rinaldi and Casagli, 1999)，如图 4.3 (a) 所示。因此，基于潜水位计算结果，可得到孔隙水压力与基质吸力的具体数值。另外，此处暂不考虑渗流对河岸土体颗粒的侵蚀作用。

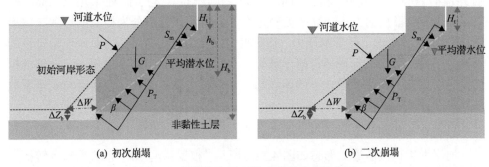

(a) 初次崩塌　　　　　　　　　　　　　(b) 二次崩塌

图 4.3　河岸发生平面滑动时的稳定性分析

2. 二维渗流过程模拟

对于上部黏性土层较薄的河岸，其内部潜水位变化可采用二维渗流控制方程描述，同时计算土体特性参数的变化过程。二维渗流控制方程可表示如下：

$$\frac{\partial}{\partial y}\left(k_y \frac{\partial H_g}{\partial y}\right) + \frac{\partial}{\partial z}\left(k_z \frac{\partial H_g}{\partial z}\right) + q_{2D}^s = \frac{\partial \theta_w}{\partial t} \tag{4.6}$$

式中，H_g 为总水头 (m)；q_{2D}^s 为单位体积的入渗流量 $((m^3/s)/m^3)$；θ_w 为体积含水率 (%)；k_y 和 k_z 分别为 y 和 z 方向的渗透系数 (m/s)。θ_w 为基质吸力 $(u_a - u_w)$ 的函数，其中 u_a 为孔隙气压 (kN/m^2)，通常认为其值等于零；$u_w = \gamma_w \cdot h_g$ 为孔隙水压 (kN/m^2)，h_g 为压力水头 (m)。$\partial \theta_w / \partial t = m_w \gamma_w \cdot \partial H_g / \partial t$，其中 t 为时间 (s)；$m_w = -\partial \theta_w / \partial(u_a - u_w)$，可通过土水特征曲线进行计算。此外，土体的渗透系数同样会随着基质吸力的改变而发生变化，两者之间的相关关系同样也采用经验曲线来表示。由于河岸土体的抗拉强度、抗剪强度及容重等特性均受土体含水率的影响，因此在得到河岸土体的含水率分布后，可依据它们之间的相关关系，求得不同时刻的河岸土体特性参数，用于河岸崩塌计算。

4.1.3　河岸稳定性计算

由崩岸机理分析可知，当河岸上部黏性土层较厚时，河岸崩塌方式以平面滑动和圆弧滑动为主；而当河岸上部黏性土层较薄时，河岸崩塌方式以悬臂崩塌为主。此处分别介绍三类不同崩塌模式下的岸坡稳定性计算方法。

1. 平面滑动

平面滑动通常发生于上部黏性土层较厚的河岸，而相应河岸稳定程度可采用安全系数(F_S)来表示，即潜在破坏面上最大抗滑力与滑动力的比值。当 F_S 小于某临界值时，认为河岸即将发生崩塌，反之则维持稳定。此处采用 Osman 和 Thorne(1988)提出的方法计算岸坡稳定性，并将河岸崩塌分为初次崩塌和二次崩塌(图 4.3)，且考虑了孔隙水压力、基质吸力以及河道侧向水压力对岸坡稳定性的影响。另外，假设破坏面通过河岸坡脚，且河岸崩塌时顶部会出现一定深度的拉伸裂隙。因此平面滑动模式下的岸坡稳定性分析主要包括破坏面角度与安全系数 F_S 计算两个方面。

1)破坏面角度计算

河岸发生初次崩塌的形态如图 4.3(a)所示。根据总河岸高度 H_b (m)及转折点以上的河岸高度 h_b(m)(由横向冲刷宽度及床面冲淤厚度确定)，即可得到相对河岸高度 H_b/h_b。河岸土体内破坏面与水平面的夹角 β (°)可由式(4.7)计算(Osman and Thorne, 1988)：

$$\beta = \frac{1}{2}\left\{\arctan\left[\left(\frac{H_b}{h_b}\right)^2 (1.0 - K^2)\tan\beta_0\right] + \phi\right\} \tag{4.7}$$

式中，K 为拉伸裂缝深度 H_t (m)与 H_b 之比，$H_t = 2c/\gamma_b \tan(45° + \phi/2)$，$\gamma_b$ 为河岸土体的容重(kN/m^3)，ϕ 为土体内摩擦角(°)，c 为黏聚力(kN/m^2)；β_0 为河岸的初始坡度(°)。河岸发生二次崩塌后的形态如图 4.3(b)所示。此时认为河岸将以平行后退的形式发生崩塌，故二次崩塌的破坏面角度等于初次崩塌后的河岸坡度。

2)安全系数计算

安全系数 F_S 常被定义为潜在破坏面上最大抗滑力与滑动力之比，即

$$F_S = \frac{c'L + S_m \tan\phi^b + (N_P - F_U)\tan\varphi'}{G\sin\beta + P_T\cos\beta - P\sin\beta_P} \tag{4.8}$$

式中，G 为单位河长的滑动土体重力(kN/m)，在潜水位以上、以下的土体重力分别按天然及饱和容重计算；P_T 为拉伸裂缝面上的孔隙水压力(kN/m)；P 为河道侧向水压力(kN/m)；β_P 为 P 与破坏面内法线方向夹角(°)；c' 为有效黏聚力(kN/m)；φ' 为有效内摩擦角(°)；$\tan\phi^b$ 为抗剪强度随基质吸力的增长速率；L 为破坏面长度(m)，$L = (H_b - H_t)/\sin\beta$；$S_m$ 为总基质吸力(kN/m)；N_P 为破坏面法线方向的总压力(kN/m)，且 $N_P = G\cos\beta + P\cos\theta_1$ (θ_1 为河道侧向水压力与破坏面法线方向的夹角(°))；F_U 为破坏面法线方向的总上举力(kN/m)，且 $F_U = P_B + P_T\sin\beta$，其中 P_B 为作用在破坏面上的孔隙水压力(kN/m)。

2. 圆弧滑动

1)滑动面的确定

任一圆弧滑动面可用其圆心坐标(X_C, Y_C)和半径 R 确定，而该滑动面上的安全系数 F_{CS} 可表示为 $F_{CS}=f(X_C, Y_C, D_s)$，其中 D_s 为滑弧深度，为半径 R 的函数($D_s=Y_C-R, 0 \leqslant D_S \leqslant H_b$)(图 4.4(a))。采用枚举法，在给定搜索范围内，通过不断地改变 X_C、Y_C 和 D_s 的数值，来改变滑动面位置并计算相应的安全系数，进而搜索出最危险滑动面。具体步骤为首先对于给定的 D_s，在圆心可能的位置($-2H_b \leqslant X_C \leqslant H_b \cot\beta_0$，$H \leqslant Y_C \leqslant 3H_b$，其中 β_0 为岸坡坡脚角度)布置网格(图 4.4(a))。在 x 方向布置 N_x 格，在 y 方向布置 N_y 格，则共计有 $N_x \times N_y$ 个网格点；然后分别以网格点为圆心，以 D_s 为滑弧深度计算相应安全系数，并改变 D_s 值，重复相同的步骤。在这一过程中可能出现圆弧与边坡不相交的情况，则自动舍弃该圆弧。D_s 在 $0 \sim H_b$ 内改变，共取值 N_d 个，故总共需计算 $N_x \times N_y \times N_d$ 个圆弧，在其中搜索出安全系数 F_{CS} 最小的圆弧滑动面，作为最危险滑动面。

2)河岸稳定安全系数

河岸稳定性可采用毕晓普条分法进行计算，该方法基于极限平衡原理，将滑动土体当作刚体绕圆心旋转，分条计算其滑动力与抗滑力，并考虑了土条之间的相互作用力，最后求出河岸稳定安全系数。如图 4.4(b)所示，作用在土条 i 上的力包括：重力 W_i、滑动面上的切应力 T_i 和法向力 N_i、孔隙水压力 P_i、土条间的横向作用力 X_i 和垂向作用力 Y_i。根据毕晓普条分法，假设土条间的垂向作用力 $Y_i=0$，

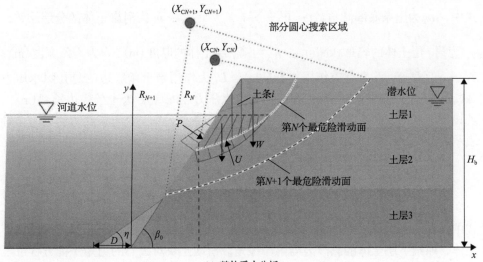

(a) 整体受力分析

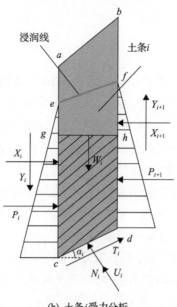

(b) 土条 i 受力分析

图 4.4　河岸发生圆弧滑动时的稳定性分析

则垂直方向上和土条底面法线方向上的静力平衡方程可分别表示为

$$W_i = N_i \cos\alpha_i + T_i \sin\alpha_i \tag{4.9}$$

$$N_i' = W_i \cos\alpha_i - U_i \tag{4.10}$$

式中，α_i 为土条底部倾角(°)；$W_i = \sum_{j=1}^{m} \gamma_j h_{ji} b_i$，其中 m 为河岸土体的分层层数，γ_j 为第 j 层土体的容重(kN/m³)，h_{ji} 为第 j 层土体的厚度(m)，b_i 为土条宽度(m)；$N_i = N_i' + U_i$，N_i' 为有效作用力(kN/m)，U_i 为作用于土条底边的总孔隙水压力(kN/m)，计算公式为 $U_i = u_i l_i$，u_i 为孔隙水压力(kPa)，l_i 为土条底边长度(m)。若设定河岸的安全系数为 F_S，则根据静力平衡条件，第 i 个土条底边的切应力可表示为

$$T_i = \frac{c_i l_i + N_i' \tan\varphi_i}{F_S} \tag{4.11}$$

式中，c_i、φ_i 为第 i 个土条的黏聚力(kPa)与内摩擦角(°)，若土条穿过两层以上土体，取最下层土体的黏聚力与内摩擦角。滑动土块对圆心的力矩平衡方程可表示为

$$\sum_{i=1}^{n}(W_i \sin \alpha_i - T_i)R = 0 \tag{4.12}$$

式中，n 为土条总数。将式(4.9)～式(4.11)代入式(4.12)中得安全系数计算公式：

$$F_S = \frac{\sum_{i=1}^{n}\left[W_i\left(1-r_{ui}\right)\tan \varphi_i + c_i b_i\right] \big/ \left[\cos \alpha_i\left(1+\tan \alpha_i \tan \varphi_i / F_S\right)\right]}{\sum_{i=1}^{N}(W_i \sin \alpha_i)} \tag{4.13}$$

式中，r_{ui} 为孔隙水压力系数，且可表示为 $r_{ui}=u_i b_i / W_i$，u_i 是孔隙水压力(kPa)。由于等式两边均含有安全系数 F_S，需采用迭代法进行求解。

3. 悬臂崩塌

二元结构河岸发生悬臂崩塌时，上部黏性土层悬空，如图 4.5 所示。该层土体自身重力及孔隙水压力形成了引起河岸土体发生崩塌的外力矩，而相应的抵抗力矩则由土体潜在断裂面位于中性轴以上的抗拉应力与以下的抗压应力以及河道侧向水压力形成，且可认为这些应力均沿断裂面呈三角形分布(Xia et al., 2014a)。单位河长内河岸土体受到的外力矩 M_f (kN·m/m)，可采用式(4.14)计算：

$$M_f = W \cdot B_h / 2 + M_u \tag{4.14}$$

式中，W 为悬空土层的重力(kN/m)，且 $W = \gamma_b B_h H_0$，B_h 为上部黏性土层的悬空宽度(m)，H_0 为悬空土层的高度(m)；M_u 为孔隙水压力引起的力矩(kN·m/m)。考虑河道侧向水压力的作用时，断裂面上的抵抗力矩 M_r (kN/m)可表示为

$$M_r = \frac{(H_0-H_t)^2}{3(1+a)^2}\sigma_t + \frac{a^2(H_0-H_t)^2}{3(1+a)^2}\sigma_c + M_P \tag{4.15}$$

式中，a 为黏性土体的抗拉强度 σ_t (kN/m³) 与抗压强度 σ_c (kN/m³) 之比，且可取 $a=0.1$(Xia et al., 2014a)；M_P 为侧向水压力 P 引起的力矩(kN·m/m)。当上部悬空土层处于崩塌的临界状态时，M_f 与 M_r 相等，故相应的临界悬空宽度 B_c (m)可表示为

$$B_c = \sqrt{2\sigma_t H_0 \left(1-H_t/H_0\right)^2 \big/ \left[3(1+a)\gamma_b\right] + 2\left(M_P-M_u\right)\big/\left(H_0\gamma_b\right)} \tag{4.16}$$

对于给定的河岸形态，当河岸上部黏性土层的悬空宽度小于 B_c 时，悬空土体维持稳定；反之，会发生悬臂崩塌。

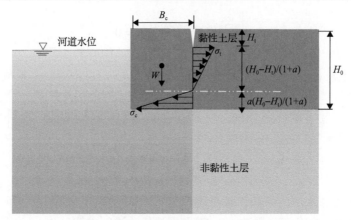

图 4.5　河岸发生悬臂崩塌时的稳定性分析

4.2　抛石护岸工程水毁过程的动力学模拟方法

本节建立了抛石护岸工程的水毁过程模拟方法,计算流程如图 4.6 所示。首先,输入水沙条件及初始河岸形态;然后,计算床面冲淤厚度及块石的稳定坡度,并判断抛石护岸工程是否会发生水毁破坏,若发生水毁,则改变岸坡形态;最后,

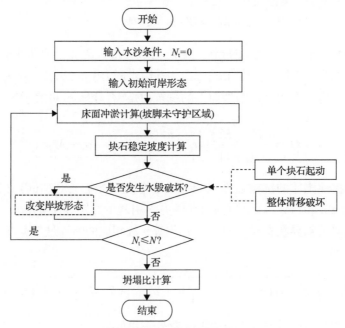

图 4.6　抛石护岸工程水毁过程计算流程图

N 为总时间步数;N_t 为当前时间步数

在整个计算时段结束后,计算护岸工程的坍塌比,评估抛石护岸工程在计算时段内的水毁程度。

4.2.1　单个块石的滚动失稳计算

由式(3.13)可知,块石的起动流速与粒径的 1/2 次方成正比,而《堤防工程设计规范》(GB 50286—2013)采用简化后的公式来计算防护工程护坡或护脚块石保持稳定的抗冲粒径,可表示为

$$U_{\mathrm{c}} = \sqrt{2gC^2 D \cdot (\gamma_{\mathrm{s}} - \gamma_{\mathrm{w}})/\gamma_{\mathrm{w}}} \tag{4.17}$$

式中,C 为块石运动的稳定系数,底坡倾斜时 C=0.9,底坡水平时 C=1.2;γ_{s} 和 γ_{w} 分别为块石和水的容重($\mathrm{kN/m^3}$);D 为块石圆球体颗粒的等容粒径(m)。

考虑水深、流速分布、坡角、覆盖层厚度等多种影响因素,美国陆军工程兵团(USACE,1994)提出的块石起动流速公式为

$$U_{\mathrm{c}} = \sqrt{K_1 gh} \left(\frac{\gamma_{\mathrm{s}} - \gamma_{\mathrm{w}}}{\gamma_{\mathrm{w}}} \right)^{0.5} \left(\frac{D_{30}}{h S_{\mathrm{f}} C_{\mathrm{S}} C_{\mathrm{V}} C_{\mathrm{T}}} \right)^{0.4} \tag{4.18}$$

式中,K_1 为边坡修正因子,$K_1 = \sqrt{1 - \left(\dfrac{\sin(\beta - 14°)}{\sin 32°} \right)^{1.6}}$;$h$ 为块石所处位置的水深(m);S_{f} 为块石的稳定安全系数,一般取值需大于 1.0,本书暂取为 1.3;C_{S} 为块石形状稳定因子;C_{V} 为流速分布因子,与河床形态有关;C_{T} 为覆盖层厚度因子,与 D_{85}/D_{15} 有关,一般取为 1.0,D_{15}、D_{30}、D_{85} 分别表示块石级配曲线中累计百分比为 15%、30% 及 85% 所对应的粒径(m),且 $D_{50} \approx 1.2 D_{30}$。

目前长江中游荆江河段的抛石粒径为 0.15~0.5m,水深为 5~30m,护岸坡度从 1:1.0 到 1:3.0 不等(余文畴和卢金友,2008)。考虑到设计中需预留安全系数,故取式(4.17)和式(4.18)计算结果的较小值作为块石的起动流速 U_{c}。由式(4.17)和式(4.18)的计算结果可知,粒径在 0.15m 以上的块石的起动流速均大于 2m/s,因此在现有的护岸工程设计条件下,通常较难发生块石的滚动失稳。

4.2.2　块石团的滑移失稳计算

1. 块石团失稳的临界条件

在水流和河岸相互作用下,岸坡上堆积的块石团整体倾斜可达到的最大临界稳定坡度为块石团休止角 $\beta_{\max}$。故当块石团处于临界平衡状态时,临界稳定坡度与块石团水下休止角相近。当岸坡坡度 $\beta \geq \beta_{\max}$ 时,块石团下部失去支撑,块石就会沿岸坡方向运动。

David（2011）通过试验研究块石团在不同的表面特征和粒径下的休止角，并由多元回归分析，得到块石团休止角 $\beta_{\max}$ 的经验公式：

$$\ln \beta_{\max} = 3.43 + 0.0799I_1 + 0.183I_2 + 0.125\ln\left(D_{85} / D_{50}\right) \tag{4.19}$$

式中，I_1、I_2 为块石形状参数：

$$I_1 = \begin{cases} 1, & 次圆和次棱形 \\ 0, & 其他 \end{cases} \quad ; \quad I_2 = \begin{cases} 1, & 棱形 \\ 0, & 其他 \end{cases}$$

2. 块石团失稳过程计算

块石团整体滑移的水毁破坏过程如图 4.7 所示。首先，未受到块石保护的岸坡坡脚受水流冲刷，且冲刷深度 $\Delta h_s > Z_0$（块石底部至原床面的高度差）时，岸坡坡度 β 会逐渐变陡。当岸坡坡度超过块石团最大稳定坡度后，最外侧一部分块石由于失去支撑而向下塌落，开始形成空白区和陡坡 PM 段。图 4.7 中假设 P 点为空白区开始形成的位置，同一批向下滑落的块石为坡面上某点 P 至护岸底部之间的块石量。随着水流冲刷，这部分塌落的块石会逐渐滑至坡脚并外延，可认为基本失去了对坡面的防护作用。之后，坡面空白区继续受水流冲刷，上部块石依次向下滑动和滚落，并覆盖下部露出的空白区域。当床面冲深不大，坍塌比例较小时，坡面块石经过自行调整能填补空白区，护岸工程仍能保持稳定；当床面冲深较大，坍塌比例大时，块石不足以覆盖空白区，则空白区会不断向上传递和扩大至另一点 P'，总滑落块石量为点 P' 至护岸底部之间的块石；若空白区已移至坡顶附近，则形成严重的水毁破坏。

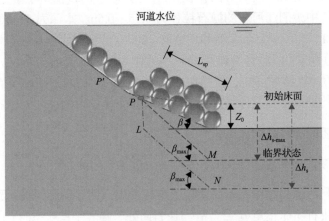

图 4.7　块石整体滑移水毁破坏过程示意图

由于天然河道内地形与水沙条件的复杂性以及块石的塌落和滑移过程呈间歇

性、不连续性和随机性的特点(姚仕明和卢金友，2006；余文畴和卢金友，2008；费晓昕，2017)，本节从概率分析的角度出发，假设破坏点的出现具有随机性，每次洪水过程(N_{f}=1,2,…,N)均随机选取一个 P 点，并由几何分析得到坡脚附近床面或坡面冲刷深度与 P 点位置、岸坡坡度的关系，如式(4.20)所示。当式(4.20)不成立时，说明该段块石未下滑，则在下一次洪水过程计算中再次随机选取一个新的 P 点位置进行判断。当床面冲深满足式(4.20)时，岸坡上的块石团以 P 点为界开始发生分离，并形成图 4.7 中的 PL 段。块石无法通过自行调整覆盖空白区，坡面裸露而发生整体滑移破坏的条件是 PL 段厚度超过块石粒径与覆盖层厚度之和，即床面或坡面冲刷深度 Δh_{s} (m)需满足式(4.21)：

$$\Delta h_{\mathrm{s}} \geqslant \Delta h_{\mathrm{s\text{-}max}} = \left(L_{\mathrm{sp}} \cdot \cos\theta \cdot \tan\beta_{\max} - L_{\mathrm{sp}} \cdot \sin\theta\right) + Z_0 \tag{4.20}$$

$$\Delta h_{\mathrm{s}} - \Delta h_{\mathrm{s\text{-}max}} > d_i + D_i \tag{4.21}$$

式中，$\Delta h_{\mathrm{s\text{-}max}}$ 为临界稳定状态时的最大床面冲刷深度(m)，与 P 点位置和岸坡坡度有关；L_{sp} 为 P 点与护坡段底部块石间的距离(m)；$\beta_{\max}$ 可采用式(4.19)计算(David，2011)；根据块石的厚度与岸坡坡度不同，从上到下将坡面分为 n 个计算单元，D_i 和 d_i 分别为第 i 段块石单元的平均抛石粒径和覆盖层厚度(m)。

在整体滑移破坏模式下，块石未发生流失，因此 P 点至护坡段发生滑动的块石总量 V(m^2)保持不变。若堆积在下部坡脚处的单元块石长度为 L' (m)，块石覆盖层厚度为 d' (m)，则存在如下关系式：

$$V = \sum_{i=1}^{I_P}\left(L_i \cdot d_i\right) = L'd' \tag{4.22}$$

式中，L_i 为第 i 个块石单元的长度(m)；I_P 为 P 点所在的计算单元编号。

3. 抛石水毁程度指标

本节研究中抛石水毁程度指标用坍塌比 α 表示，即发生滑动的块石量与原块石总量的比值，也即失去了防护作用的块石占比。假设原第 i 个块石单元的长度和覆盖层厚度分别为 L_i(m)、d_i(m)，坍塌段块石长度和厚度分别为 L_{f}(m)、d_{f}(m)，则护岸工程的坍塌比可表示为

$$\alpha = L_{\mathrm{f}} \cdot d_{\mathrm{f}} \Big/ \sum_{i=1}^{I_{\max}}\left(L_i \cdot d_i\right) \tag{4.23}$$

式中，$I_{\max}$ 为块石计算单元总数。

每场洪水计算过程中，利用若干相互独立且服从均匀分布的随机数，给出 P 点位置、饱和系数及块石团休止角等不确定性参数的计算值。在整个洪水过程计

算结束后，可得到一种可能的最终河岸形态和护岸工程坍塌比 α。基于概率分析方法，对相同的洪水过程进行多次计算，可得到不同的岸坡形态和护岸工程坍塌比 α，其统计规律可反映断面块石运动的共同特征。采用最大可能性结果及水毁程度指标的概率分布情况，评估抛石护岸工程的水毁程度。

4.3　天然河岸崩退过程模拟结果

本节将构建的天然河岸崩退模拟方法用于计算长江中游荆江段典型断面的崩岸过程，并与实测断面地形数据进行对比，率定关键参数和验证计算结果；并分析潜水位、河岸土体特性变化、不同崩塌模式对计算结果的影响。

4.3.1　平面与圆弧滑动过程模拟

1. 计算条件

由于上荆江河岸上部黏性土层较厚，通常发生平面滑动或圆弧滑动，故此处首先选取上荆江 4 个典型崩岸断面的河岸(荆 34 断面右岸、荆 35 断面右岸、荆 55 断面右岸及荆 60 断面左岸)为研究对象，首先采用平面滑动模式，计算其河岸在 2005～2010 年的崩退过程，并对比实测数据，进行模型率定与验证。这些断面的河道水位分别依据沙市水文站、陈家湾及郝穴水文站的实测数据插值求得，两站之间的平均比降则被直接用于位于两站之间断面的崩岸计算中。河岸土体特性采用夏军强和宗全利(2015)的实测数据，且认为荆 35 右岸和荆 60 断面左岸的河岸土体特性分别与荆 34 右岸和荆 55 断面右岸近似(表 4.1)。其中荆 34 断面右岸河岸土体中的黏粒含量相对较低，故渗透性相对较强而黏聚力相对较小。

表 4.1　荆江典型断面河岸土体特性参数

河岸土体特性参数	荆 34 断面右岸	荆 35 断面右岸[*]	荆 55 断面右岸	荆 60 断面左岸[*]
天然容重 γ /(kg/m³)	18.46	18.46	18.19	18.19
饱和容重 γ_s /(kg/m³)	18.85	18.85	19.16	19.16
渗透系数 k_c /(10⁻⁶cm/s)	89.50	89.50	2.08	2.08
实测黏聚力 c /(kN/m²)	8.80	8.80	15.30	15.30
实测内摩擦角 φ /(°)	27.90	27.90	27.80	27.80
有效黏聚力 c' /(kN/m²)	6.20	6.20	10.71	10.71
有效内摩擦角 φ' /(°)	25.10	25.10	25.02	25.02
干密度 /(t/m³)	1.30	1.30	1.52	1.52

*荆 35 和荆 60 断面的河岸土体特性分别近似采用荆 34 和荆 55 断面的实测值。

式 (4.3) 中恢复饱和系数 α_{sk} 首先依据这些断面的平均河底高程变化进行率定。依据率定结果：河床发生淤积时，α_{sk} 的取值范围为 0.1~0.2；当河床发生冲刷时，α_{sk} 取值范围为 0.2~0.3。此外，暂不考虑降雨及蒸发对潜水位变化的影响，故式 (4.5) 中的表面入渗率 q_{1D}^s 等于 0。由于最低枯水位以下的坡面通常较缓，故此处认为各个断面的坡脚高程与计算年份的最低枯水位相等，而坡顶则为黏性土层顶部。河岸稳定性计算中的潜水位采用距离坡面入渗点或溢出点 5m 范围内的平均值，即平均潜水位。

2. 河岸崩塌面积

依据 2004~2010 年实测的断面地形，此处首先计算出上述 4 个典型断面河岸在 2005~2010 年的河岸崩退面积。图 4.8 对比了计算与实测的河岸崩退面积(坡脚以上)，表 4.2 给出了相应的绝对误差和相对误差。从图 4.8 中可以看出，计算结果与实测数据较为符合，且 2005~2010 年河岸平均崩退面积的相对误差仅介于 −6.3%~42.2%，其中负值表示计算结果偏小，而正值则表示计算结果偏大。在荆 34 断面右岸，计算的河岸崩退面积与实测数据符合最好，除 2007 年相对误差为 114.7% 外，该河岸相对误差的绝对值小于 27.5%。荆 60 断面左岸的计算结果与实测数据也较为符合，且相对误差介于 −43.2%~46.5%。然而，荆 55 断面右岸的相对误差较大，其中 2008 年以及 2010 年，该断面的相对误差分别为 574.6% 和 1248.1%。

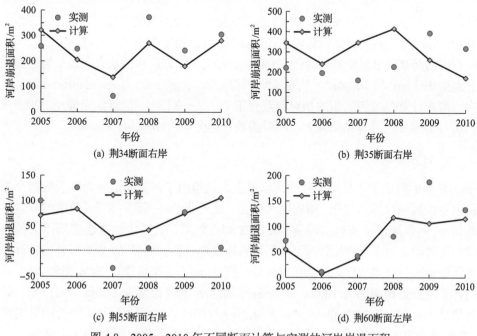

图 4.8　2005~2010 年不同断面计算与实测的河岸崩退面积

表 4.2 各断面计算与实测的河岸崩退面积

年份	荆34断面右岸				荆35断面右岸			
	计算/m²	实测/m²	绝对误差/m²	相对误差/%	计算/m²	实测/m²	绝对误差/m²	相对误差/%
2005	322.1	258.3	63.8	24.7	343.7	221.6	122.1	55.1
2006	205.3	248.1	−42.8	−17.3	240.8	196.2	44.6	22.7
2007	137.2	63.9	73.3	114.7	345.9	160.8	185.1	115.1
2008	271.3	373.8	−102.5	−27.4	414.5	227.4	187.1	82.3
2009	180.9	242.5	−61.6	−25.4	261.3	393.0	−131.7	−33.5
2010	281.9	306.0	−24.1	−7.9	171.7	317.3	−145.6	−45.9
平均值	233.1	248.8	−15.7	−6.3	296.3	252.7	43.6	17.3

年份	荆55断面右岸				荆60断面左岸			
	计算/m²	实测/m²	绝对误差/m²	相对误差/%	计算/m²	实测/m²	绝对误差/m²	相对误差/%
2005	70.7	99.9	−29.2	−29.2	54.8	71.9	−17.1	−23.8
2006	83.7	126.3	−42.6	−33.7	7.1	10.9	−3.8	−34.9
2007	27.4	−32.9	**	**	37.6	42.3	−4.7	−11.1
2008	42.5	6.3	36.2	574.6	117.9	80.5	37.4	46.5
2009	75.1	78.1	−3.0	−3.8	106.3	187.3	−81.0	−43.2
2010	106.5	7.9	98.6	1248.1	115.5	133.2	−17.7	−13.3
平均值	67.7	47.6	20.1	42.2	73.2	87.7	−14.5	−16.5

**表明河岸变化的实测值为淤积，该处不考虑误差值的计算。

其原因主要在于：这些年内，荆 55 断面右岸的实测崩退面积接近于 0，或者为负值(河岸淤积)，从而导致相对误差(绝对误差/实测崩退面积)较大。此外，荆 35 断面右岸的河岸崩退现象最为剧烈，2005～2010 年内，该河岸的最大和最小崩退面积分别为 393.0m² 和 160.8m²。从表 4.2 中可以看出，除 2007 年外，2005～2008 年内该河岸计算与实测面积的相对误差介于 22.7%～82.3%，计算结果偏小。2009～2010 年该断面的计算结果偏大，相对误差分别为 −33.5% 和 −45.9%。

3. 河岸形态变化

图 4.9 对比了计算与实测的河岸形态，且给出了河岸崩退最为剧烈的两个年份内各断面河岸形态变化。值得注意的是，此处假设各断面深泓(或凸岸坡脚以下的拐点)的横向摆动和纵向冲刷程度与坡脚点相同。此处主要考虑坡脚以上的河岸崩退过程，而未考虑坡脚以下床面的具体变形过程。从图 4.9 中可以看出，计算的河岸形态与实测的形态符合相对较好。荆 34 断面右岸坡顶在 2006 年和 2008 年内计算的崩退距离约为 12.0m 和 20.8m，而实测崩退距离为 21.0m 和 41.5m，计算值比实测值小 42.9% 和 49.9%(图 4.9(a) 和 (b))。该断面右岸坡脚的崩退宽度(也称崩岸宽度)计算值分别为 27.6m 和 30.4m，而实测值分别为 21.8m 和 34.9m，

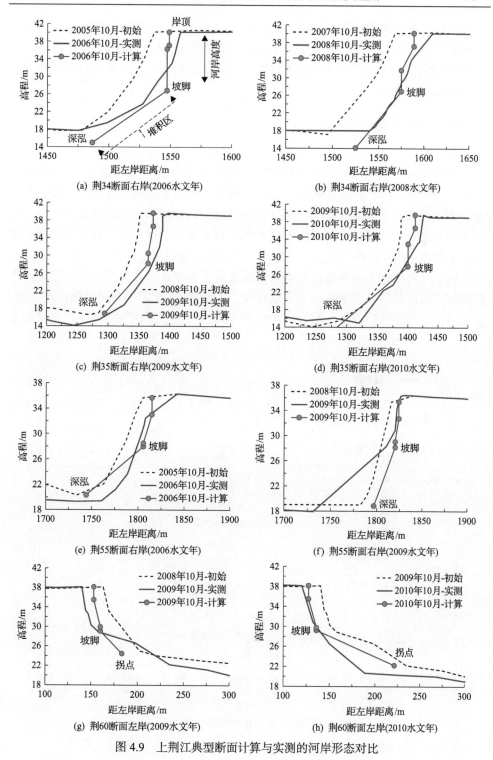

图 4.9　上荆江典型断面计算与实测的河岸形态对比

计算值较实测值偏大 26.6%和偏小 12.9%。最大误差发生在荆 55 断面，2006 年内该断面右岸坡顶的计算崩退宽度为 9.7m，较实测数据偏小 28.4m。最小误差发生在荆 60 断面，2010 年内该断面左岸坡顶和坡脚的崩退宽度计算值分别比相应的实测值偏小 35.8%和 14.8%。

4. 潜水位与河岸稳定性变化

图 4.10(a)和(b)分别给出了 2009 水文年荆 35 断面右岸和 2006 年荆 55 断面右岸的河岸安全系数(F_S)和平均潜水位(AGL)的变化过程。从图 4.10(a)中可以看出，2009 年荆 35 断面右岸共发生 4 次崩塌，其中 3 次崩塌发生于洪峰期和退水期内，且由于水流剧烈冲刷的影响，洪峰期内河岸崩塌的时间间隔最小。从图 4.10(b)中可以看出，2006 年荆 55 断面右岸共发生 2 次崩塌，且发生于涨水期和退水期内。此外，平均潜水位的变化明显滞后于河道水位，尤其在荆 55 断面右岸，由于其河岸土体的渗透性较弱，滞后现象更为明显。这种滞后现象使得退水期内河岸内部的平均潜水位高于河道水位，导致孔隙水压力大于河道侧向水压力，从而降低了河岸的稳定性。例如，2009 年 10 月，荆 35 断面右岸河岸内部平均潜

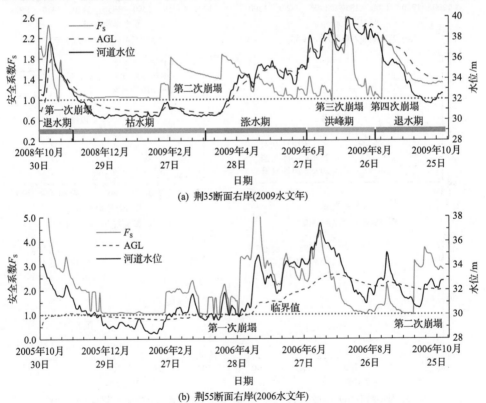

(a) 荆35断面右岸(2009水文年)

(b) 荆55断面右岸(2006水文年)

图 4.10　上荆江典型断面河岸安全系数和平均潜水位的变化过程

水位高出河道水位约 2.3m。然而，在荆 55 断面右岸，平均潜水位仅高出河道水位 0.21m，这是由于该断面河岸土体渗透性较弱，从而导致涨水期和洪峰期内平均潜水位的上涨幅度较低，并使得随后的退水期内平均潜水位也相对较低。

5. 潜水位滞后变化对崩岸的影响

此处采用 3 种不同的潜水位对河道水位变化的响应方式(滞后响应、同步响应和无响应)来反映潜水位滞后变化对崩岸的影响。在滞后响应模拟中，潜水位变化通过一维控制方程式(4.5)来计算；在同步响应模拟中，潜水位被认为一直与河道水位齐平；而在无响应模拟中，潜水位不发生改变，始终为设定的初始潜水位。

图 4.11 给出了不同的潜水位响应下计算的河岸崩退面积，可以看出，总体上当潜水位变化滞后时，河岸崩退的面积最大，其次是当潜水位变化与河道水位同步时。三种响应模式下的河岸崩退面积在荆 35 断面右岸差别最大。同步响应下该河岸的平均崩退面积为滞后响应下平均崩退面积的 76.3%，而无响应下平均崩退面积仅为滞后响应下平均崩退面积的 65.8%。此外，当河岸崩退面积越大或者崩退次数越多时，潜水位滞后变化的影响越明显。在荆 60 断面左岸，2005~2007 年内河岸崩退面积未受不同潜水位响应的影响，其原因在于，这些年内该断面的河岸崩退面积均由水流对坡脚的直接冲刷引起，未发生土体崩塌，故不受潜水位变化的影响。值得注意的是，除了河岸崩退面积的差异，不同潜水位响应模式下，河岸崩塌发生的时刻和次数也有所差异。

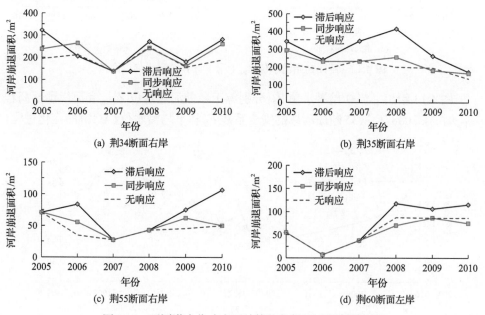

图 4.11 不同潜水位响应下计算的各断面河岸崩退面积

6. 初始潜水位对崩岸的影响

图 4.12 给出了三种不同初始潜水位 Z_{g0} 工况下计算的河岸崩退面积,三种不同工况分别为初始潜水位等于最低河道水位 Z_{rmin}、初始河道水位 Z_{r0} 以及河岸顶部高程 Z_{btop}。从图中可以看出,三种初始潜水位下,计算得到的河岸崩退面积的差别较小。值得注意的是,在荆 35 断面右岸,当初始潜水位被设定为河岸顶部高程时,计算得到的河岸崩退面积反而有所减小,其原因与河岸崩塌的时刻和次数有关。

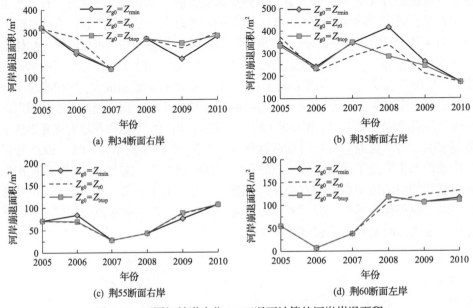

图 4.12　不同初始潜水位 Z_{g0} 工况下计算的河岸崩退面积

图 4.13 给出了当初始潜水位 Z_{g0} 分别等于最低河道水位 Z_{rmin} 和河岸顶部高程 Z_{btop} 时,在 2008 年荆 35 断面河岸的安全系数 F_S 和平均潜水位(AGL)的变化过程。

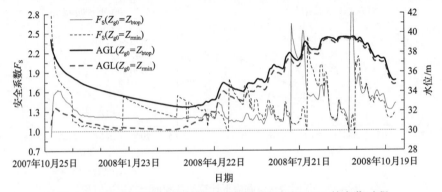

图 4.13　不同初始潜水位下荆 35 断面河岸 F_S 和 AGL 的变化过程

可以看出，由于该断面河岸土体的渗透系数相对较大，尽管两种工况下初始时刻的潜水位相差较大，洪峰期以及退水期内的潜水位相差较小，但是，两种工况下河岸崩塌发生的时刻和次数具有明显的差别，当初始潜水位等于河岸顶部高程时，初次崩塌发生的时刻远早于当初始潜水位等于最低河道水位时。依据 Osman 和 Thorne(1988)的河岸崩塌模式，初次河岸崩塌会影响后续的平行崩塌。当初次河岸崩塌较早发生时，其崩塌时刻的坡脚冲刷幅度相对较低，破坏面的角度相对较缓，从而导致后续平行崩塌的破坏面也相对较缓，影响后续河岸崩塌的时刻和次数，进而降低了总的河岸崩塌面积。

为了验证上述结论是否同样适用于其他土质情况，尤其是具有不同抗剪强度的河岸土体，此处将各断面河岸土体的有效黏聚力降低 50%，并重新计算不同初始潜水位下的河岸崩退面积。图 4.14 给出了相应的计算结果，可以看出：在荆 55 断面右岸和荆 60 断面左岸，三种初始潜水位下计算的河岸崩退面积具有明显的差别，尤其是当初始潜水位等于河岸顶部高程时，计算的河岸崩退面积明显大于其他两种工况。综合图 4.14 和图 4.13 给出的结果，可以发现，初始潜水位的设定可能会对崩岸计算造成较大的影响，尤其是对土体渗透性和抗剪强度均相对较低的河岸。本节将初始潜水位设定为最低河道水位或者初始河道水位，得到的计算结果更为合理。

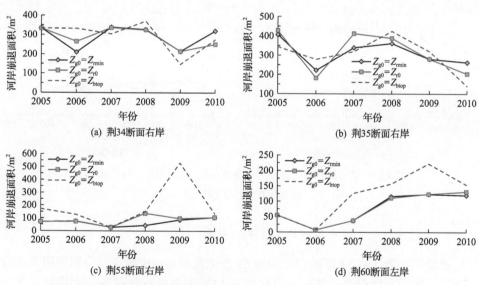

图 4.14　当河岸土体黏聚力降低 50%后不同初始潜水位下的河岸崩退面积

7. 河岸土体特性参数对崩岸的影响

此处研究了崩岸模拟结果对不同土体特性参数的敏感性，主要包括土体的有

效黏聚力 c'、临界切应力 τ_c 和冲刷系数 k_d。图 4.15(a)和(b)分别给出了荆 35 断面右岸和荆 55 断面右岸平均河岸崩退面积的变化百分比 D_A 与上述参数变化百分比 D_P 的关系。值得注意的是，通常情况下当其中某参数发生变化时，其余参数保持不变，图中虚线表示当 τ_c 变化且 k_d 采用 Hanson 和 Simon(2001)提出的经验关系式计算时，平均河岸崩退面积的变化过程。可以看出，在荆 35 断面右岸，有效黏聚力 c' 对平均河岸崩退面积的影响较大，而在荆 55 断面右岸则相对较小。当 τ_c 和 k_d 单独发生改变时，平均河岸崩退面积的变化百分比(D_A)与这两参数变化百分比的 D_P 近似具有线性关系，但当 τ_c 变化且 k_d 采用经验关系式计算时 D_A 与 D_P 具有非线性关系，且 D_A 的变化幅度明显增大。比如，当 τ_c 减小 90%且 k_d 采用经验关系式计算时，荆 35 断面右岸和荆 55 断面右岸的平均河岸崩退面积约增加了 245%和 424%；当 τ_c 减小 50%时，平均河岸崩退面积增加幅度约为 49%和 76%。此外，相比于 τ_c 的增加，平均河岸崩退面积对 τ_c 的减小更为敏感。其原因可能在于：①当 τ_c 减小时，坡脚冲刷加剧，可能引发更多的土体崩塌，从而增加平均河岸崩退面积，但当 τ_c 增加时，坡脚冲刷减小，但在潜水位和重力等其他过程的影响下，河岸仍然可能发生崩塌；②将式(4.1)和 Hanson 和 Simon(2001)提出的经验关系式相结合，使得坡脚冲刷宽度会对 τ_c 的减小更为敏感。

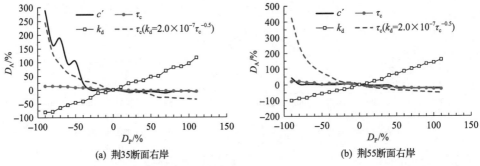

图 4.15　平均河岸崩退面积的变化百分比 D_A 与河岸土体特性参数的变化百分比 D_P 的关系

8. 崩塌模式及土体分层对计算结果的影响

此处以上荆江荆 55 断面右岸和荆 61 断面左岸为研究对象，分别采用平面滑动及圆弧滑动两种模式计算了 2014 年内荆 55 断面右岸及荆 61 断面左岸的崩退过程，并考虑河岸土体的垂向分层情况。研究断面的河道水位由沙市水文站及郝穴水位站的实测水位过程插值求得，流量及含沙量等采用沙市水文站 2014 年的实测数据，而断面形态(图 4.16)及床沙级配采用 2013 年汛后的实测数据。

图 4.17 给出了不同崩塌模式下岸坡形态的模拟结果，其中荆 55 断面右岸实

际崩岸宽度为 11m，圆弧滑动与平面滑动模式模拟的崩岸宽度分别为 13m 和 14m。在荆 61 断面左岸实际崩岸宽度为 10m，而圆弧滑动与平面滑动模式模拟的崩岸宽度分别为 10m 和 12m。可以看出，采用圆弧滑动模式模拟的崩岸宽度较平面滑动

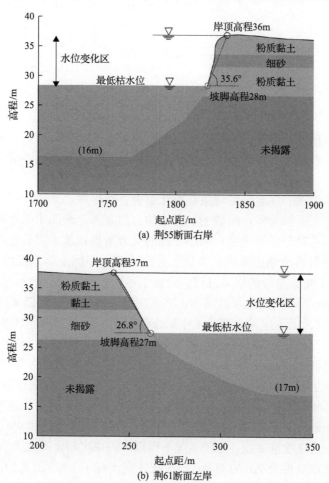

(a) 荆55断面右岸

(b) 荆61断面左岸

图 4.16　2013 年汛后不同断面的岸坡形态

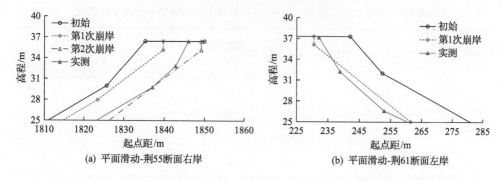

(a) 平面滑动-荆55断面右岸　　　　　　　　　(b) 平面滑动-荆61断面左岸

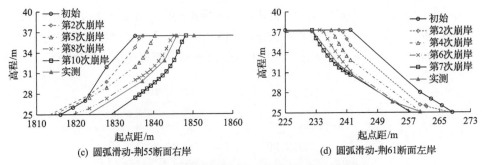

图 4.17　不同崩塌模式下的岸坡形态模拟结果

更准确。原因在于：两河岸平均坡度较缓，分别为 35.6°及 26.8°，从实测的断面形态以及现场查勘来看，滑动面更加趋近于圆弧，因此采用圆弧滑动模式模拟较符合实际。

河岸土体组成的垂向分层现象在长江中游普遍存在。上荆江河岸土体基本为上部为黏性土、下部为砂土组成的二元结构，但在部分断面中部存在砂土层。岸坡土体复杂的垂向分层结构使得崩塌土体的受力条件相较于均质土有所不同。此处通过提出的圆弧滑动崩岸模拟方法，分别计算了不同土体分层情况下荆 55 断面右岸和荆 61 断面左岸的崩岸过程，分析了不同的垂向分层结构的影响。

表 4.3 给出了不同工况下的河岸土体垂向分层结构。在荆 55 断面右岸，工况 2 相比于工况 1，用下层黏土替代了中间细砂层。工况 1、2 模拟出的崩岸宽度分别为 13m 和 12m（图 4.18(a)），崩岸次数分别为 10 次和 9 次。可以看出，中部细砂层的存在使荆 55 断面右岸模拟出的总崩岸宽度及崩岸次数均有所增大。需要指出的是，两种工况下枯水期均发生了崩岸，原因在于：荆 55 断面右岸坡度较陡，计算初期时河岸不稳定。在荆 61 断面左岸，工况 4 相比于工况 3，用中间黏性土层替代了下部的细砂层。工况 3、4 模拟出的崩岸宽度分别为 10m 和 9m（图 4.18(b)），崩岸次数分别为 7 次和 8 次。两种工况下模拟出的单次崩岸宽度大多为 1m，但工况 3 出现了 3 次宽度为 2m 的崩岸，而工况 4 只出现了 1 次（图 4.19(b)）。可见下部细砂层的存在增大了单次和总崩岸宽度。

表 4.3　不同工况下荆 55、荆 61 断面河岸土体物理力学特性参数取值

河岸	工况	土体分层及厚度/m	土样名称	天然容重 γ /(kN/m³)	饱和容重 γ_{sat} /(kN/m³)	实验值	
						c/(kN/m²)	φ /(°)
荆 55 断面 右岸	工况 1 (实际)	上层 3.0	粉质黏土	19.0	19.1	9.5	13.1
		中层 2.1	细砂	14.9	18.0	0.0	30.0
		下层 5.1	粉质黏土	18.0	18.1	10	9.9
	工况 2	上层 3.0	粉质黏土	19.0	19.1	9.5	13.1

续表

河岸	工况	土体分层及厚度/m	土样名称	天然容重 γ /(kN/m³)	饱和容重 γ_{sat} /(kN/m³)	实验值	
						c /(kN/m²)	φ /(°)
荆55断面右岸	工况 2	中层 2.1	粉质黏土	18.0	18.1	10.0	9.9
		下层 5.1	粉质黏土	18.0	18.1	10.0	9.9
荆61断面左岸	工况 3（实际）	上层 3.6	粉质黏土	18.0	18.0	8.5	12.9
		中层 2.4	黏土	19.0	19.0	8.8	16.1
		下层 5.1	细砂	14.9	18.0	0.0	30.0
	工况 4	上层 3.6	粉质黏土	18.0	18.0	8.5	12.9
		中层 2.4	黏土	19.0	19.0	8.8	16.1
		下层 5.1	黏土	19.0	19.0	8.8	16.1

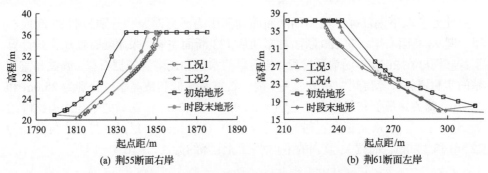

(a) 荆55断面右岸　　　　　　(b) 荆61断面左岸

图 4.18　不同垂向分层结构下的崩岸模拟结果

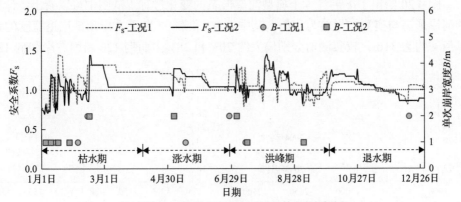

(a) 工况1、工况2的安全系数 F_s 变化及单次崩岸宽度 B

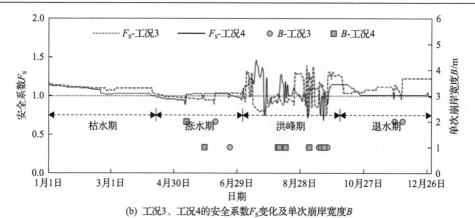

(b) 工况3、工况4的安全系数F_s变化及单次崩岸宽度B

图 4.19　不同工况下安全系数及单次崩岸宽度

4.3.2　悬臂崩塌过程模拟

1. 计算条件及典型断面选取

此处选取下荆江 4 个典型崩岸断面的河岸为研究对象，分别为荆 97 断面右岸、荆 98 断面右岸、荆 120 断面右岸和荆 133 断面左岸，采用悬臂崩塌模式计算了这些河岸在 2005 年的崩退过程。各河岸的水位和比降等依据石首、调关和监利站的实测资料计算得到。在该水文年内，石首站最低和最高水位分别为 25.0m 和 35.7m，调关站最低和最高水位分别为 24.0m 和 34.2m，而两站的平均水面比降约为 5.8×10^{-5}。该水文年内监利站平均流量为 12904m³/s，最低和最高水位分别为 22.5m 和 33.0m，而调关-监利的平均水面纵比降约为 3.7×10^{-5}。

2. 河岸形态的变化

图 4.20 给出了下荆江 4 个典型河岸形态的变化过程。从图中可以看出，计算的河岸形态与实测结果较为相符。其中荆 97 和荆 98 断面右岸顶部崩退宽度的计算值均约为 31m，较实测值分别偏大约 20%和 38%。而荆 120 断面右岸和荆 133

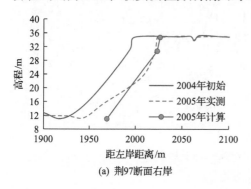

(a) 荆97断面右岸

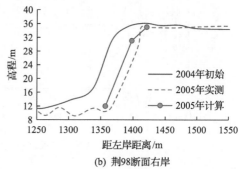

(b) 荆98断面右岸

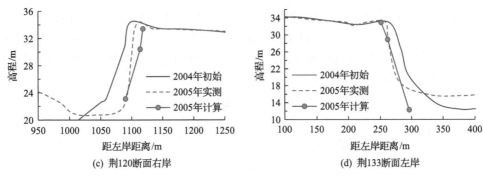

图 4.20　下荆江典型河岸形态的变化

断面左岸顶部崩退宽度的计算值分别为 24m 和 13m，较实测数据偏大约 41%和143%。

3. 崩岸面积

对比计算时段前后的河岸形态，可得到这些河岸坡脚以上的崩岸面积，且其计算值与实测数据的对比见表 4.4。可以看出，计算得到的崩岸面积与实测值较为符合。4 个河岸计算值与实测值相对误差(绝对值)的平均值约为 24.5%。最大误差发生在荆 133 断面左岸，计算值与实测值的相对误差为 44%。最小误差发生在荆120 断面右岸，相对误差仅为–7%。

表 4.4　崩岸面积的计算值与实测值的对比

河岸	实测崩岸面积/m^2	计算崩岸面积/m^2	相对误差/%
荆 97 断面右岸	638.4	775.2	21
荆 98 断面右岸	736.3	542.1	–26
荆 120 断面右岸	280.6	261.3	–7
荆 133 断面左岸	245.4	352.5	44

4. 河岸土体特性变化

此处以荆 98 断面右岸为例，分析了 2005 年该河岸上部黏性土体体积含水率和抗拉强度变化过程。如图 4.21 所示，河岸土体内部的体积含水率 θ_w 随河道水位呈现季节性变化。在枯水期，由于河道水位较低，渗流过程较弱，上部黏性土体内的 θ_w 维持在 16%左右，未发生改变。在涨水期内，当河道水位接近上部黏性土体底部时，上部黏性土体的体积含水率开始增加。在洪峰期，θ_w 达到最大，该时期内 θ_w 的平均值为 27%，约为初始 θ_w 的 1.7 倍。在退水期内，随着河道水位的降低，黏性土体内部潜水位也降低，黏性土体体积含水率减小。在计算时段末，θ_w 的平均值降低为 18%。此外，图 4.21(b)给出了抗拉强度的变化过程，可以看出，其与 θ_w 变化趋势相反，在涨水期和洪峰期内下降，而在退水期内逐渐上升。洪峰期内，荆 98 断面右岸的最小抗拉强度为 $8.7\mathrm{kN/m^2}$，约为初始值的 68%。尽管退水期内，抗拉强度有所增大，但基本仍小于初始值，加之该时期内河道侧向水压逐渐降低，不利于河岸的稳定。

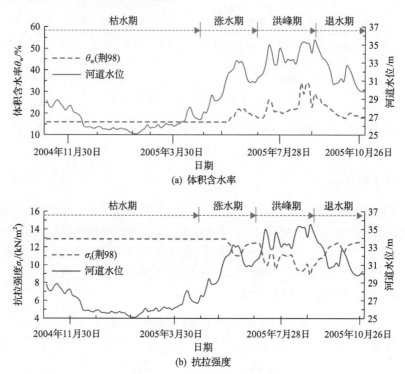

(a) 体积含水率

(b) 抗拉强度

图 4.21　荆 98 断面右岸土体特性在 2005 水文年的变化过程

4.4　抛石护岸工程水毁过程模拟结果

本节采用构建的抛石护岸工程水毁过程的动力学模拟方法，计算了下荆江北门口段典型断面护岸工程的水毁过程及相应的岸坡形态变化情况，并分析了近岸水流流速、床面冲淤厚度、块石粒径及水下坡比等对抛石护岸工程水毁程度的具体影响。

4.4.1　计算条件

下荆江北门口上段(桩号 6+000～8+000)的部分水下护坡及护脚工程采用抛石护岸形式，故选取位于荆 95 下游约 200m 处的两断面右岸为研究对象，分别记为断面 I (6+792)右岸和断面 II (6+836)右岸，如图 4.22 所示。采用构建的抛石护岸工程水毁模拟方法，计算了这两个断面右岸在 2017 年 8 月至 2018 年 10 月抛石护岸工程的水毁破坏过程，分析该段护岸工程的稳定性。其中，断面 I 右岸的水下护坡的平均坡比为 1:2.0，局部坡比达 1:1.4；断面 II 右岸水下护坡的平均坡比为 1:2.6，局部坡比达 1:1.5。水下抛石的粒径范围介于 0.15～0.5m，中值粒径值为 0.35m。

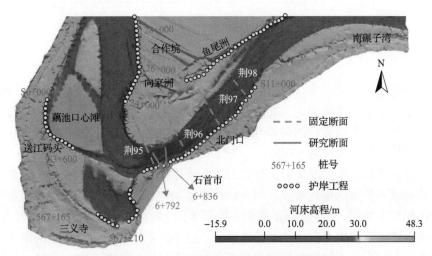

图 4.22　石首河段局部示意图及典型断面位置

研究断面的水沙计算条件（水位、比降、流量、流速、悬移质含沙量、悬沙和床沙级配）均由上下游邻近水文/水位站（新厂站、石首站和监利站）及附近固定断面（荆 95 和荆 96）的实测资料进行推求。此外，由谢齐公式计算坡脚的垂线平均流速，同时挟沙力公式式(4.4)中的参数 k_s 和 m 依据经验关系曲线（邵学军和王兴奎，2005）插值求得。

4.4.2　河岸形态变化

图 4.23 给出了两研究断面的河岸形态变化过程。可以看出，在计算时段内仅河岸坡脚处的水下抛石存在一定程度的损毁，而河岸上部基本维持稳定。这两个断面河岸计算得到的坡脚累计冲刷深度均约为 4.0m，约为坡脚处抛石护岸厚度的 2.7 倍。

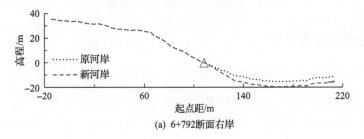

(a) 6+792断面右岸

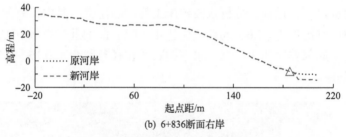

(b) 6+836断面右岸

图 4.23　水毁破坏前后岸坡形态对比

从单个块石起动来看，两断面河岸块石起动流速的平均值为 3.0m/s，而坡脚附近的近岸垂线流速均值为 1.2m/s，变化范围为 0.5～3.4m/s。定义单个块石起动概率为块石具备起动条件的时长与总计算时长的比值，则在计算时段的水沙过程下，单个块石起动概率为 1.64%。

从抛石整体坍塌情况来看，计算的块石团休止角 β_{max} 介于 30.2°～34.5°，陡于两断面水下护岸的平均坡度，因此在护岸初期块石不会沿岸坡滑动。随着计算时段内的河床冲刷，水下抛石沿坡脚开始滑落，且坍塌比的增加呈不连续性变化，这与第 3 章抛石护岸工程水毁试验的结论一致。图 4.24 给出了两断面河岸坍塌比的频率分布情况，可以看出计算的坍塌比总体上呈现出正态分布的规律，且坍塌比小于 6%的情况居多，稳定性较好。此外，在坡度相对较陡的断面Ⅰ右岸，抛石的坍塌比均值更大，更易发生整体滑移破坏，计算的抛石护岸的坍塌比均值为 5.4%。而在断面Ⅱ右岸，抛石坍塌比均值约为 4%。由此可知，在相同水沙条件下，坍塌比受岸坡坡度的影响较大。

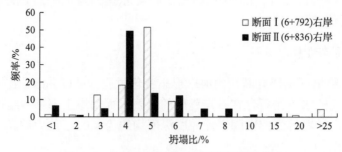

图 4.24　典型断面河岸抛石护岸坍塌比分布

4.4.3　水毁影响因素分析

1. 近岸水流流速对坍塌比的影响

近岸水流流速大小反映了水流的冲刷强度。水流冲刷可使坡面的单个块石起动，也会影响床面冲淤幅度，从而影响护岸工程的稳定性，是抛石护岸工程稳定性的重要影响因素。以断面Ⅰ右岸为研究对象，保持其他参数不变，将该断面河岸坡脚的流速调整为原流速的 90%～140%，计算不同流速下护岸工程的坍塌比均值。由此，计算时段内平均流速变化范围为 1.1～1.7m/s，最大流速变化范围为 3.0～4.7m/s。

由图 4.25 可知，随着平均流速 $\bar{U}_t$ 的增加，坍塌比和块石起动概率也逐渐增加，护岸稳定性降低。具体表现为当计算时段平均流速 $\bar{U}_t$≤1.1m/s 时，抛石护岸基本不发生水毁破坏，稳定性很好；当 1.1m/s<$\bar{U}_t$≤1.2m/s 时，坍塌比和块石起动概率均小于 5%，稳定性较好；当 1.2m/s<$\bar{U}_t$≤1.5m/s 时，块石起动概率基本不变，而坍塌比呈现明显增加的趋势；当 $\bar{U}_t$>1.5m/s 时，坍塌比接近 100%，块石起动概率达到 12%左右，抛石护岸工程发生严重的水毁破坏。这说明抛石护岸水毁程度受近岸水流流速影响非常明显，与前面试验中的结论一致。例如，在第 3 章的抛石护岸概化水槽试验中，当流速由 0.40m/s 增至 0.60m/s 时，块石坍塌量可相差 6～8 倍。

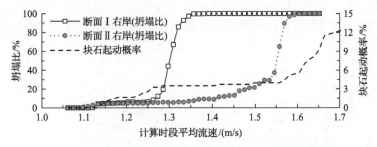

图 4.25　平均流速与抛石护岸坍塌比和块石起动概率间的关系

对比两断面河岸计算结果可以发现，当平均流速超过一定临界值时，抛石护岸的稳定性会明显下降（坍塌比急剧增加），且该临界值与岸坡的形态及坡度有关。由图 4.25 可知，断面Ⅰ右岸和断面Ⅱ右岸的坍塌比分别在 $\bar{U}_t$=1.3m/s 和 $\bar{U}_t$=1.4m/s 时呈现急剧增加的趋势，并分别在 $\bar{U}_t$=1.36m/s 和 $\bar{U}_t$=1.60m/s 时达到 100%，这表明坡度较陡的断面Ⅰ右岸的护岸工程更易发生严重水毁。

此外，图 4.26 还给出了在不同的块石团休止角 β_{max} 下平均流速与坍塌比的关

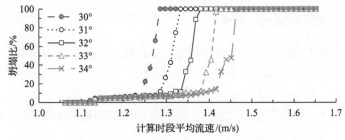

图 4.26　在不同块石团休止角 β_{max} 下平均流速与坍塌比的关系

系。当块石团休止角 $\beta_{\max}$ 由 30°增至 34°时，抛石护岸工程发生严重水毁所需要的水流流速明显变大，其发生完全水毁所需要的平均流速值 $\bar{U}_{t}$ 由 1.3m/s 增至 1.5m/s。由此，若能增大块石粒径或块石间的摩擦系数，使块石团休止角 $\beta_{\max}$ 增大，则能明显降低坍塌比，有效增强岸坡稳定性。

2. 床面冲淤厚度对坍塌比的影响

床面冲淤厚度是抛石护岸工程发生整体滑移破坏的直接影响因素。以断面 I 右岸和断面 II 右岸为研究对象，同样保持其他计算条件不变，仅改变挟沙力参数 k_{s} 和 m，从而改变床面冲淤厚度。图 4.27 反映了床面冲淤厚度与坍塌比的关系，可以看出：河床淤积时护岸工程不坍塌，河床冲刷时坍塌比随着床面冲刷深度的增加而增加，且当床面冲刷深度超过一定幅度后，同样会出现坍塌比急剧增加的变化趋势。图 4.25～图 4.27 都出现了这种急剧增加的趋势，其原因在于：在床面冲刷较小时，只在高程较低的坡面单元才可能产生抛石的水毁破坏，而当流速增大，床面冲刷增大时，在较高的坡面发生水毁破坏的概率明显提高。

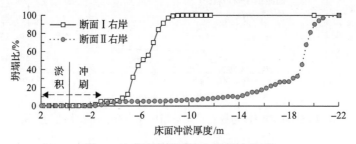

图 4.27　床面冲淤厚度与坍塌比关系

对比两河岸计算结果可知，在坡度更陡的断面 I 右岸，在坡脚处的床面冲刷深度大于 5m 后，坍塌比明显增加，并在冲刷深度达 8.7m 时，整个护岸工程发生严重水毁破坏。而在断面 II 右岸，坍塌比随床面冲淤厚度的变化较缓，基本不会发生严重水毁破坏。这是由于其岸坡坡度大多都缓于块石团休止角，留给块石自行调整的空间较大，故即使床面冲刷深度较大，也能保持岸坡基本稳定。

3. 块石粒径对坍塌比的影响

块石粒径会直接影响到块石起动流速，也会通过影响块石团在动水条件下的休止角，从而影响整体坍塌比。以断面 I 右岸为研究对象，其他计算条件不变，块石中值粒径变化范围为 0.1～0.5m，计算不同块石粒径下的坍塌比和起动概率，结果如图 4.28 所示。随着块石粒径增大，块石起动概率和坍塌比均减小，抛石护岸的稳定性增加。

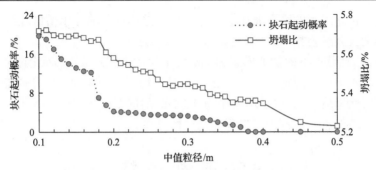

图 4.28　块石粒径与块石起动概率和坍塌比的关系

具体来说，在块石起动概率方面，当块石中值粒径超过 0.20m 时，块石起动概率明显降低至 5%以下；当块石中值粒径超过 0.39m 时，块石基本不会发生起动。这说明大粒径块石对实际抛石护岸工程的抗冲保护作用十分重要。在坍塌比方面，随着中值粒径的增大，坍塌比逐渐从 5.7%降至 5.2%，变化较小，说明块石粒径对抛石护岸整体滑移破坏的影响较小。值得注意的是，实际工程中，细颗粒抛石比粗颗粒抛石更能紧密地结合为整体，可能会有利于增强护岸工程的整体稳定性。

4. 水下坡比对坍塌比的影响

水下部分无法削坡处理，因此水下边坡的自然坡度也会影响护岸工程的稳定性。图 4.29 给出了水下坡比与抛石护岸工程坍塌比的关系。

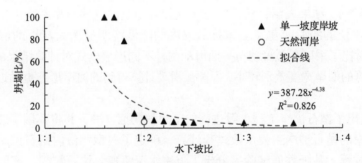

图 4.29　水下坡比与坍塌比关系

可以看出水下边坡越缓，坍塌比越小，且当水下坡比小于 1∶2.5 时，抛石的坍塌比均小于 4%；当水下坡比增大至 1∶1.8～1∶1.9 时，坍塌比明显增加；当水下坡比大于 1∶1.7 时，坍塌比达到 100%，整个抛石护岸段发生严重水毁破坏。出现这种现象的原因是，当坡度变陡后，式(4.20)中的最大允许冲深变小，因此更容易满足式(4.21)的整体滑移破坏临界条件。此外，若坡比大于 1∶1.7，即大于块石团休止角时，水下抛石在护岸初期就已无法保持稳定。因此，实践中有必要控制抛石护岸工程的水下坡比缓于 1∶2.0，这同样与前面水槽试验结果及荆江护岸工程的实践经验相一致（余文畴和卢金友，2008）。

另外，自然状态下的护坡形态为上陡而下缓的下凹形坡面，而由图 4.29 可知，直线形岸坡水下坡比固定为 1∶2.0 的抛石护岸坍塌比为 8.32%，明显高于断面 I 右岸在原天然岸坡形态下（平均坡比为 1∶2.0）的坍塌比 5.38%。由此可知对于上陡下缓的岸坡形态，抛石护岸工程的稳定性更高。

4.5 本 章 小 结

本章构建了河岸崩退过程的动力学模拟方法，包括天然岸段崩岸过程及抛石护岸工程水毁过程的动力学模拟方法。采用构建的模型计算了荆江段典型断面在不同水文年内的河岸崩退过程，以及典型护岸断面的抛石护岸工程水毁过程，并分析了不同因素对崩岸过程及抛石水毁程度的影响，主要结论如下。

（1）通过耦合坡脚冲刷、渗流过程及河岸稳定性计算模块，提出了天然岸段崩岸过程的动力学模拟方法，并考虑了圆弧滑动、平面滑动及悬臂崩塌三种不同的力学模式。其中圆弧滑动与平面滑动模式适用于上部黏性土层较厚而下部非黏性土层较薄的二元结构河岸，而悬臂崩塌适用于上部黏性土层较薄而下部非黏性土层较厚的河岸。

（2）将提出的模拟方法用于长江中游荆江段典型断面河岸的崩岸过程，对比了计算与实测的河岸崩塌面积及河岸形态，并分析了潜水位及土体特性变化等对崩岸过程的影响。结果表明，该模拟方法能较好地反演这些典型断面河岸的崩岸过程，且潜水位的滞后变化及土体抗剪强度的降低将明显增大河岸的崩退面积。此外，还对比了采用圆弧滑动与平面滑动两种不同崩塌模式对计算结果的影响，发现两者计算的崩岸宽度差别较小，但圆弧滑动计算得到的河岸形态更贴近实际的河岸形态。

（3）提出了抛石护岸工程水毁过程的动力学模拟方法，并将其用于北门口段典型断面河岸的抛石护岸工程水毁过程计算，确定了典型年份内抛石护岸工程坍塌比的变化过程。基于数值试验，分析了近岸水流流速、块石粒径、床面冲淤厚度及水下坡比等对抛石护岸工程坍塌比的影响。结果表明，坍塌比随近岸水流流速与床面冲刷深度的增加而增加，且在一定的临界条件下会出现急剧增加的变化趋势。此外，当河岸的水下坡比缓于 1∶2.0 时，抛石护岸工程稳定性较高。

第5章　床面冲淤与崩岸过程耦合的多维模拟方法

本章将一维至三维水沙动力学模块与断面尺度崩岸模块耦合，实现不同尺度的水沙输移、床面冲淤与崩岸过程的耦合模拟。一维模型通常适用于长河段及长时段的崩岸过程计算；二维模型适用于计算局部河段的崩岸过程，并能给出岸线的变化过程；三维模型可用于反演窝崩等现象的详细发展过程。将构建的模型用于长江中下游典型河段的崩岸过程计算，并依据实测数据对模型进行率定与验证。

5.1　一维床面冲淤与崩岸过程的耦合模拟

图 5.1 给出了一维床面冲淤与崩岸过程耦合模型的计算流程图。首先通过一维水沙动力学模块计算各断面的水流要素和床面冲淤幅度；然后依据计算得到的水流条件，采用一维或二维渗流模块计算各断面河岸土体内部的潜水位；最后将水流条件、床面冲淤幅度、土体含水率及孔隙水压力等参数作为崩岸模块的输入

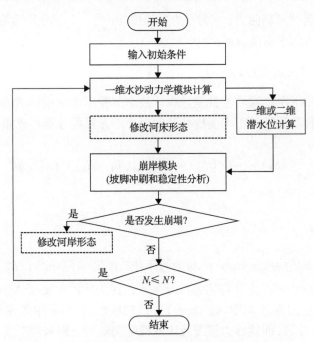

图 5.1　一维床面冲淤与崩岸过程耦合模型的计算流程

N 为总时间步数；N_t 为当前时间步数

参数，计算河岸土体的稳定程度，并判断其是否会发生崩塌，若河岸发生崩塌，则修改相应河岸形态。

5.1.1 一维水沙动力学模块

1. 水流运动控制方程

不规则断面的一维水流运动控制方程包括连续方程及动量方程，可分别写成如下形式：

$$\frac{\partial Q}{\partial x} + B\frac{\partial Z}{\partial t} = q_l \tag{5.1}$$

$$\frac{\partial Q}{\partial t} + \left(gA - \alpha_f B\frac{Q^2}{A^2}\right)\frac{\partial Z}{\partial x} + 2\alpha_f \frac{Q}{A}\frac{\partial Q}{\partial x} = \frac{Q^2}{A^2}\left(\frac{\partial A}{\partial x}\right)\bigg|_Z - gA(J_f + J_s) - \frac{\rho_l q_l u_l}{\rho_m} \tag{5.2}$$

式中，Q 为流量（m³/s）；Z 为水位（m）；A、B 分别为过水断面的面积（m²）及水面宽度（m）；α_f 为动量修正系数；u_l、q_l、ρ_l 分别为侧向入流流速在主流方向的分量（m/s）、单位河长入流的流量（m²/s）及侧向入流密度（kg/m³）；J_f 为水力坡度，且 $J_f = (Q/A)^2 n^2 / h^{4/3}$，其中 h 为断面平均水深（m），n 为河床糙率系数；J_s 为断面扩张与收缩引起的局部阻力；g 为重力加速度（m/s²）；x、t 分别为沿程距离（m）及时间（s）；ρ_m 为深水密度（kg/m³）。

2. 泥沙输移及床面冲淤方程

由于长江中下游推移质输沙量较少，故本节暂不考虑推移质的输移过程。因此，非均匀悬移质泥沙的不平衡输移及床面冲淤方程可分别写成如下形式：

$$\frac{\partial}{\partial t}(AS_k) + \frac{\partial}{\partial x}(AUS_k) = B\omega_{sk}\alpha_{sk}(S_{*k} - S_k) + q_l S_k^l + q_k^{bs} \tag{5.3}$$

$$\rho'\frac{\partial A_0}{\partial t} = \sum_{k=1}^{N} B\omega_{sk}\alpha_{sk}(S_k - S_{*k}) \tag{5.4}$$

式中，U 为断面平均流速（m/s）；A_0 为河床冲淤断面面积（m²）；S_k^l 为侧向入流的分组含沙量（kg/m³）；N 为非均匀悬沙分组数；ρ' 为床沙干密度（kg/m³）；q_k^{bs} 为河岸土体崩塌造成的泥沙源项（kg/(m·s)）。总的挟沙力 S_* 采用张瑞瑾挟沙力公式 [（式4.4）]进行计算，而挟沙力级配及床沙级配调整则分别采用李义天（1987）及夏军强等（2005）提出的方法进行计算。

5.1.2　关键问题处理

1. 悬移质分组挟沙力级配

悬移质分组挟沙力级配 ΔP_{*k} 取水流中悬移质级配 ΔP_{sk} 与级配 ΔP_{lk} 的加权平均值，即

$$\Delta P_{*k} = \theta_p \Delta P_{sk} + (1 - \theta_p) \Delta P_{lk} \tag{5.5}$$

式中，θ_p 为权重，取值介于 $0.0 \sim 1.0$；ΔP_{lk} 为采用李义天（1987）方法计算的级配值，该方法同时考虑了水流条件及床沙组成对挟沙力级配的影响，且 ΔP_{lk} 可以表示为

$$\Delta P_{lk} = \Delta P_{bek} \frac{\dfrac{1 - A_k}{\omega_{sk}} \left(1 - e^{\frac{-6\omega_{sk}}{\kappa u_*}}\right)}{\displaystyle\sum_{k=1}^{N} \Delta P_{bek} \frac{1 - A_k}{\omega_{sk}} \left(1 - e^{\frac{-6\omega_{sk}}{\kappa u_*}}\right)} \tag{5.6}$$

式中，A_k 与垂向紊动强度及正态分布函数 $\Phi(\omega_{sk}/\delta_v)$ 有关，且通常取 δ_v 等于摩阻流速 u_*；ΔP_{bek} 为床沙级配；κ 为矢量常数。

2. 床沙级配调整计算

采用夏军强等（2005）提出的方法，计算床沙级配调整过程。首先将床沙分为上层活动层及下层记忆层。前者厚度为 ΔH_b，相应级配为 ΔP_{bek}，且 ΔH_b 取值范围可参见夏军强等（2005）的研究，而本节暂取为 2.5m；后者可根据需要划分为 n 层，且设定各层的厚度及级配分别为 ΔH_n 和 ΔP_{nk}。计算过程中，当第 $t+\Delta t$ 时刻河床发生淤积时，记忆层的数量增加 1，标记为 $n+1$ 层，且设定该层的级配为第 t 时刻活动层的级配 ΔP_{bek}^t；当第 $t+\Delta t$ 时刻河床发生冲刷时，根据冲刷厚度相应地减少记忆层的层数。活动层级配的调整可分为河床冲刷及淤积两种情况进行计算（图 5.2）。假设计算中总的床面冲淤厚度为 ΔH_s，各组泥沙的冲淤厚度为 ΔH_{sk}。

（1）当床面发生冲刷时（$\Delta H_s < 0$），当前时刻活动层的级配 $\Delta P_{bek}^{t+\Delta t}$ 可采用式（5.7）进行计算：

$$\Delta P_{bek}^{t+\Delta t} = \frac{\Delta H_{sk} + \Delta P_{bek}^t \Delta H_{be}^t + |\Delta H_s| \Delta P_{remk}^t}{\Delta H_{be}^{t+\Delta t}} \tag{5.7}$$

式中，ΔH_{be}^t、$\Delta H_{be}^{t+\Delta t}$ 分别为第 t 时刻和 $t+1$ 时刻的活动层的厚度；ΔP_{remk}^t 为记忆

层的平均床沙级配。

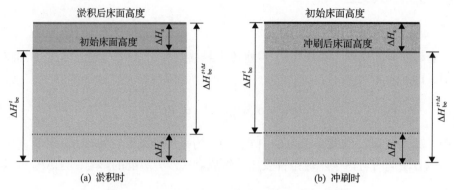

图 5.2　冲淤过程中床沙级配调整的计算示意图

(2) 当床面发生淤积时 ($\Delta H_\text{s} > 0$)，$\Delta P_{\text{be}k}^{t+\Delta t}$ 则表示为

$$\Delta P_{\text{be}k}^{t+\Delta t} = \frac{\Delta H_{sk} + \Delta P_{\text{be}k}^{t}(\Delta H_{\text{be}}^{t} - \Delta H_{\text{s}})}{\Delta H_{\text{be}}^{t+\Delta t}} \tag{5.8}$$

3. 坡脚堆积体分布及断面平均泥沙源项处理

依据以往的试验研究 (夏军强和宗全利，2015)，河岸崩塌后，大约有 50% 的崩塌土体会堆积在坡脚，而其余部分则被水流带走。因此，此处假设每次河岸崩塌后，约有 50% 的土体会转换为悬移质泥沙，形成泥沙源项 q_k^bs，而剩余土体则均匀分布于坡脚区域 (坡脚到深泓点的区域)。假设崩塌后的土体在空间步长 Δx_i 中呈均匀分布，且河岸崩退速率在时间步长 Δt 内保持不变，则 q_k^bs 可以采用式 (5.9) 进行计算：

$$q_k^\text{bs} = 0.5P_k^\text{b}\rho_\text{b}\Delta V / \Delta t \tag{5.9}$$

式中，$\Delta V = R_V(\Delta V_i + \Delta V_{i+1}) / 2$，$\Delta V_i$ 和 ΔV_{i+1} 分别为第 i 和 $i+1$ 断面单位河长河岸崩退的土体体积 (m^3/m)，R_V 表示空间步长 Δx_i 内崩退岸线长度占 Δx_i 的比例；P_k^b 为河岸土体级配中第 k 组粒径所占的百分比 (%)；ρ_b 为河岸土体的干密度 (kg/m^3)。

4. 二维渗流计算的网格调整

在采用二维渗流方程计算河岸内部潜水位变化时，将河岸形态概化成垂直面，如图 5.3 所示。采用固定网格计算河岸内部潜水位的变化过程，并记录河岸边坡节点，当水流冲刷或悬臂崩塌使得河岸形态发生改变时，重新记录新的边坡节点，并将崩塌后的网格单元赋予一个特殊的水头值 H_s，从而区分于其他网格单元。下一时刻的计算则将相应的边界条件赋予新的河岸边坡节点。值得注意的是，这种处理方法的缺陷在于无法考虑到网格单元仅有部分被侵蚀的情况，但该缺陷可以通过细化网格来实现一定程度的弥补，且增加的计算量在本节研究中处于可接受范围之内。

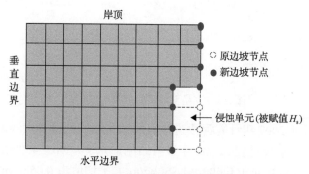

图 5.3　二维渗流计算网格的调整方法

5.1.3　一维耦合模型的率定与验证

本节将建立的一维模型应用于长江中游荆江段在 2005 年、2007 年及 2010 年内的崩岸过程计算，并比较计算结果与实测资料，从而对模型进行率定和验证。此外还开展数值试验，定量分析计算河段上、下游边界条件变化对崩岸过程的具体影响。

1. 模型率定

采用提出的一维崩岸模型计算了 2007 年荆江段崩岸过程，并依据实测资料对模型中的相关参数进行率定，主要包括主槽糙率、泥沙恢复饱和系数及各断面的土体起动切应力。根据率定结果，计算河段主槽糙率的取值介于 0.01~0.05；泥沙恢复饱和系数在冲刷时取值为 0.20，淤积时取值为 0.15，而冲淤平衡时取 0.175。土体起动切应力的取值范围参照夏军强和宗全利(2015)的研究成果，即取值介于 0.17~1.18N/m^2。值得注意的是，此处水沙动力模块的计算范围为长江中游宜昌至城陵矶河段(包括宜枝河段与荆江河段，见图 5.4)。由于宜枝河段两岸抗冲性较强，崩岸现象较少，故崩岸模块的计算范围仅限于荆江河段(枝城至城陵矶)。

1)计算条件

宜昌至城陵矶河段共设有 220 个固定断面，另外还设有宜昌、枝城、沙市和监利 4 个水文站，以及红花套、宜都和马家店等 10 个水位站。模型中进口边界条件采用 2007 年宜昌站实测流量和含沙量过程及相应悬沙级配；支流水沙条件采用荆江段三口分流及洞庭湖入流的实测数据；出口断面水位采用盐船套及莲花塘水位站的实测资料进行插值求得。

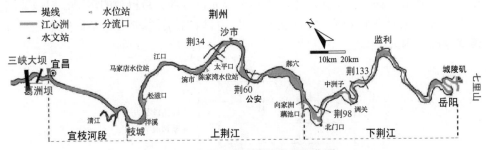

图 5.4　宜昌至城陵矶河段的概化图

　　图 5.5 给出了 2007 年计算河段进口宜昌站实测的流量及含沙量过程,以及出口断面(荆 186)的水位过程。2007 年宜昌站流量介于 4090~46900m³/s,平均值约为 12696m³/s;含沙量介于 0.002~1.350kg/m³,平均值为 0.05kg/m³。出口断面的最低、高水位则分别为 18.08m 和 30.39m。图 5.6 给出了 2007 年荆江段三口分流流量及含沙量过程,松滋口、太平口和藕池口分流过程多介于汛期 5~10 月,而三者的最大流量分别为 5970m³/s、1870m³/s 和 3406m³/s,相应的最大含沙量分别为 1.19kg/m³、1.06kg/m³ 和 1.46kg/m³。图 5.7 给出了洞庭湖出流流量及含沙量过程(七里山站),其中流量介于 1290~20400m³/s,而含沙量介于 0.02~0.20kg/m³。初始地形及床沙级配均采用 2006 年 10 月的实测数据。图 5.8 给出了 2007 年进口宜昌站的月均悬沙级配及 2006 年 10 月宜昌至城陵矶河段部分固定断面的床沙级配。由图 5.8 可知,宜昌站悬沙的中值粒径介于 0.003~0.008mm,且 2~5 月的悬沙较 6~10 月明显偏粗;宜昌至城陵矶段的床沙沿程逐渐细化,其中宜枝河段宜 59 断面的床沙中值粒径为 0.40mm,上荆江荆 34 和荆 61 断面的床沙中值粒径减小到 0.16~0.19mm,而下荆江荆 98~荆 183 断面的床沙中值粒径介于 0.12~0.17mm。

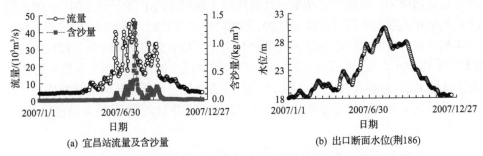

(a) 宜昌站流量及含沙量　　　　　　　(b) 出口断面水位(荆186)

图 5.5　2007 年宜昌至城陵矶河段一维模型计算的进出口水沙条件

2)计算与实测水沙过程比较

图 5.9 分别给出了研究河段内各水文站(枝城、沙市和监利)计算与实测的日

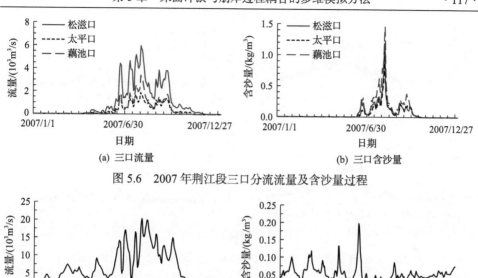

(a) 三口流量

(b) 三口含沙量

图 5.6　2007 年荆江段三口分流流量及含沙量过程

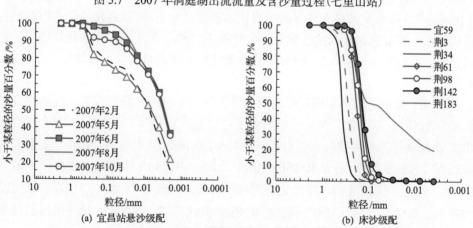

(a) 洞庭湖出流流量

(b) 洞庭湖出流含沙量

图 5.7　2007 年洞庭湖出流流量及含沙量过程(七里山站)

(a) 宜昌站悬沙级配

(b) 床沙级配

图 5.8　2007 年宜昌站实测月均悬沙级配及 2006 年 10 月宜昌至城陵矶河段
部分固定断面的床沙级配

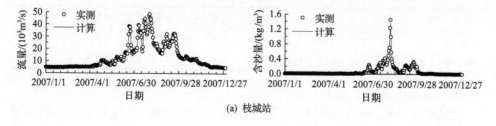

(a) 枝城站

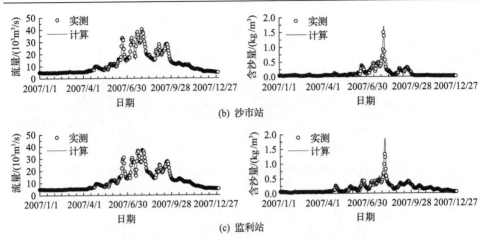

图 5.9　2007 年计算河段内各水文站计算与实测的流量、含沙量过程对比

均流量及含沙量过程的对比。从图中可以看出：计算结果与实测值较为符合，沿程各水文站流量的均方根误差介于 837～1036m³/s，较平均流量（11586～13278m³/s）小一个数量级。这 3 个水文站含沙量的均方根误差分别为 0.03kg/m³、0.03kg/m³ 及 0.04kg/m³，远小于这些站的平均含沙量（0.16kg/m³、0.20kg/m³ 及 0.26kg/m³）。各水文站最大流量的相对误差不超过 6%，而最高含沙量的相对误差在枝城站、沙市站和监利站分别为 7%、13%和 39%。基于输沙率法计算结果，宜昌至监利河段实际冲刷泥沙 0.55×10^8t，而计算的冲刷量为 0.44×10^8t，二者较为接近。

表 5.1 给出了宜昌至城陵矶河段内沿程各站水位的计算值与实测值的均方根误差（RMSE），以及最高水位的绝对误差（$|\Delta Z_{max}|$）。图 5.10 对比了 2007 年沿程水文/水位站计算与实测的水位过程。从表 5.1 和图 5.10 中可知：计算与实测的水位过程符合程度较高，各站 RMSE 的值介于 0.26～0.34m，且 $|\Delta Z_{max}|$ 值介于 0.01～0.80m，均远小于相应的水位变化范围（最大超过 10m），且 $|\Delta Z_{max}|$ 仅在宜枝河段内超过了 0.50m，在荆江段内不超过 0.38m。由此可知，本章建立的一维床面冲淤及崩岸模型能较好地反演研究河段的水沙输移过程。

表 5.1　2007 年各站计算与实测水位过程的均方根误差以及最高水位的绝对误差

变量	宜昌	红花套	宜都	枝城	马家店	陈家湾	沙市	郝穴	新厂	石首	调玄口	监利	盐船套
RMSE/m	0.27	0.28	0.27	0.32	0.28	0.26	0.27	0.26	0.26	0.33	0.32	0.34	0.27
$|\Delta Z_{max}|$/m	0.80	0.55	0.34	0.12	0.05	0.21	0.38	0.01	0.13	0.31	0.17	0.15	0.16

3）河岸崩退宽度沿程分布

首先依据 2006 年及 2007 年汛后的实测断面地形数据，计算了 2007 年各断面

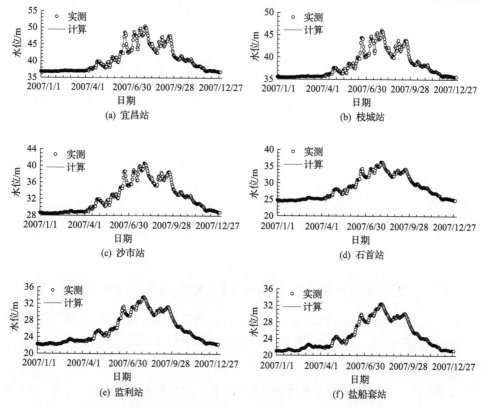

图 5.10　2007 年宜昌至城陵矶河段内水文/水位站计算与实测的水位过程对比

河岸顶部的实际崩退宽度。图 5.11 给出了荆江段左、右岸计算与实测的崩退宽度。计算年份内河岸崩退现象较为剧烈(崩退宽度超过或者接近 20m)的断面共计 11 个，而计算结果反映出了其中 9 个断面的崩岸现象，且计算的崩退宽度与实测结果总体上较为符合。左、右岸实测的最大崩退宽度分别发生在石 3+2 断面及荆 98 断面，分别为 138m 和 75m，其中石 3+2 断面的崩退宽度远大于其他断面。实测数据表明这两个断面的河岸均发生了剧烈崩塌，但计算结果未能反演出石 3+2 断面河岸的崩退过程。荆 98 断面右岸计算的崩退宽度为 44m，也小于实测值。这些断面计算与实测的崩退宽度差异较大的原因很可能在于以下两个方面：①一维模型不能模拟主流摆动等复杂水流过程，也不能精确考虑水流切应力的横向分布，故无法计算出主流摆动等过程引起的河岸崩退；②由于河岸土体组成及力学特性的实测资料相对较少，计算中不能准确地考虑河岸土体特性的沿程变化，从而影响计算结果。

2. 模型验证

采用率定后的模型，分别计算了 2005 年及 2010 年荆江河段的崩岸过程，并

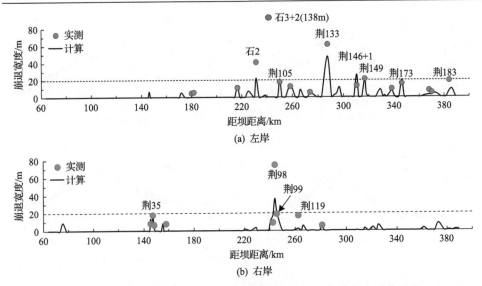

图 5.11　2007 年荆江段左、右岸岸顶崩退宽度的计算值与实测值对比

依据实测数据对该模型进行验证。与率定过程类似，水沙输移过程的计算范围为宜昌至城陵矶河段，而崩岸过程的计算范围仅限于荆江河段。

1) 计算条件

2005 年及 2010 年崩岸过程计算的初始地形，分别采用 2004 年 10 月及 2009 年 10 月实测的断面地形数据，而床沙级配采用 2003 年及 2010 年汛后 10 月的实测数据。进口和侧向水沙条件则分别依据相应年份内宜昌站、荆江段三口及洞庭湖出流水文站(七里山)的实测流量与含沙量过程及相应悬沙级配确定。出口断面(荆 186)水位则通过对盐船套及莲花塘水位站的实测水位过程进行插值求得。图 5.12 和图 5.13 分别给出了 2005 年及 2010 年进口宜昌站的实测流量及含沙量过程，以及出口断面(荆 186)的水位过程。2005 年及 2010 年宜昌站平均流量分别为 14561m³/s 和 12835m³/s，平均含沙量分别为 0.11kg/m³ 和 0.04kg/m³；流量变化范围分别介于 3730～46900m³/s 和 5240～41500m³/s，而最大含沙量分别为 1.42kg/m³ 和 0.45kg/m³。2005 年和 2010 年出口断面的水位变幅则分别为 18.34～29.41m 和 17.98～31.05m。

2) 计算与实测水沙过程比较

图 5.14 给出了 2005 年荆江段内各水文站计算与实测的流量及含沙量过程的比较。从图中可以看出，计算结果与实测数据基本符合，沿程枝城、沙市及监利水文站流量的 RMSE 介于 720～800m³/s，而含沙量的 RMSE 分别为 0.03kg/m³、0.04kg/m³ 和 0.06kg/m³。各站最大流量的相对误差不超过 3%，而最高含沙量的相对误差在枝城站、沙市站和监利站分别为 16%、9% 和 12%。依据输沙率法计算，

2005 年宜昌至监利河段实际冲刷泥沙 0.53 亿 t，而计算结果表明宜昌至监利河段冲刷了 0.48 亿 t。此外，如表 5.2 所示，计算河段内沿程各站计算与实测水位的 RMSE 不高于 0.45m，而最高水位的绝对误差不高于 0.89m。

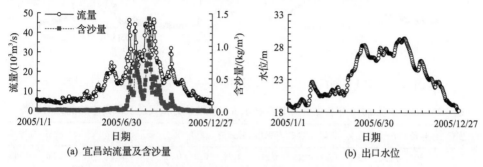

(a) 宜昌站流量及含沙量　　　　　　　　(b) 出口水位

图 5.12　2005 年宜昌至城陵矶河段一维模型计算的进出口水沙条件

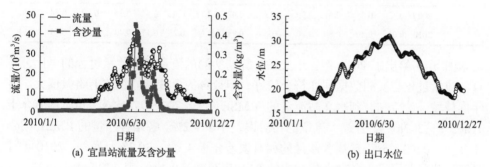

(a) 宜昌站流量及含沙量　　　　　　　　(b) 出口水位

图 5.13　2010 年宜昌至城陵矶河段一维模型计算的进出口水沙条件

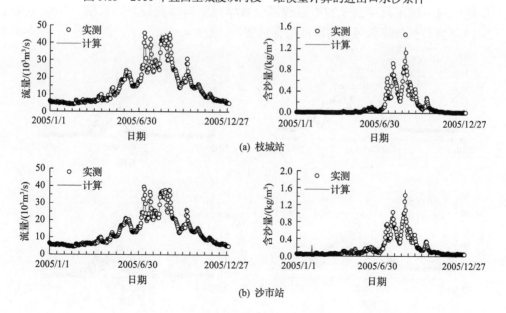

(a) 枝城站

(b) 沙市站

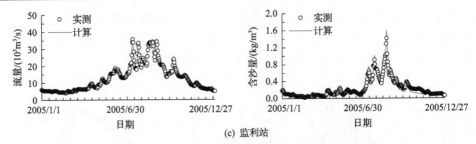

(c) 监利站

图 5.14　2005 年荆江段内各水文站计算与实测的流量、含沙量过程比较

表 5.2　2005 年及 2010 年各站计算与实测水位过程的均方根误差及最高水位的绝对误差

变量	年份	宜昌	红花套	宜都	枝城	马家店	陈家湾	沙市	郝穴	新厂	石首	调玄口	监利	盐船套
RMSE/m	2005	0.28	0.37	0.24	0.19	0.21	0.28	0.20	0.31	0.30	0.28	0.45	0.26	0.34
	2010	0.21	0.22	0.19	0.20	0.26	0.27	0.23	0.18	0.18	0.22	0.20	0.29	0.16
$|\Delta Z_{max}|/m$	2005	0.32	0.55	0.61	0.39	0.13	0.42	0.18	0.47	0.41	0.34	0.89	0.54	0.67
	2010	0.01	0.10	0.80	0.10	0.68	0.71	0.65	0.23	0.17	0.43	0.23	0.29	0.31

　　图 5.15 给出了 2010 年各水文站计算与实测的流量和含沙量过程的对比，计算的流量过程与实测数据同样符合较好，但计算的含沙量值总体上略微偏大。该年内枝城、沙市和监利水文站流量的 RMSE 介于 707~976m³/s，相应均值介于 11665~13302m³/s，且最大流量的相对误差小于 4.2%。各站含沙量的 RMSE 则介于 0.03~0.05kg/m³，最高含沙量的相对误差介于 4.3%~30.3%。另外，2010 年宜昌至城陵矶河段沿程各站水位过程的 RMSE 不高于 0.29m（表 5.2）。由此可知，本章提出的一维床面冲淤及崩岸过程耦合数学模型同样能较好地反演 2005 年及 2010 年宜昌至城陵矶河段的水沙输移过程。

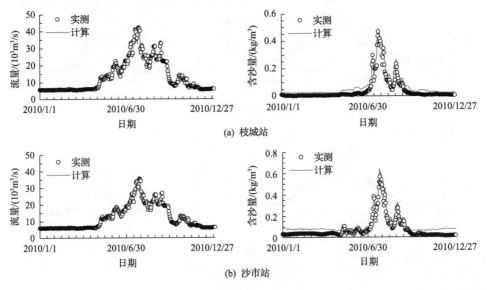

(a) 枝城站

(b) 沙市站

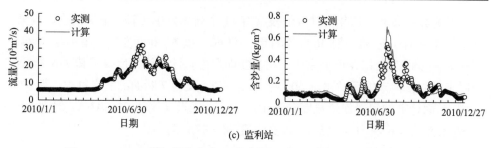

(c) 监利站

图 5.15　2010 年荆江段内各水文站计算与实测的流量、含沙量过程比较

3）2005 年河岸崩退宽度的沿程分布

图 5.16 给出了 2005 年荆江段计算与实测崩退宽度的比较，该年内实测岸顶崩退宽度超过及接近 20m 的断面共有 12 个，而计算结果显示其中 7 个断面出现了崩岸现象。总体上，这些断面崩退宽度的计算结果与实测数据符合较好，如荆 35 断面崩退宽度的计算值为 22m，而实测值为 21m；荆 96～荆 99 断面崩退宽度的计算值为 6～42m，而实测值为 17～28m；荆 146+1 断面的崩退宽度计算值为 61m，实测值为 70m。然而，荆 55、公 2、石 3+2、荆 105 及荆 119 断面发生了较大幅度的崩退，但计算结果未能反映该断面河岸崩退过程。如前所述，这种差异很可能与一维模型本身的局限性以及河岸土体特性资料不足有关。

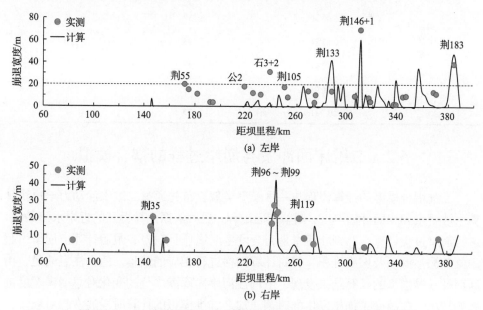

(a) 左岸

(b) 右岸

图 5.16　2005 年荆江段左、右岸崩退宽度的计算值与实测值比较

4）2010 年河岸崩退宽度的沿程分布

表 5.3 给出了 2010 年荆江河段不同断面河岸崩退宽度计算值与实测值的对

比。实测数据表明：该年内计算河段共有 11 个断面发生了较为显著的崩岸现象，且主要在上荆江荆 34～荆 36 断面右岸，荆 60、荆 61 断面左岸，下荆江荆 84、荆 97、荆 98、JJL181.1 断面右岸，利 7 断面左岸。计算结果反映了其中 6 个断面的崩岸过程，但未能反映出荆 60、荆 61、荆 84 及利 7 断面的崩岸过程。荆 97、荆 98 断面计算的河岸崩退宽度介于 16～41m，接近实测值 23～43m，但荆 34～荆 36 断面的计算值为 4～15m，较实测值 28～37m 偏小。

表 5.3　2010 年荆江河段计算与实测的河岸崩退宽度对比

河岸	断面号	崩退宽度/m	
		实测值	计算值
左岸	荆 60	20	0
	荆 61	17	0
	荆 150	11	14
	利 7	34	0
右岸	荆 34	28	13
	荆 35	37	15
	荆 36	32	4
	荆 84	93	0
	荆 97	23	16
	荆 98	43	41
	JJL181.1	25	7

5.2　二维床面冲淤与崩岸过程的耦合模拟

二维耦合模型的计算流程与一维模型类似，首先通过二维水沙动力学模块计算水沙要素和床面冲淤厚度，调整床面高程；然后依据计算得到的近岸水流条件，进行崩岸过程计算，并判断河岸是否会发生崩塌(图 5.17)；最后计算由崩岸引起的侧向泥沙源项及坡脚堆积，并对计算网格进行相应的调整。值得注意的是，由断面及一维模型的计算结果发现，下荆江河岸内部潜水位的变化对总崩岸宽度的影响较小，仅改变了崩岸发生的时刻。加之二维模拟的计算时段通常相对较短，故本章崩岸过程计算中仅考虑了潜水位的变化对上荆江段崩岸的影响，不考虑其对下荆江崩岸的影响。

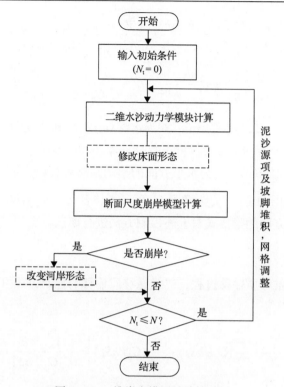

图 5.17　二维崩岸模型的计算流程

5.2.1　二维水沙动力学模块

1. 水流运动控制方程

采用曲线坐标系下的二维浅水控制方程来描述研究河段内的水流运动 (Xia et al., 2013)。其中水流连续方程可以表示为

$$\frac{\partial Z}{\partial t} + \frac{1}{C_\xi C_\eta} \frac{\partial}{\partial \xi}(UhC_\eta) + \frac{1}{C_\xi C_\eta} \frac{\partial}{\partial \eta}(VhC_\xi) = 0 \tag{5.10}$$

ξ 和 η 方向的水流动量方程分别可表示为

$$\frac{\partial U}{\partial t} + \frac{U}{C_\xi} \frac{\partial U}{\partial \xi} + \frac{V}{C_\eta} \frac{\partial U}{\partial \eta} + \frac{UV}{C_\xi C_\eta} \frac{\partial C_\xi}{\partial \eta} - \frac{V^2}{C_\xi C_\eta} \frac{\partial C_\eta}{\partial \xi} =$$

$$-\frac{g}{C_\xi} \frac{\partial Z}{\partial \xi} - gn^2 \frac{\sqrt{U^2 + V^2}}{h^{4/3}} U + \frac{v_t}{C_\xi C_\eta} \left(\frac{\partial^2 U}{\partial \xi^2} + \frac{\partial^2 U}{\partial \eta^2} \right) \tag{5.11}$$

和

$$\frac{\partial V}{\partial t} + \frac{U}{C_\xi} \frac{\partial V}{\partial \xi} + \frac{V}{C_\eta} \frac{\partial V}{\partial \eta} + \frac{UV}{C_\xi C_\eta} \frac{\partial C_\eta}{\partial \xi} - \frac{U^2}{C_\xi C_\eta} \frac{\partial C_\xi}{\partial \eta} =$$

$$-\frac{g}{C_\eta} \frac{\partial Z}{\partial \eta} - gn^2 \frac{\sqrt{U^2+V^2}}{h^{4/3}} V + \frac{\nu_t}{C_\xi C_\eta} \left(\frac{\partial^2 V}{\partial \xi^2} + \frac{\partial^2 V}{\partial \eta^2} \right)$$

$$(5.12)$$

式中，t 为时间(s)；Z 为水位(m)；h 为水深(m)；U 和 V 分别为 ξ 和 η 方向的垂线平均流速(m/s)；C_ξ 和 C_η 为拉梅系数(Lame coefficient)；n 为曼宁糙率系数；g 为重力加速度(9.81m/s^2)；ν_t 为水平方向的紊动黏滞系数(m^2/s)，且 $\nu_t = \varphi u_* h$，而 φ 是经验系数($0.0 \sim 1.0$)，u_* 为摩阻流速(m/s)，且 $u_* = n\sqrt{g(U^2+V^2)}h^{-1/6}$。本模型求解采用交替方向的隐格式对上述控制方法进行离散。

2. 泥沙输移方程

同样不考虑推移质输移过程，二维悬移质输移的控制方程可以表示为(Xia et al., 2013)

$$\frac{\partial}{\partial t}(hS_k) + \frac{1}{C_\xi C_\eta} \left[\frac{\partial}{\partial \xi}(C_\eta U h S_k) + \frac{\partial}{\partial \eta}(C_\xi V h S_k) \right] = \frac{1}{C_\xi C_\eta} \left\{ \frac{\partial}{\partial \xi} \left[h\varepsilon_\xi \frac{C_\eta}{C_\xi} \frac{\partial S_k}{\partial \xi} \right] \right.$$

$$\left. + \frac{\partial}{\partial \eta} \left[h\varepsilon_\eta \frac{C_\xi}{C_\eta} \frac{\partial S_k}{\partial \eta} \right] \right\} + (E_k - D_k) + S_{bk}$$

$$(5.13)$$

式中，ε_ξ 和 ε_η 为 ξ 和 η 方向的扩散系数；S_k 为第 k 组粒径沙的含沙量(kg/m^3)；S_{bk} 为由崩岸产生的泥沙源项($\text{kg/(m}^2\cdot\text{s)}$)；$E_k$ 为悬移质的上扬通量($\text{kg/(m}^2\cdot\text{s)}$)；$D_k$ 为悬移质的沉降通量($\text{kg/(m}^2\cdot\text{s)}$)。此外，$E_k - D_k = \omega_{sk}\alpha_{sk}(S_{*k} - S_k)$，其中 ω_{sk} 是第 k 组粒径泥沙的沉速(m/s)；α_{sk} 是泥沙恢复饱和系数。床面变形速率及总的悬移质挟沙力 $S_*(\text{kg/m}^3)$ 则分别采用式(4.3)和式(4.4)进行计算，而悬移质分组挟沙力 $S_{*k} = \Delta P_{*k} S_*$，其中 ΔP_{*k} 用以表示分组挟沙力级配。此外，床沙级配的调整过程计算与一维模型相同。

5.2.2　关键问题处理

1. 初始及边界条件设定

二维水沙动力学模块初始水沙条件的给定方法为首先在不考虑河床调整过程的情况下，采用水沙动力学模块计算特定流量下研究河段内的恒定水沙条件，继而以该恒定条件下的水位、流速及含沙量作为后续非恒定水沙输移过程模拟的初始条件。

　　进口边界给定流量、含沙量过程及相应的悬移质泥沙级配，出口边界给定水位过程，且认为该处悬移质含沙量的纵向梯度为 0。岸边界采用无滑移边界条件，且认为该处悬移质含沙量的横向梯度同样为零。

　　此外，采用"冻结法"处理计算过程中的动边界问题(夏军强等，2005)，该方法首先判断计算网格是否过水，若其不过水则将其糙率设为特大值(如 10^{10})，代入动量方程后，相应的流速则会十分接近于零。另外，给定不过水节点一个微小的虚拟水深(如 0.1m)，从而使得整个区域的计算能够继续进行。

　　2. 坡脚堆积体分布及垂线平均泥沙源项处理

　　此处同样依据夏军强和宗全利(2015)的研究成果，假设 50%的崩塌体会转换成悬移质，被水流带走，而剩余的土体则堆积于坡脚区域，转换成悬移质泥沙的崩塌体面积为 $A_{E,i}^{s} = A_{E,i}^{f} + 0.5A_{E,i}^{m}$，其中 $A_{E,i}^{f}$ 是第 i 个断面的水流冲刷面积(m^2)，而 $A_{E,i}^{m}$ 是第 i 个断面的崩塌体面积(m^2)。

　　假设在第 i–1 和第 i 个断面之间的河段($\Delta \xi_i$)内崩退岸线的长度比例为 R_{eb}，并认为泥沙源项主要分布在坡脚区域，且在坡脚节点 (i, j_{toe}) 与 $(i, j_{toe}-1)$ 之间为均匀分布，而在节点 $(i, j_{toe}-1)$ 和 $(i, j_{toe}-2)$ 之间及节点 (i, j_{toe}) 和 $(i, j_{toe}+1)$ 之间为线性分布(图 5.18)。则由崩岸产生的侧向泥沙源项 S_{bk} 可表示为

$$S_{bk} = \frac{2}{\Delta t} \frac{V_{E,i-1,i}^{s} \rho_b}{\Delta \xi_i (\Delta \eta_1 + 2\Delta \eta_2 + \Delta \eta_3)} \Delta P_{bk} \tag{5.14}$$

式中，$\Delta \eta_1$、$\Delta \eta_2$ 和 $\Delta \eta_3$ 为近岸网格的横向步长(m)，如图 5.18 所示；$V_{E,i-1,i}^{s}$ 为河段 $\Delta \xi_i$ 内转换成悬移质的崩塌体体积(m^3)，且 $V_{E,i-1,i}^{s} = 0.5R_{eb}(A_{E,i-1}^{s} + A_{E,i}^{s})\Delta \xi_i$；$\rho_b$ 为河岸土体的干密度(kg/m^3)；ΔP_{bk} 为河岸土体级配。假设剩余的崩塌体均匀堆积于坡脚区域，且忽略其对床沙级配的影响，故由崩塌体堆积产生的床面高程的增幅 $\Delta Z_b'$ (m) 可表示为 $\Delta Z_b' = 0.25R_{eb}(A_{E,i}^{m} + A_{E,i-1}^{m}) / (\Delta \eta_1 + \Delta \eta_2)$。

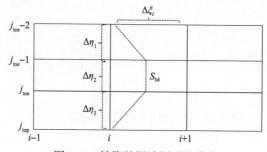

图 5.18　坡脚处泥沙源项的分布

3. 河岸形态调整

在河床冲淤变形计算中用到的概化岸坡如图 5.19(a) 中的虚线 A-F 所示,其中节点 (i,j) 和 $(i,j+1)$ 的连线构成河岸边坡。然而,天然河岸的边坡一般比较陡,因而实际的河岸边坡可能为 A-D-F。假设河岸受水流直接冲刷后的形态为折线 A-B-C-D-F。当水流横向冲刷河岸后,使其平均坡度变陡,导致河岸发生崩塌,崩塌后的河床地形为 A-B-H-E-F,见图 5.19(b) 和(c)。

由于节点 (i,j) 为水下节点,其时段末的河底高程可由式(4.3)计算得到。为简化数值计算和节省计算时间,计算中网格平面位置固定不变,而在河岸边坡上设置一个数组,用于记录河岸的实际形态。假设在河床冲淤变形过程中,河岸坡脚(B 点)的冲淤状况与相邻水下节点(A 点)相同,则可根据 A 点的冲淤状态,确定时段末的河岸边坡形态。如果发生淤积,则岸坡形态变为 A_1-B_1-H-E-F;如果发生冲刷,则岸坡形态变为 A_2-B_2-B-H-E-F,见图 5.19(d)。如果计算中河岸崩塌发展到 F 点,则修改第 $(i,j+1)$ 节点的高程。这样就能在计算网格固定的情况下,模拟出河岸的崩退过程。

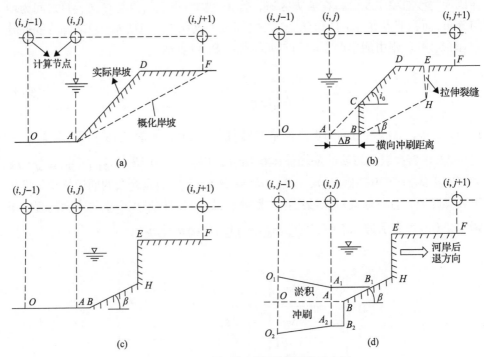

图 5.19　二维模型中河岸形态调整示意图

5.2.3　二维耦合模型的率定与验证

1. 模型率定

采用上述模型,本节分别计算了上荆江沙市河段及下荆江石首河段在 2004 年汛期内(7~10 月)的崩岸过程,从而对模型中的相关参数进行率定。依据率定结果,河道主槽的糙率值介于 0.016~0.025,而滩岸糙率值取 0.030~0.035;冲刷时的泥沙恢复饱和系数取值介于 0.30~0.40,淤积时取值介于 0.15~0.20,而冲淤平衡时取值为 0.175~0.30。土体起动切应力的变化范围同样介于 0.17~1.18N/m² (夏军强和宗全利,2015),且仅率定固定断面河岸的土体起动切应力值,各计算断面的起动切应力则采用邻近固定断面的土体起动切应力值。

1)上荆江沙市段崩岸过程模拟

(1)河段概况。上荆江沙市段上起杨家脑(荆 25),下至观音寺(荆 52),全长约 49.7km,为弯曲分汊型河道,包括火箭洲、马羊洲、太平口心滩、三八滩及金城洲江心洲(图 5.20)。河段内设有陈家湾水位站,三八滩附近设有沙市水文站。三峡水库蓄水后,2003~2020 年沙市站多年平均流量约 12389m³/s,多年平均输沙量为 0.522 亿 t/a,分别为蓄水前 1998~2002 年的 92.4%和 13.6%。因此三峡工程运用后,该河段来沙量大幅度减少,导致河床发生持续冲刷,江心洲呈逐渐萎缩的发展趋势,2003~2016 年太平口、三八滩及金城洲的洲滩面积总计减小了约 70%。另外,该河段腊林洲附近岸线崩退幅度较大,2003~2013 年累计崩退岸线长度超过 5km,最大崩退宽度超过 200m。因此本节选取沙市段陈家湾(荆 29)到观音寺(荆 52)间的局部河段为研究对象(30.54km),计算该河段 2004 年汛期的崩岸过程,同时对模型中的关键参数进行率定。

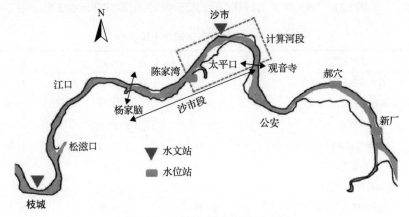

图 5.20　上荆江沙市河段示意图

(2)计算条件。初始地形采用2004年7月实测的水下地形数据，而床沙级配采用2003年10月的实测数据。图5.21给出了计算河段内部分固定断面的床沙级配，可知床沙粒径多介于0.090～0.355mm，而各断面的中值粒径介于0.19～0.25mm。此外，夏军强和宗全利(2015)对上荆江典型崩岸断面的河岸土体特性进行了测试，结果如表5.4所示。模型中各计算断面的土体特性数据依据这些断面的实测数据插值求得。此外，由于计算河段进口及出口边界无相应的水文站或水位站数据，无法得到相应的实测水沙过程，故首先采用一维水沙动力学模型计算枝城至郝穴河段(图5.21)的断面平均水沙条件，其结果用于提供二维模型计算所需要的进出口边界条件。一维模型的进口边界采用枝城站的实测水沙过程，而出口边界采用郝穴水位站的实测数据。将一维模型计算的沙市及陈家湾站的水沙数据与实测数据进行对比，结果表明计算与实测的流量及含沙量的均方根误差均比相应的平均值小一到两个数量级，而陈家湾站水位的均方根误差仅为水位变化范围的2.5%。因此，一维水沙动力学模型的计算结果可以较为准确地给定计算河段进出口边界的水沙条件。

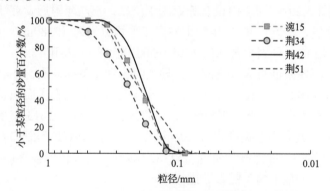

图5.21　2003年10月计算河段内部分固定断面的实测床沙级配

表5.4　典型崩岸断面河岸土体特性

土体特性	荆34	荆45	荆55
天然容重 γ/(kg/m³)	18.46	17.89	18.19
饱和容重 γ_s/(kg/m³)	18.85	18.09	19.16
渗透系数 k_c/(cm/s)	8.95×10^{-5}	5.42×10^{-7}	2.08×10^{-6}
黏聚力 c/(kN/m²)	8.80	22.45	15.30
内摩擦角 φ/(°)	27.90	17.45	27.80
有效黏聚力 c'/(kN/m²)	6.20	15.72	10.71
有效内摩擦角 φ'/(°)	25.10	15.71	25.02
干密度/(t/m³)	1.30	1.34	1.52

注：c'等于70%c，φ'为90%φ(夏军强和宗全利，2015)。

　　基于一维水沙动力学模型的计算结果，图 5.22 给出了进口断面(陈家湾站)2004 年 7～10 月的流量及含沙量过程，以及出口断面(荆 52 断面)的水位过程。陈家湾站的流量介于 11218～49613m³/s，含沙量介于 0.091～1.778kg/m³，而出口水位的变化范围为 32.41～40.48m。图 5.23 给出了进口断面的悬沙级配，可知悬移质泥沙的中值粒径介于 0.004～0.040mm。此外，图 5.24 给出了二维模型的计算网格及初始地形，该网格对崩岸频繁的区域进行了局部细化，共包括 205×40 个计算节点。纵向的最小网格尺度为 51.1m，而横向最小尺度为 14.5m。

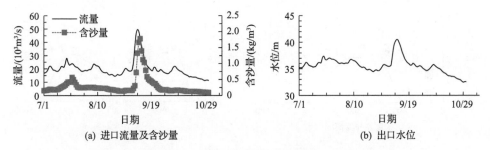

图 5.22　2004 年 7～10 月上荆江计算河段进出口的水沙条件

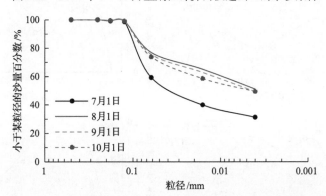

图 5.23　2004 年 7～10 月上荆江计算河段进口的悬沙级配

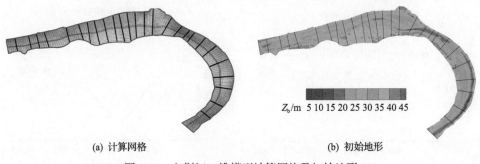

(a) 计算网格　　　　　　　　　　　(b) 初始地形

图 5.24　上荆江二维模型计算网格及初始地形

(3)计算的水深、流速及含沙量横向分布。图 5.25 给出了计算河段内 2004 年

10月7～9日6个固定断面计算与实测的垂线平均流速、水深及含沙量的对比。从图中可以看出，计算结果与实测数据总体上符合较好。计算与实测的断面平均水深的绝对误差在荆35～荆51断面介于0.14～0.62m，且相对误差小于5%，而浣15和沙4断面的绝对误差介于1.60～1.82m，相对误差为12%～20%。此外各断面计算的水深横向分布也与实测数据较为符合，如荆38计算的最大水深（17.54m）位于距离左岸881m处，而实测的最大水深（15.30m）位于距离左岸973m处。

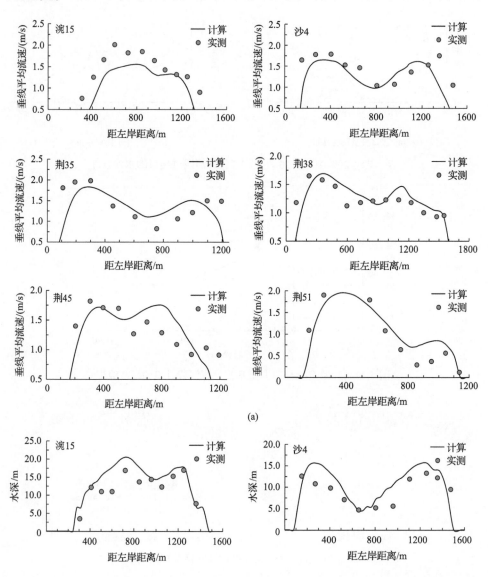

(a)

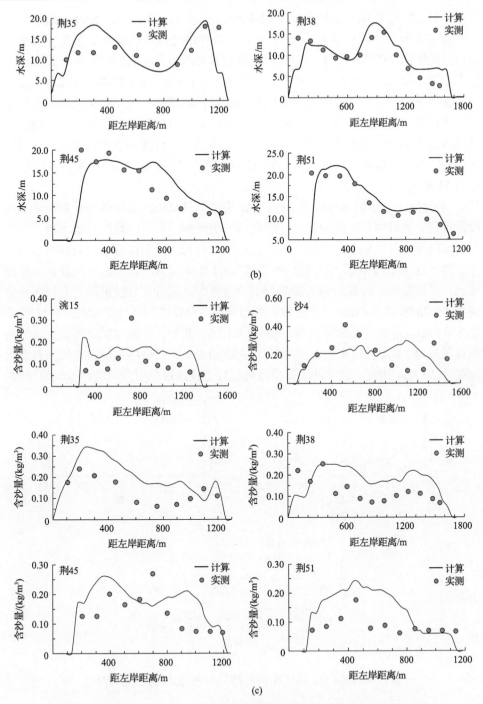

图 5.25　2004 年 10 月 7～9 日上荆江典型断面计算与实测的垂线平均流速、
水深及含沙量横向分布

计算的断面平均流速介于 1.15～1.44m/s，与实测值 1.29～1.55m/s 相近，且两者在各实测断面的绝对误差小于 0.40m/s。垂线平均流速的横向分布与实测数据的符合程度也较高(图 5.25)，其中荆 38 断面计算的最大垂线平均流速为 1.69m/s，位于距离左岸 359m 处，而实测的最大流速为 1.65m/s，位于距离左岸 224m 处。

含沙量的计算结果总体上与实测数据相符，但符合程度较水深及垂线平均流速而言偏低。断面平均含沙量的绝对误差的最大值(0.08kg/m³)发生在荆 35 断面，最小值(0.01kg/m³)发生在沙 4 断面。如图 5.25 所示，计算的含沙量横向分布与实测数据的符合程度相对较低，但仍能反映其主要分布特点，尤其是在沙 4、荆 38 和荆 51 断面。

(4)计算的沙市站水沙过程。由于二维模型的进口边界采用的是日均流量及含沙量过程，同日内各时刻的进口水沙数据则依据前后两日的数据插值求得，因此在二维模型计算结果中，可选取一日内中间时刻的水沙条件近似代表日均水沙条件。图 5.26 给出了计算与实测的沙市站 2004 年汛期日均流量、水位及含沙量的对比。可以看出，计算结果与实测数据较为符合。流量及含沙量的均方根误差分别为 1507m³/s 和 0.08kg/m³，占相应平均值的 7.81%和 30.40%。水位的均方根误差为 0.33m，占水位变化幅度(8.01m)的 4.12%。此外，计算与实测的最大流量的相对误差为 3.85%，最大含沙量相对误差为 20.43%，而最高水位误差仅为其变化幅度的 2.57%。因此，建立的二维模型可较好地反演研究河段内的水沙输移过程。

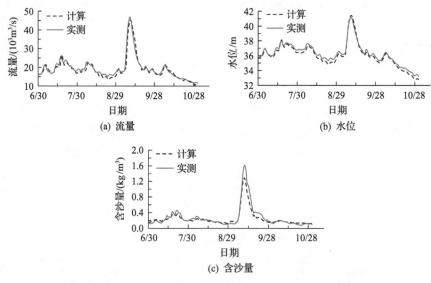

图 5.26　2004 年上荆江沙市站计算与实测的日均水沙过程对比

(5)河岸崩退宽度计算。计算结果表明，2004 年汛期上荆江沙市段内崩岸主要发生在腊林洲附近，故图 5.27 给出了该区域内初始岸线与计算时段末岸线的对比，以及沙市站最大流量（45186m³/s）下的流场。鉴于河岸崩退宽度远小于河槽尺寸，故图 5.27 中河岸崩退宽度扩大了 10 倍，便于能更清楚地呈现该处河岸的崩退情况。从图中可以看出，腊林洲右侧河岸近岸区域的流速较大，导致其坡脚冲刷相对剧烈，河岸稳定性较差。此外，计算结果表明，崩岸主要发生在荆 33～荆 35 断面右侧河岸，这与基于 2003 年 10 月和 2004 年 10 月实测固定断面地形数据的分析结果相符合。如图 5.27 所示，计算的河岸崩退宽度 W_c 在荆 33～荆 35 断面分别为 10.7m、9.0m 和 5.1m，而实测的宽度 W_m 为 13.5m、11.9m 和 3.1m，两者较为接近。值得注意的是，实测的崩退宽度是基于 2003 年 10 月和 2004 年 10 月实测固定断面地形计算得到的，故其代表 2004 年计算河段的河岸崩退程度，而本节仅计算了 2004 年汛期的河岸崩退过程。然而依据水利部长江水利委员会水文局（2014）的观测结果，长江中下游河段 72%的崩岸均发生于汛期 7～10 月，因此可认为模型计算结果仍可以反映 2004 年该河段的主要崩岸过程。

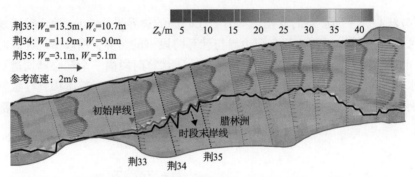

图 5.27　计算的 2004 年汛期内腊林洲附近岸线变化及最大流量下的流场

图 5.28 给出了研究河段 2004 年最大流量下的水流切应力分布及主流线（最大流速点的连线）的位置。上荆江段主流在江心洲处分成两股，故以河道中心为界限，划分左右槽，并给出了相应的主流线。从图 5.28 中可以看出，上荆江河段水流在太平口附近分成左右两汊，并在三八滩以下区域才逐渐合成一股（左右槽主流逐渐靠拢），但最后由于金城洲的影响，又分为两汊。该河段内的主要崩岸区域（荆 33～荆 36 断面）右槽主流贴岸下行，且水流切应力高。另外，三八滩上、下游及金城洲附近左侧河槽为主流贴岸区域，存在高水流切应力，但是受护岸工程的影响，这些区域内的河岸崩退幅度较小。

为研究网格尺度对崩岸计算结果的影响，此处将沙市段主要崩岸区坡脚处的横向网格尺度分别减小了 50%和增加了一倍，重新模拟该河段的崩岸过程。计算结果表明：①网格尺度变化对崩岸区域范围的影响较小，均介于荆 33～荆 35 断面之间；②各断面崩退宽度有所改变，个别断面差别较大，但总体上变化幅度相对较小。由此可见，本节采用的网格尺度对于模拟该河段的崩岸过程较为合适。

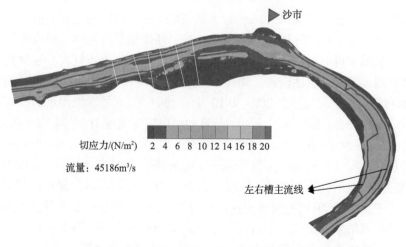

图 5.28　2004 年汛期内最大流量下的水流切应力及主流线计算结果

(6)江心洲平面形态的变化。本节中江心洲的边界采用 30m 地形等高线来表示，且图 5.29 给出了初始江心洲边界与计算时段末的边界，用以体现计算时段内江心洲的变化过程。从图 5.29 中可以看出：①计算时段内三个江心洲均遭受了明显的水流冲刷，面积有所减小；②太平口心滩头部冲刷而尾部淤积，导致整体向下游有所移动；③三八滩右缘及金城洲头部冲刷较为明显，且三八滩尾部略有淤积。

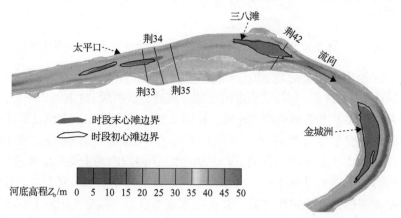

图 5.29　计算的 2004 年汛期上荆江沙市段江心洲平面形态的变化过程

图 5.30(a)和(b)分别给出了 2004 年 3 月 15 日及 2005 年 4 月 3 日研究河段的遥感图像，且这两时刻沙市站水位均接近于 30m。对比图 5.30(a)和(b)可以看出：①2004～2005 年三八滩右缘冲刷严重，面积明显减小，且尾部略有淤积；②金城洲头部及右缘遭受剧烈冲刷，右侧河槽过水宽度有所增加，且滩体尾部被水流切

割；③太平口心滩前端有所淤积，而尾部冲刷，导致整体向上游偏移，且面积有所增加。对比计算结果与遥感观测结果可知，模型的计算结果反映了计算河段内三八滩及金城洲的总体演变趋势，但是未能正确地反映太平口心滩的变化过程。这在一定程度上可能与研究河段进口水沙条件及松滋口分流分沙过程的影响有关。

(a) 2004年3月15日

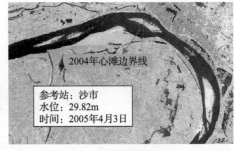
(b) 2005年4月3日

图 5.30　2004 年 3 月 15 日及 2005 年 4 月 3 日沙市河段的遥感图像

(7)分汊段分流分沙比的对比。图 5.31 给出了 2004 年汛期内计算与实测的江心洲附近局部分汊段分流分沙比的变化过程。从图中可以看出：①太平口心滩附近左槽及右槽分流分沙量相差较小，其中左槽的分流比 R_{QL} 在 2004 年 7～10 月内的平均值为 56.0%，分沙比 R_{QSL} 的平均值分别为 59.1%；②三八滩附近左槽的分流分沙量相对较小，2004 汛期内的平均分流比约为 37.6%，而平均分沙比为 43.9%；③金城洲附近的主流走左汊，分流分沙量大，该汊分流比和分沙比的平均值分别为 85.1%和 90.2%。

由于缺乏实测的太平口心滩附近的分流分沙比，故此处仅对比了三八滩和金城洲附近计算与实测的分流分沙比。依据实测资料，2003～2009 年三八滩附近左槽分流比和分沙比的多年平均值分别为 41.6%和 47.9%，在金城洲两者均约为 91.0%。2004 年 8 月 2 日三八滩附近计算的左槽分流比和分沙比分别为 39.0%和 40.1%，接近于实测值 41.5%和 49.8%。由于缺乏 2004 年汛期金城洲的实测数据，故采用 2005 年 6 月的实测数据进行对比。该处 2004 年 7 月 1 日计算的左槽分流比和分沙比分别 88.1%和 95.5%，而 2005 年 6 月 29 日的实测值分别为 81.3%和 90.0%，两者较为接近。由此，模型计算的分流分沙比与实测值符合程度较高。

2)下荆江石首段崩岸过程模拟

(1)石首河段概况。下荆江石首河段上起新厂，下至塔市驿，全长约 74km。该河段为典型的弯曲型河道，曲折系数为 2.0 左右，由石首、调关及八十丈三个急弯段及之间的过渡段组成(周美蓉等，2017)，如图 5.32 所示。石首河弯北门口附近设有石首水位站。石首河弯北门口附近区域河岸崩退现象明显，2003～2020 年

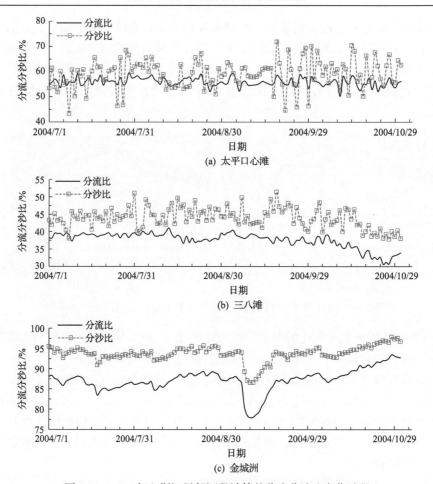

(a) 太平口心滩

(b) 三八滩

(c) 金城洲

图 5.31　2004 年上荆江局部河段计算的分流分沙比变化过程

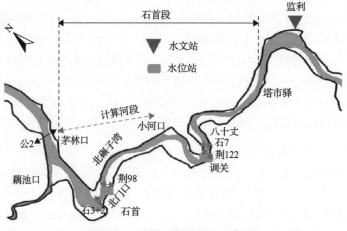

图 5.32　下荆江石首河段示意图

最大累计的崩退宽度超过450m，而北碾子湾处主流贴岸，但由于护岸工程的限制作用，该区域崩岸幅度相对较小。因此，选取石首河弯公2至小河口段（38.98km）为研究对象，开展该河段2004年汛期的崩岸过程模拟，对模型进行率定。

（2）计算条件。初始地形采用2004年7月实测水下地形数据，而床沙级配数据采用2003年汛后10月的实测数据。图5.33给出了计算河段部分固定断面的平均床沙级配，可知各断面的中值粒径介于0.17～0.21mm。进出口水沙边界条件同样采用一维水沙动力学模型的计算结果，且一维模型的计算范围为沙市至监利河段。基于一维模拟结果，计算与实测的监利站日均流量及含沙量的均方根误差分别为630.3m³/s和0.07kg/m³，分别为平均值的3.4%和23.5%；沿程各水位站水位的均方根误差均小于水位变化幅度的3.7%。因此，采用的一维模型能较好地反演沙市至监利河段的水沙条件，其结果能准确地描述二维耦合模型的进出口边界条件。

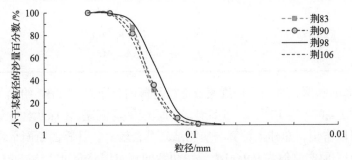

图5.33　2003年汛后10月计算河段固定断面的平均床沙级配

图5.34给出了2004年汛期7～10月计算河段进口流量与含沙量过程及出口水位过程。进口流量的变化范围介于11669～46587m³/s，含沙量介于0.12～1.26kg/m³，而出口最低和最高水位分别为28.08m和35.08m。图5.35给出了进口断面的悬沙级配，可知悬沙的中值粒径介于0.005～0.11mm。此外，夏军强和宗全利（2015）对下荆江几个典型断面河岸土体的物理力学特性进行测试，其结果如表5.5所示。二维模型计算中，沿程河岸土体特性参数则依据这些断面的实测资料进行确定。图5.36给出了计算河段的初始地形及计算网格，网格共计包括145×35个计算节点，且纵向的最小网格尺度为59.3m，而横向最小尺度为30.2m。

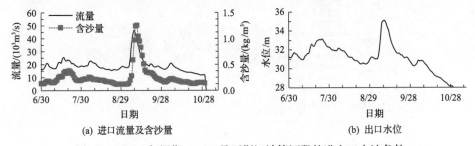

(a) 进口流量及含沙量　　　　　(b) 出口水位

图5.34　2004年汛期7～10月下荆江计算河段的进出口水沙条件

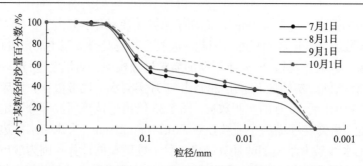

图 5.35　2004 年汛期 7～10 月下荆江计算河段的进口悬沙级配

表 5.5　下荆江典型断面的河岸土体物理力学特性参数

断面	干密度/(t/m³)	湿密度/(t/m³)	黏粒含量/%	黏性层厚度/m
公 2	1.38	1.85	27.9	—
荆 92	1.47	1.89	21.8	2.00
荆 98	1.35	1.84	21.4	4.53

(3)计算的水深、垂线平均流速及含沙量横向分布。图 5.37 给出了下荆江 6 个固定断面上 2004 年 10 月 2～5 日计算的垂线平均流速、水深及含沙量与实测值的对比。可以看出，总体上计算与实测结果符合较好。计算的断面平均水深介于 10.3～13.9m，而实测值为 9.9～14.2m，两者的相对误差介于 2.5%～23.6%。各固定断面内计算的水深横向分布也与实测数据符合较好，如荆 96 断面计算的最大水深为 28.62m，出现在距离左岸 2120m 处，而实测最大水深为 25.1m，出现在距离左岸 1998m 处。

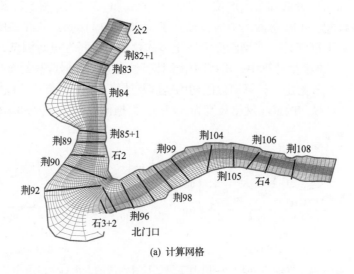

(a) 计算网格

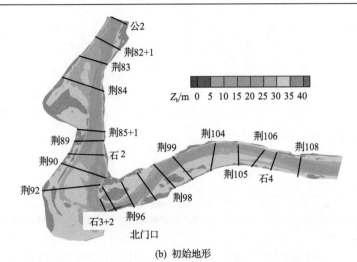

(b) 初始地形

图 5.36　2004 年下荆江石首河段计算网格及初始地形

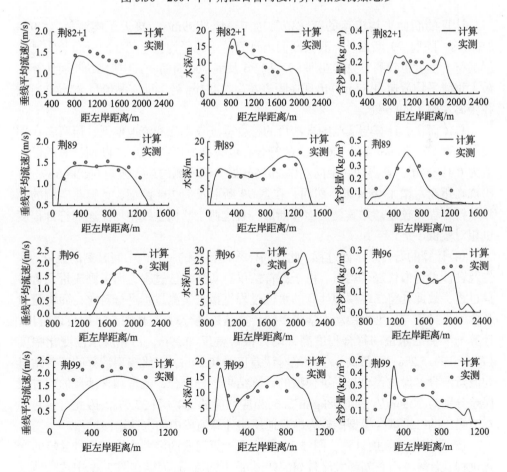

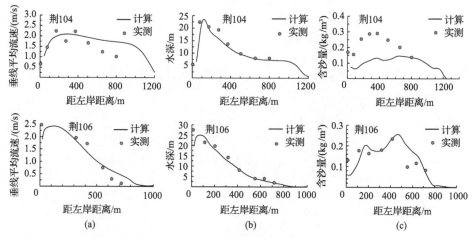

图 5.37　2004 年 10 月 2～5 日下荆江典型断面计算与实测的垂线平均流速、
水深及含沙量的对比

　　计算的断面平均流速的变化范围为 1.24～1.99m/s，接近于实测值 1.39～2.37m/s。除荆 99 断面外，其余断面内计算的垂线平均流速的横向分布与实测数据的符合程度也较高，尤其在荆 89、荆 96 及荆 106 断面。其中荆 96 断面计算的最大垂线平均流速(1.82m/s)出现在距离左岸 1871m 处，而实测值(1.82m/s)出现在距离左岸 1749m 处。

　　总体而言，计算与实测的含沙量的符合程度较水深和流速偏低，但两者在荆 82+1、荆 89、荆 96 及荆 106 断面的符合程度较高，其中在荆 96 断面计算的最大值为 0.19kg/m³，且出现在距离左岸 2026m 处，而实测的最大值为 0.22kg/m³，且出现在距离左岸 1998m 处。然而，在荆 99 断面及荆 104 断面，计算与实测的含沙量符合程度较差，尤其是在 104 断面，且这两个断面垂线平均流速的符合程度也相对较低。

　　(4)计算的石首站水沙过程。此处同样采用计算的一日内中间时刻的流量、水位及含沙量近似代表日均值。由于石首站仅有实测水位过程，而未测流量及含沙量过程，故此处将二维模型计算的水位过程直接与实测过程进行对比，而将流量及含沙量过程与一维水沙动力学模型的计算结果进行对比。从图 5.38 中可以看出，计算与实测的水位的符合程度高，均方根误差仅 0.39m，占相应水位变化幅度(7.45m)的 5.2%，而最高水位的绝对误差仅为 0.29m。二维模型计算的石首站日均流量及含沙量过程也与一维模型的计算结果十分符合，流量和含沙量的均方根误差分别为 1256m³/s 和 0.08kg/m³，为相应均值的 6.4%和 37.0%。因此可认为，本节提出的二维耦合模型能较为准确地反演计算河段内的水沙输移过程。

　　(5)河岸崩退宽度计算。图 5.39 给出了计算河段内沿程岸线(岸顶连线)的变化过程及计算的石首站最大流量(46699m³/s)下的流场。为能在图 5.39 中清晰地反

映出岸线的变化，计算的河岸崩退宽度均被放大了 20 倍。依据计算结果，2004
年汛期 7～10 月计算河段内崩岸现象主要发生在荆 92～石 3+2 断面中部区域（左
岸）及北门口附近荆 96～荆 99 断面（右岸），且后者的崩岸现象更为剧烈。这两个
区域内最大崩退宽度分别为 46m 和 52m，且崩塌岸线长度分别达 0.6km 和 4.0km。
由 2003 年及 2004 年汛后固定断面的实测地形可知，2004 年研究河段的崩岸主要
发生在荆 96～荆 98 断面，最大崩退宽度约为 52m。因此，计算结果较好地描述
了研究河段内的主要崩岸区域。图 5.40 给出了 2004 年 9 月石首段北门口崩岸照
片，可以看出该处崩岸现象较为严重（水利部长江水利委员会水文局，2014）。

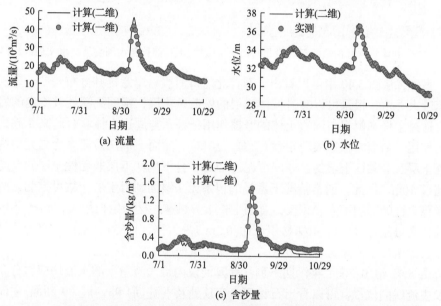

图 5.38　2004 年汛期下荆江石首站计算与实测的日均水沙过程

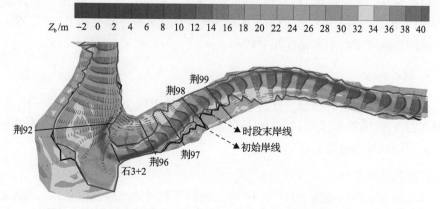

图 5.39　2004 年汛期内石首段计算的岸线变化及最大流量下的流场

图 5.40　2004 年 9 月拍摄的石首段北门口崩岸照片(水利部长江水利委员会水文局，2014)

另外，从图 5.40 中可以看出，石首北门口河段沿岸意杨林分布较广。意杨属于落叶大乔木，根系可以穿过坡体浅层的松散风化层，锚固到深处较稳定的岩土层，通过主根和侧根与周边土体的摩擦作用把根系与周边土体联合起来，起到锚杆的作用，从而增强边坡稳定性(王磊，2011)。然而，荆江段河岸为二元结构，黏性土层及非黏性土层的总厚度可超过 20m，且下荆江下层非黏性土层的厚度可以超过 10m。因此，通常情况下意杨的根系无法锚固到岩土层，故可推测其对于河岸稳定性的影响不大。相反，意杨生长十分迅速，材积生长量大，4~5 年生意杨的树高可超过 15m，单株材积可达 0.3m³(冯大德，1983)。意杨的自身重量相对较大，增加了河岸边坡的负载，很可能降低河岸土体的稳定性。

图 5.41 给出 2004 年汛期下荆江计算河段内最大流量下的水流切应力分布，以及主流线的位置。可以看出石首河弯弯顶处及下游(荆 95~荆 99 断面)主流贴近右侧河岸，水流切应力高，但是弯顶处的护岸工程限制了崩岸的进一步发展，而下游区域(荆 96~荆 99)崩岸现象则持续发生。此外，北碾子湾近左岸区域(荆 104~石 4 断面)同样为高水流切应力区，但该处崩岸很可能受到了护岸工程的影响，观测到该河段内崩岸幅度相对较小。

2. 模型验证

此处采用率定后的模型，分别计算了上荆江沙市段 2008 年汛期(7~10 月)及下荆江石首段 2007 年汛期(7~10 月)的崩岸过程，并将计算结果与实测数据进行对比，从而对模型进行验证。

1)上荆江沙市段

计算的初始地形依据 2007 年 10 月实测的固定断面地形插值求得，而床沙级配采用 2006 年 10 月实测数据。进出口边界条件同样依据一维水沙模型计算求得。

图 5.42 给出了计算河段进口流量与含沙量过程及出口水位过程。进口最大和最小流量分别为 35039m³/s 和 5992m³/s，最大和最小含沙量分别为 0.8kg/m³ 和 0.03kg/m³，出口水位的变化范围介于 29.10～37.62m。

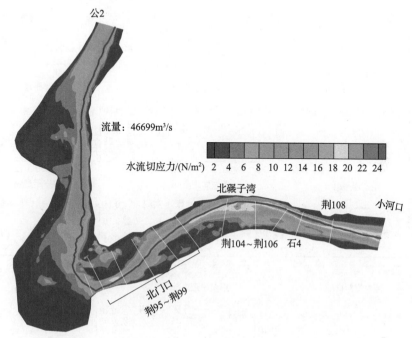

图 5.41　2004 年汛期内石首段最大流量下计算的水流切应力及主流线

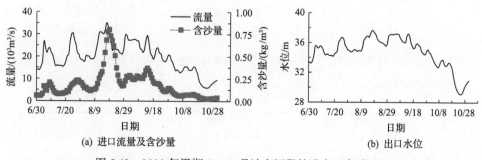

(a) 进口流量及含沙量　　　　　　(b) 出口水位

图 5.42　2008 年汛期 7～10 月沙市河段的进出口水沙过程

（1）计算与实测的水深、垂线平均流速及含沙量横向分布。图 5.43 给出了计算与实测的 6 个固定断面 2008 年 10 月 3～6 日的垂线平均流速、水深及含沙量横向分布的对比，计算结果与实测数据整体符合较好。计算的断面平均流速介于 0.98～1.19m/s，而实测值介于 0.96～1.20m/s；计算的断面平均水深变化范围为 8.10～11.85m，与实测范围（7.90～14.35m）相近。计算的断面平均水深及垂线平均流速的横向分布也与实测分布符合较好，如荆 51 断面最大水深的计算值为 23.3m，出现在距离左岸 258m 处，而实测的最大水深为 18.7m，出现在距离左岸 251m 处；该断面计算的最大垂线平均流速为 1.59m/s，出现在距离左岸 293m 处，而实测的最大流速 1.54m/s 出现在距离左岸 353m 处。

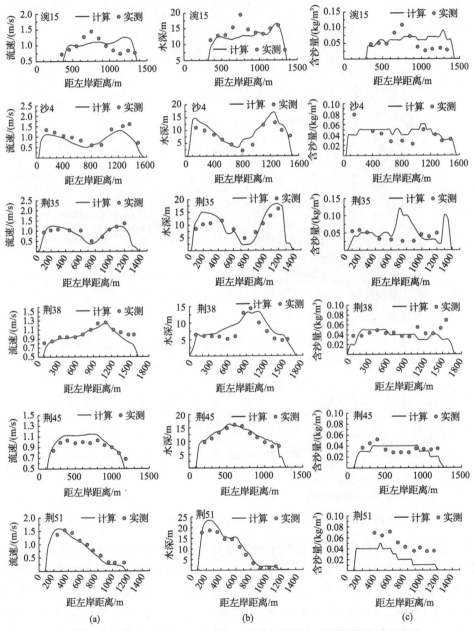

图 5.43 2008 年 10 月 3～6 日上荆江典型断面计算与实测的垂线平均流速、
水深及含沙量的对比

　　计算与实测的含沙量横向分布总体上较为符合,但在个别断面符合程度较低。断面平均含沙量的相对误差在沙 4 和荆 51 断面分别为 23.7%和 33.3%,而在其余断面则小于 10%。在涴 15、沙 4、荆 38 及荆 45 断面,计算的垂线平均含沙量的横向分布与实测数据符合程度较高。在荆 35 和荆 51 断面,两者的符合程度较低。尤其是在荆 35 断面,计算的含沙量在河道中部水深减小的地方出现较大幅度的增加,而实测的含沙量在相应区域呈减小的趋势。

　　(2)计算与实测的沙市站水沙过程。图 5.44 给出了计算时段内沙市站计算与实测的流量、水位及含沙量的对比,可以看出计算值和实测数据符合较好。流量及含沙量的均方根误差分别为 1877m³/s 和 0.05kg/m³,仅占相应平均值(19369m³/s 和 0.17kg/m³)的 9.7%和 29.4%,而水位的均方根误差为 0.27m,仅占其变化幅度(9.5m)的 2.8%。最高和最低流量的计算值分别为 34343m³/s 和 7081m³/s,实测值分别为 33800m³/s 和 6240m³/s,相对误差为 1.6%和 13.5%。最高含沙量的计算值为 0.54kg/m³,接近于实测值 0.71kg/m,相对误差为-23.9%。最高水位的绝对误差为 0.15m,仅为其变化幅度的 1.6%。

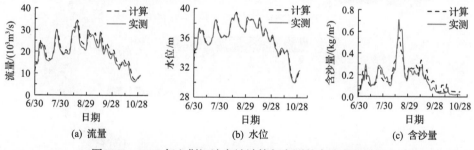

图 5.44　2008 年上荆江沙市站计算与实测的水沙过程对比

　　(3)计算与实测的河岸崩退宽度。图 5.45 给出了计算的 2008 年汛期 7～10 月内,沙市段内主要崩岸区域的岸线变化过程,以及沙市站最大流量(34343m³/s)下的流场,且河岸崩退宽度同样被放大了 10 倍。从图 5.45 可以看出,计算时段内崩岸主要发生于腊林洲附近(沙 4～荆 36 断面)的局部区域,而基于 2007 年及 2008 年汛后实测固定断面的统计结果,2008 年沙市段的崩岸现象主要发生在腊林洲荆 34～荆 35 断面,故可知计算的崩岸区域较实际区域略微偏大。但荆 34～荆 35 断面计算的崩退宽度 W_c 与实测数据 W_m 符合较好,前者的变化范围为 21.4～26.9m,而后者为 23.7～41.6m。图 5.46 给出了计算的 2008 年汛期沙市段内最大流量下的流场和主流线,同样可以看出主要崩岸区域内主流贴岸下行,同时该处水流切应力较大。

　　(4)江心洲平面形态的变化。模型计算结果表明 2008 年汛期三八滩略有冲刷,而太平口心滩和金城洲的变化不明显(图 5.47),而基于遥感观测图像(图 5.48),2008

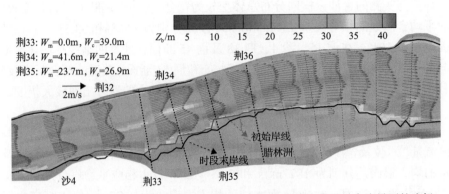

图 5.45　计算的 2008 年汛期内腊林洲附近局部河段岸线变化及最大流量下的流场

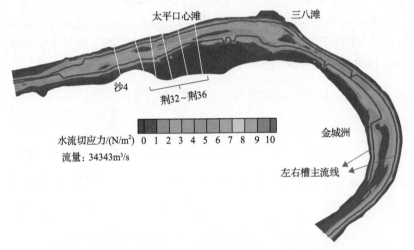

图 5.46　2008 年汛期沙市段最大流量下计算的流场及主流线

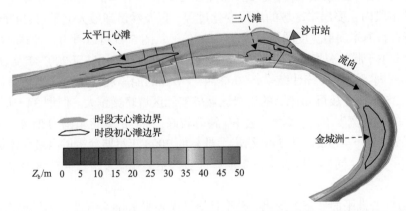

图 5.47　2008 年汛期上荆江沙市河段计算的江心洲平面形态变化过程(彩图扫二维码)

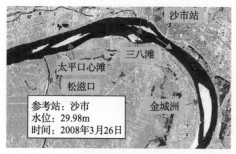

(a) 2008年3月26日　　　　　　　　　　(b) 2009年2月9日

图 5.48　2008 年 3 月 26 日及 2009 年 2 月 9 日拍摄的计算河段的遥感图像

年 3 月 26 日至 2009 年 2 月 9 日三八滩略有冲刷，金城洲和太平口心滩尾部冲刷严重，而太平口心滩前端则淤积明显。由此可知，模型计算结果与研究区域内江心洲的变化过程有一定的偏差，因而后续的研究有必要对相应的计算模块进行改进。

(5) 分汊段分流分沙比的对比。图 5.49 给出了 2008 年汛期内计算分汊段分流分沙比的变化过程。该年份内 7~10 月太平口心滩附近左槽分流比 R_{QL} 的计算值为 53.3%，分沙比 R_{QSL} 的计算值为 54.3%；三八滩附近 R_{QL} 的计算值为 38.6%左右，而 R_{QSL} 的计算值为 37.2%；金城洲附近 R_{QL} 的计算值约为 87.2%，而 R_{QSL} 为 93.7%。由于缺乏 2008 年汛期的实测数据，故暂时未将计算结果与实测数据进行对比。此外，由 2004 年和 2008 年的计算结果可知：金城洲右汊在 10 月总流量小于 10000m³/s 时基本不过水，分流比接近 0.0%(图 5.31 和图 5.49)。

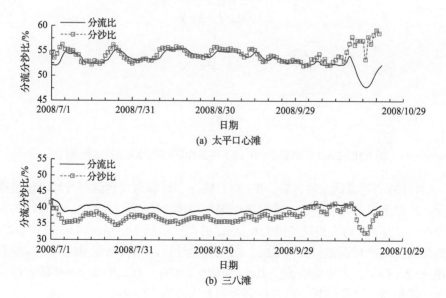

(a) 太平口心滩

(b) 三八滩

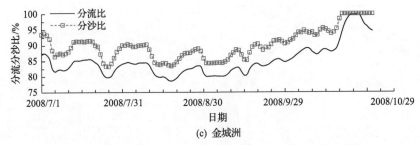

(c) 金城洲

图 5.49　2008 年上荆江局部河段计算的分流分沙比变化过程

2) 下荆江石首段

(1) 计算条件。同样以下荆江石首段公 2～小河口局部河段为研究对象，计算
2007 年汛期 (7～10 月) 的崩岸过程，对模型进行验证。初始地形采用 2006 年汛后
实测水下地形数据，而床沙级配采用 2006 年汛后实测数据。相应的进出口水沙边界
条件同样依据一维水沙模型的计算结果进行给定。一维模型计算结果表明 (图 5.50)：
2007 年汛期研究河段进口流量介于 10385～36560m³/s，含沙量介于 0.05～
1.70kg/m³，出口水位变化幅度介于 27.48～35.68m。

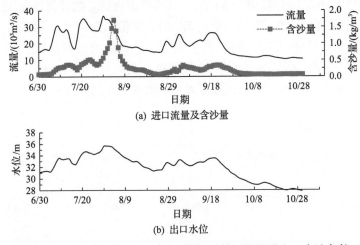

(a) 进口流量及含沙量

(b) 出口水位

图 5.50　2007 年汛期 7～10 月下荆江计算河段的进出口水沙条件

(2) 计算的石首站水沙过程。图 5.51 给出了计算与实测的石首站水位过程的
对比，以及流量与含沙量的二维计算结果与一维计算结果的对比。计算与实测的
水位符合程度高，均方根误差仅为 0.18m，占相应水位变化幅度 (7.93m) 的 2.27%，
而最高水位的绝对误差仅为 0.22m。二维模型计算的石首站流量也与一维模型计
算结果较为符合，均方根误差仅为平均值的 7.00%，而二维模型计算的含沙量略
小于一维模型的计算结果，均方根误差约为均值的 32.34%。

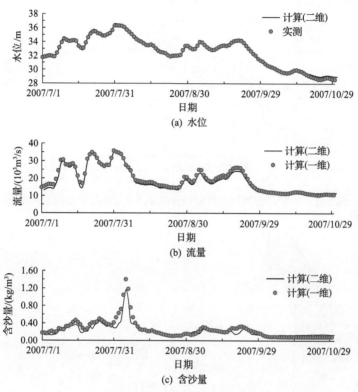

图 5.51　2007 年汛期下荆江石首站二维及一维模型计算的水沙过程

(3)河岸崩退宽度计算。图 5.52 给出了计算河段内沿程岸线的变化过程,以及石首站最大流量(34825m³/s)下的流场。同样地,图 5.52 中的河岸崩退宽度被放大了 20 倍。依据计算结果:2007 年汛期 7～10 月计算河段内崩岸现象主要发生北门口附近荆 97～荆 104 断面右岸,且最大崩退宽度为 27m,崩塌岸线长度约 7.56km;向家洲(石 3+2 断面左岸附近)也发生了一定的崩退,最大崩退宽度约 8m,崩塌岸线长度约 1.95km。由 2006 年及 2007 年汛后固定断面的实测地形可知,2007 年研究河段崩岸主要发生在石 2 断面左岸、石 3+2 断面左岸、荆 98 和荆 99 断面右岸,崩退宽度分别约为 53m、113m、75m 和 19m。由此可见,计算结果给出了两个主要崩岸区域,但是低估了这些区域的崩岸程度,其原因很可能在于:这些区域内河床形态及水流流态都十分复杂,因此很难准确模拟该处的水流运动及河床冲淤变化,从而导致计算结果偏差较大。图 5.53 给出了 2007 年汛期最大流量下计算的水流切应力分布及主流线位置,由于最大流量较 2004 年汛期偏小,相应的水流切应力也偏小,且主流线在石首河弯上段的弯曲程度相对较大。

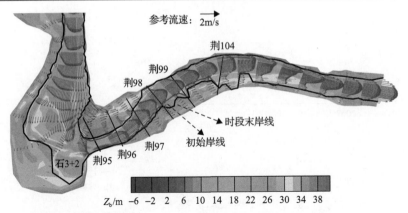

图 5.52　2007 年汛期内石首段计算的岸线变化及最大流量下的流场

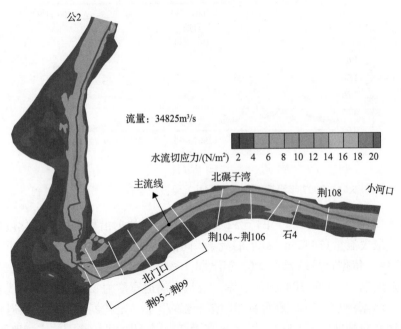

图 5.53　2007 年汛期内石首段最大流量下计算的水流切应力及主流线位置

5.3　三维床面冲淤与崩岸过程的耦合模拟

本节将三维水沙动力学模块与崩岸模块结合，实现了三维水沙输移、床面冲淤及崩岸过程的耦合模拟。构建的模型是基于非正交网格的，并采用局部网格可动技术处理由河岸崩塌引起的河床变形过程。模型采用有限体积法对方程进行离散，采用与动量插值技术相结合的 SIMPLEC（Semi-Implicit method for pressure linked equations-consistent)算法进行模型求解。

5.3.1　三维水沙动力学模块

1. 水流运动控制方程

三维水流控制方程包括连续性方程和运动方程，方程形式如下：

$$\frac{\partial u_i}{\partial x_i} = 0 \tag{5.15}$$

$$\frac{\partial u_i}{\partial t} + \frac{\partial (u_i u_j)}{\partial x_j} = -\frac{1}{\rho}\frac{\partial p}{\partial x_i} + \frac{1}{\rho}\frac{\partial \tau_{ij}}{\partial x_j} + F_i \tag{5.16}$$

式中，u_i (i=1,2,3)为 x、y、z 方向的速度(m/s)；F_i 为各方向单位体积的重力(kN/m³)；ρ 为流体密度(kg/m³)；p 为压力(kN/m³)；τ_{ij} 为湍流切应力项(kN/m³)。

2. 泥沙输移控制方程

三维悬移质不平衡输沙的控制方程可表示为

$$\frac{\partial s_k}{\partial t} + \frac{\partial [(u_i - \omega_{sk}\delta_{i3})s_k]}{\partial x_i} = \frac{\partial}{\partial x_i}\left(\frac{\nu_t}{\sigma_c}\frac{\partial s_k}{\partial x_i}\right) \tag{5.17}$$

式中，s_k 为第 k 组沙的含沙量(kg/m³)；δ_{i3} 为克罗内克函数；ν_t 为涡黏系数(kN/m²)；σ_c 为施密特(Schmidt)数，即泥沙的湍流扩散系数与涡黏系数的比值；ω_{sk} 为第 k 组沙的沉降速度(m/s)，采用式(5.18)计算：

$$\omega_{sk} = \sqrt{\left(13.95\frac{\nu}{d_k}\right)^2 + 1.09\frac{\rho_s - \rho}{\rho}gd_k} - 13.95\frac{\nu}{d_k} \tag{5.18}$$

式中，d_k 为第 k 组沙的泥沙粒径(m)；ν 为水的运动黏滞系数(N·s/m²)；g 为重力加速度(m/s²)；ρ_s 为泥沙密度(kg/m³)。推移质不平衡输沙的控制方程可表示为

$$\frac{1}{L_S}\left(q_{bk} - q_{bk^*}\right) + D_b - E_b + \frac{\partial(\alpha_{bx}q_{bk})}{\partial x} + \frac{\partial(\alpha_{by}q_{bk})}{\partial y} = 0 \tag{5.19}$$

式中，L_S 为推移质不平衡输沙距离(m)；q_{bk} 及 q_{bk^*} 分别为第 k 组沙的实际推移质输沙率和平衡推移质输沙率(kg/s)；D_b 和 E_b 分别为悬移质与推移质运动交界面上的泥沙下沉通量及上浮通量(kg/(s·m))；α_{bx} 及 α_{by} 为方向余弦。

河床变形方程为

$$\rho_s' \frac{\partial Z_b}{\partial t} + \frac{\partial q_{Tx}}{\partial x} + \frac{\partial q_{Ty}}{\partial y} = 0 \tag{5.20}$$

式中，Z_b 为河床高程(m)；ρ_s' 为河床干密度(kg/m^3)；q_{Tx} 和 q_{Ty} 分别为 x、y 方向的输沙率($kg/(s \cdot m)$，包括悬移质和推移质)，采用式(5.21)和式(5.22)计算：

$$q_{Tx} = \sum_{k=1}^{N_S} \int_{h_a}^{h} \left(u_1 s_k - \frac{v_t}{\sigma_c} \frac{\partial s_k}{\partial x} \right) dz + \sum_{k=N_S+1}^{N} \alpha_{bx} q_{bk} \tag{5.21}$$

$$q_{Ty} = \sum_{k=1}^{N_S} \int_{h_a}^{h} \left(u_2 s_k - \frac{v_t}{\sigma_c} \frac{\partial s_k}{\partial y} \right) dz + \sum_{k=N_S+1}^{N} \alpha_{by} q_{bk} \tag{5.22}$$

式中，N_S 和 N 为悬沙和总沙的组数；h 为总水深(m)；h_a 为近底处的水深(m)。

3. 模型求解

河道摆动三维数值模型采用非耦合求解模式。三维水流运动模型采用 SIMPLEC 算法(陶文铨，2001)，利用 Stone(1968)提出的 SIP(strongly implicit procedure)方法来求解同位网格条件下的离散方程，以各变量的误差均小于给定的值作为判断迭代收敛的依据。具体求解步骤如下。

(1)生成全计算域网格；读入河道地形和岸坡信息及计算时期的水沙资料，包括河道悬移质及推移质级配、各组悬移质泥沙含沙量和河床泥沙级配等。

(2)根据各网格点的坐标信息(x、y、z)计算坐标变换系数。

(3)给定计算区域的初始水位、流速场及含沙量等。

(4)计算各网格节点上的流速及水位值等。

(5)与初值比较，对各网格点流速及水位值等进行修正。

(6)进行计算收敛判断：若满足收敛条件，则程序转至下一步(第(7)步)，否则程序转至第(4)步。

(7)依据水流信息，计算各组悬移质泥沙含沙量以及推移质输沙率。

(8)根据泥沙输移计算结果，由河床变形方程计算床面冲淤变形，并对河床高程进行更新。

(9)进行河岸横向冲刷的计算。

(10)读取岸坡信息，并依据不同河岸崩塌力学模式，对河岸进行稳定性分析，判断岸坡是否失稳。

(11)根据岸坡稳定的判别结果，选择不同的计算步骤：①若岸坡稳定，且计算未完成，模型返回第(4)步，进入下一时间段的水沙计算；②若岸坡发生崩塌，则进入下一步(第(12)步)计算。

(12)计算河岸崩塌参数(宽度及体积等),使用局部网格可动技术移动崩塌处的计算网格,以准确跟踪边坡的位置,并修改岸坡附近河床高程及泥沙级配,同时计算泥沙侧向输入项(源项)。

(13)求解移动后的网格坐标变换系数,若计算时间未完成,模型返回第(4)步,进行下一时段的水沙计算,直至计算时间完成。

5.3.2　关键问题处理

1. 悬移质挟沙力计算

对于长江中下游河道内的悬沙输移过程,一般可采用张瑞瑾挟沙力公式进行计算。然而强烈紊动是中下游大型窝崩快速发展的重要条件(王延贵和匡尚富,2006),对于回流区的悬沙输移过程,可采用能量挟沙理论来推导(黑鹏飞,2009),且其研究结果表明,在紊动相对较强的区域,水流输沙能力亦相对较强,并存在如下关系(黑鹏飞,2009):

$$S_{*,c} = \eta S_* \tag{5.23}$$

式中,$S_{*,c}$ 为回流区水流挟沙力(kg/m³);η 为考虑水流紊动影响的系数,为回流区紊动强度与无回流区紊动强度之比;S_* 为张瑞瑾公式计算的挟沙力(kg/m³)。

2. 三维网格调整

河岸边界的准确跟踪是河道横向变形模拟的关键。非均质崩岸模拟过程中,如何实现河岸形态的拟合与跟踪是一大难点。在应用模型对崩岸过程进行模拟时,河岸在垂向各点的后退宽度不一致,且往往与该处计算网格宽度也不一致,这就使网格对崩岸的准确跟踪变得困难。因此一般的固定网格系统无法准确地处理这种动态的变化过程。针对目前存在的不足,在以往研究的基础上(Jia et al.,2010;假冬冬,2010),基于非正交网格提出动态网格跟踪技术对河岸形态变化过程进行跟踪,其基本思想为在整个大计算域内生成网格,在模拟过程中,仅对崩岸区域附近的垂向网格进行移动,使其能够准确地跟踪河岸垂向各点的位置,同时其余网格位置不变。这样做既能较为准确地拟合崩岸后的岸坡形态,以实时反映崩岸对水沙输移计算的影响,又无须重新生成整个计算域内的网格,弥补了传统固定网格以及动网格在这方面的一些不足。

图 5.54 给出了垂向网格跟踪示意图。崩塌前的河岸形态如图 5.54 中 ABE 折线所示,且 BE 由初始网格(i+1)描述。模拟过程中,由三维水沙动力学模块计算水流对河岸的冲刷过程,且受土体组成沿垂向分布差异的影响,通常情况下下层河岸冲刷多而上层河岸冲刷少,岸坡形态呈悬臂式,如图 5.54 中 AB'C'D'E'折线所

示。崩塌后的河岸形态则通过动态网格跟踪技术对其进行追踪。通过移动初始网格 $(i+1)$ 中相应垂向网格 $(k_1 \sim k_2)$ 的水平位置，使其与 $B'C'$ 位置保持重合；通过移动初始网格 (i) 中相应垂向网格 $(1 \sim k_1)$ 的水平位置，使其与 $D'E'$ 位置保持一致。当相邻网格尺度差异大时，易出现计算发散，为此在网格跟踪过程中，记录河岸垂向各点位置与水平相邻网格节点的距离（图 5.54 中 dy_1、dy_2）。河岸经水流冲刷后，依据 dy_1 与 dy_2 的相互关系来识别并确定跟踪网格，以避免产生相邻网格尺度差异巨大的奇异网格；当 $dy_1 < dy_2$ 时，岸坡位置由网格 (i) 跟踪，网格 $(i+1)$ 保持在原初始网格位置不变；当 $dy_1 \geqslant dy_2$ 时，岸坡位置由网格 $(i+1)$ 跟踪，网格 (i) 同样保持在原初始网格位置不变。

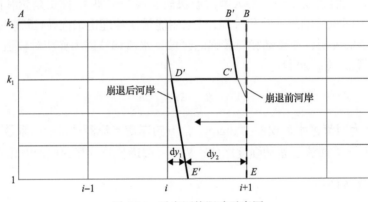

图 5.54　垂向网格跟踪示意图

3. 坡脚堆积体分布及泥沙源项处理

对于具有明显分层特征的二元结构河岸，上、下层抗冲性差异较大。当坍塌的上层黏性土体堆积在坡脚处时，其对覆盖的近岸河床起着掩护作用。假定二元结构河岸上部黏性土层坍塌后，按一定比例 p_b 均匀分布在近岸处形成掩护层，另一部分 $(1-p_b)$ 则以源项形式转化为悬沙。系数 p_b 由水流条件确定（Jia et al., 2010；假冬冬，2010），一般可取 $0.3 \sim 0.9$，而本节取为 0.5。当流量大，水体紊动强时，该值较小，亦即坍塌体转化为悬沙的比例较大，反之 p_b 则较大。由于坍塌的黏性土层并未及时与原床沙进行交换，此时表层的床沙级配可由上层黏性土层级配来确定，同时记录原床沙级配及掩护层厚度 H_f。其中掩护层厚度 H_f 由上部黏性土层的厚度 H_u、坍塌宽度 ΔW_c 以及坡脚堆积区域宽度 W_{bd} 来确定，即

$$H_f = \frac{H_u \times \Delta W_c}{W_{bd}} p_b \tag{5.24}$$

5.3.3　三维耦合模型的率定与验证

1. 连续弯道的水流运动

采用连续弯道水槽试验对三维模型进行了验证。试验水槽平面布置如图 5.55 所示，采用厚度为 0.6cm 的透明有机玻璃制成，总长为 15m，断面为矩形。两个 90°弯道反向连接形成一个 180°弯段，整个水槽由 6 个等尺度 180°弯段构成，弯段间无直线过渡段。试验中为保证水槽进、出口的水流平顺，分别于入口段前和出口段尾增加两直线段，入口直线段长为 2.0m，其中前 1.0m 部分用于放置消波设施，下游出口直线段长为 1.0m，而弯道底坡为 0.3‰（王博，2008）。

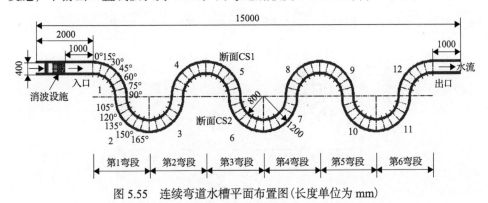

图 5.55　连续弯道水槽平面布置图（长度单位为 mm）

图 5.56 给出了当流量为 0.00417m³/s，而平均水深为 10.20cm 时，连续弯道内垂线平均流速的模拟值与实测值的沿程分布情况对比。由图可知，模拟值与实测值还是较为吻合的。第 1 弯段处由于水流还未得到充分发展，因此其流速沿横向的分布与之后的弯段还存在一定差异。从第 2 弯段往后的水流发展较为充分，其流速分布趋于一致。在第 5 弯段的 CS1 和 CS2 断面（位置见图 5.55）的流速的垂线分布的验证结果见图 5.57，可知，除个别数据点差别略大外，模拟值与实测值均符合较好。在断面中心区域最大流速位于水面附近，而靠近岸壁处的最大流速则位于水面以下，甚至靠近水底，由此可知模型能够较好地模拟出流速沿水深的分布情况。

2. 河岸崩退过程

本节采用构建的三维数学模型，对上述连续弯道的河岸崩退过程进行模拟。弯顶处 8 断面（图 5.55）的初始断面形态如图 5.58(a) 所示，可冲刷的岸坡设置在左侧凹岸，岸坡上部为黏土（厚 0.3m，粒径为 0.02mm），而下部为非黏性沙（粒径为 0.20mm）。模拟过程为强清水冲刷，且流量为 2.6m³/s，平均流速约为 1.2m/s。假定水槽底部不可冲，而河岸可冲的部位为弯道水流发展充分的 7~9 断面之间，其

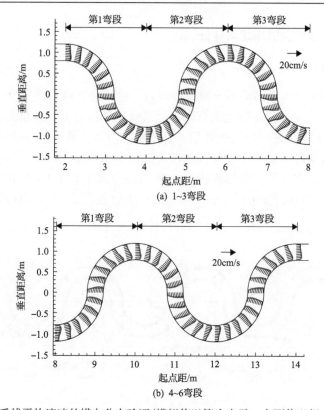

图 5.56　垂线平均流速的横向分布验证(模拟值以箭头表示，实测值以粗实线表示)

余河岸均假定不可冲。

图 5.58 给出了弯顶处 8 断面的河岸崩退过程及其水流条件变化特征。由图可见，坡脚发生冲刷，底部主流向左侧凹岸偏移(图 5.58(b))；随着下部非黏性土层的冲刷发展，底部主流进一步偏向凹岸，同时在已有逆时针弯道环流的基础上，于坡脚处出现一顺时针方向(反向)次生流，如图 5.58(c)所示；上部黏性土层坍塌后，崩塌土体堆积于坡脚处，上部主流明显左偏，下部次生流消失，如图 5.58(d)所示；随着坡脚堆积体的冲刷搬运，下部主流进一步向凹岸偏移，如图 5.58(e)所示。如此循环，主流不断向左侧凹岸偏移，致使岸坡持续崩退，而河道也发生摆动。

3. 长江下游扬中指南村窝崩过程模拟

1)水沙输移过程计算

模型计算范围上起五峰山，下至界河口，主河道长约 70km，包括太平洲等洲滩(图 5.59)。河床地形采用 2017 年 8 月的实测数据，并采用贴体曲线非正交网格。模型的平面计算网格共有 1060×240 个，并在窝崩区域适当进行网格加密，

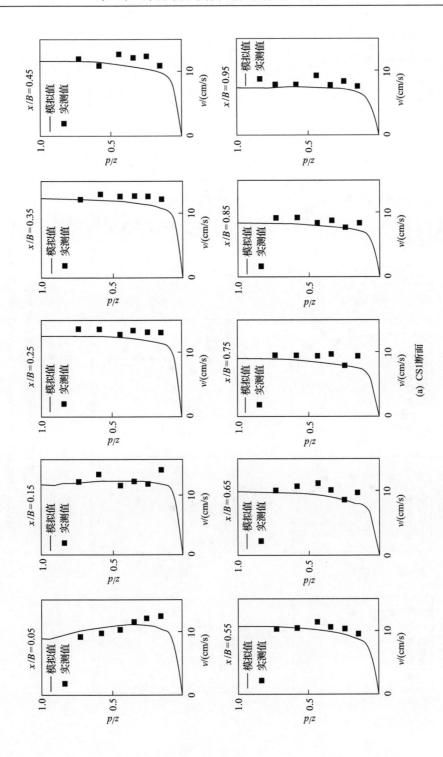

(a) CS1断面

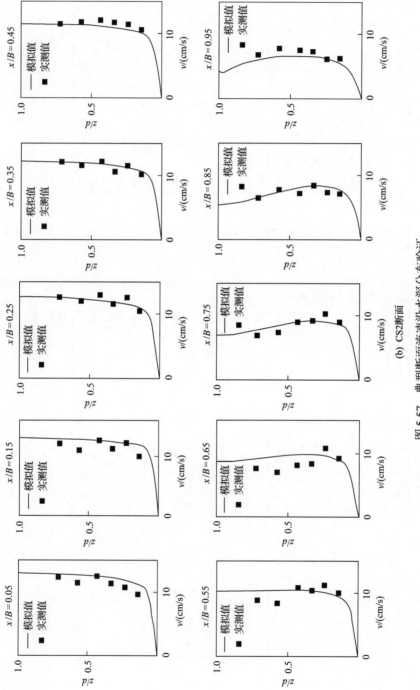

(b) CS2断面

图 5.57　典型断面流速沿水深分布验证

z为测点距水槽底部的距离，d为水深，x为测点距凸岸的距离，B为弯道宽度

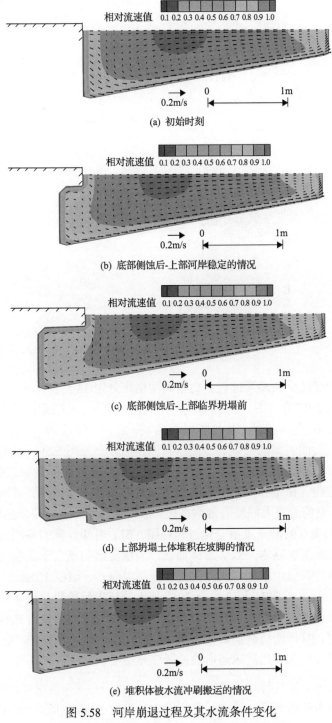

(a) 初始时刻

(b) 底部侧蚀后-上部河岸稳定的情况

(c) 底部侧蚀后-上部临界坍塌前

(d) 上部坍塌土体堆积在坡脚的情况

(e) 堆积体被水流冲刷搬运的情况

图 5.58　河岸崩退过程及其水流条件变化

相对流速值为无量纲化后的流速，即流速与最大流速之比

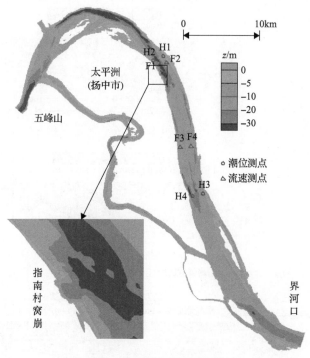

图 5.59　计算河段河势图

使网格能够较好地反映窝崩过程,而垂向网格则分为 13 层。

　　首先采用 2017 年 8 月 7～10 日实测水文测验资料,开展潮位站的潮位(水位)验证以及测点的垂向流速(表、底层流速)验证。该时段内,上游来流流量为 43100m³/s 左右,而实测潮位(水位)测点和测流点分布见图 5.59。不同测点潮位(水位)过程验证结果见图 5.60,可知计算的潮位过程均与实测的潮位过程吻合较好,包括涨落潮过程、相位和潮波变形均与实测数据基本一致,各测站对应的潮位值偏差也较小。潮位的最大偏差通常均在±5cm 以内,且河段的综合糙率在 0.020～0.025。不同测流点的潮流流速变化过程见图 5.61,可知计算的各测流点流速变化过程与天然实测情况基本一致。总体而言,表层流速明显大于底层流速,且多数垂线上的流速计算值也基本与实测值符合,相对偏差一般在 10% 以内。

　　图 5.62 则给出了 2016 年 2 月至 2017 年 8 月扬中河段数学模型计算结果与实测冲淤分布对比情况,可以看出两者基本吻合。该时段内河道有冲有淤,总体表现为略为冲刷,且指南村窝崩处的河道中主槽区域出现较明显的冲刷现象,由此可知计算结果可反映天然河床地形的冲淤变化特征。

　　2) 窝塘内水流结构特征计算

　　扬中河段为感潮河段,指南村窝崩发生时正处于落潮过程,水位逐渐降落。

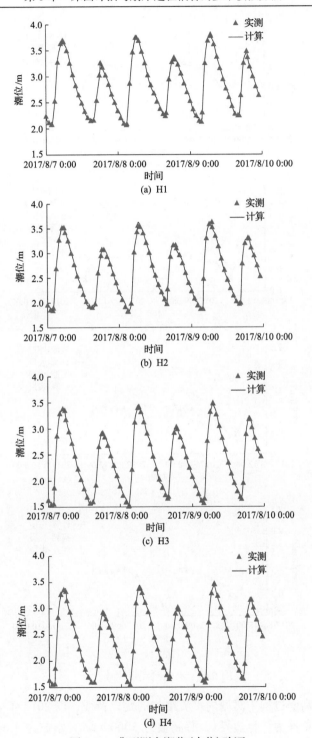

(a) H1

(b) H2

(c) H3

(d) H4

图 5.60　典型测点潮位(水位)验证

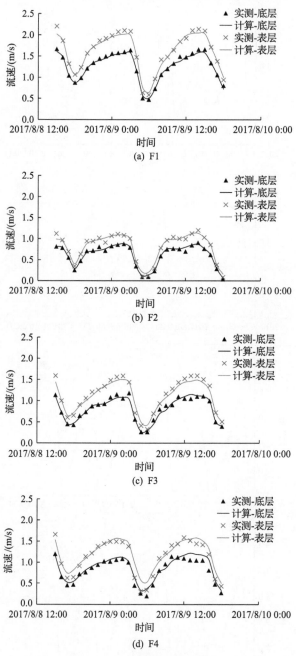

图 5.61　典型测流点流速验证

为分析指南村窝崩过程中窝塘内水流结构的变化特征，以 2017 年 11 月 8 日窝崩发生时刻水文条件为计算边界（上游流量为 30000m³/s，水位为 1.6m），对窝崩发展不同阶段的水流结构进行了模拟。不同阶段内计算时除窝塘边界不同外，其他

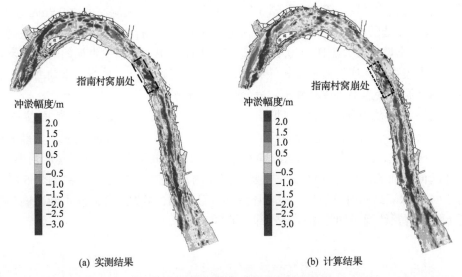

(a) 实测结果　　　　　　　　　　　(b) 计算结果

图 5.62　计算河段内冲淤分布验证结果

区域地形相同。其中第一阶段为窝崩发生初始形态，第二阶段为窝塘已发展至一半的形态，第三阶段是窝塘最终发展的形态。三个阶段窝塘内三维水流结构特征的计算结果见图 5.63，图中绿色箭头代表底层(距床面 1/4 水深)流速，黑色箭头代表中间层流速，红色箭头代表表层流速。

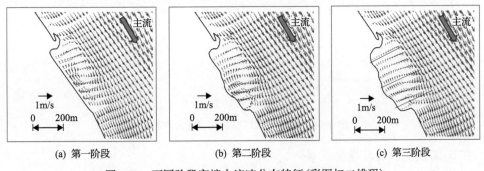

(a) 第一阶段　　　　　　　　(b) 第二阶段　　　　　　　　(c) 第三阶段

图 5.63　不同阶段窝塘内流速分布特征(彩图扫二维码)

　　由图 5.63 可见，三个阶段的窝塘内水流结构特征相似，均存在非常明显的回流结构。从表、中、底层流速分布来看，窝崩初始阶段，窝塘底层流速较表、中层流速大，尤其是窝塘中下部这一特征更为明显(图 5.63(a))。对于第二阶段、第三阶段而言，主要是窝塘下部区域底层流速较表、中层流速大，其夹角亦较大，其他区域总体而言相差不大。这一水流结构特征，为窝塘底部及河岸坡脚淘刷提供了动力条件。

　　窝塘内流速最大区域基本位于窝塘内部靠里侧，三个阶段窝塘内的最大流速具有明显的变化过程。第一阶段(窝崩发生初始时刻),最大流速可达 0.9m/s 左右;第二阶段(窝塘已发展至一半),最大流速为 0.6m/s 左右;第三阶段(窝塘最终发展形态),窝塘内最大流速为 0.4m/s 左右。由此说明,窝崩发生初始时刻,窝塘内水动力较强,窝崩发展速率较快,当窝崩发展至后期时,窝塘内水动力减弱,相应的窝崩发展速率将逐渐减小,直至达到初步平衡。

此外,还截取第三阶段窝塘区域内上、中、下三个横断面(断面位置见图 5.63(c)),分析断面流速分布特征,如图 5.64 所示。由图 5.64 可见,下部断面横向流速明显,且由外部主流区流向窝塘内;中部断面窝塘内横向流速相对略小;上部断面横向流速亦相对明显,主要由窝塘内流向外部主流区。结合图 5.63、图 5.64 的水流结构可分析出:随着环流(回流)淘刷,窝塘下部泥沙不断冲刷输移至上游,并最终通过回流输送至外部主流区。

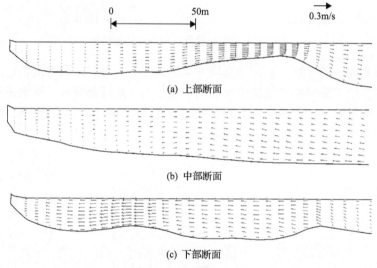

图 5.64　窝塘区域典型断面流速分布特征

3) 窝崩发展过程模拟

窝崩发展过程模拟时,假设发生窝崩的上下游的河岸均实施守护且不可冲,仅考虑窝崩区域河岸可冲刷的情况。根据现场采样分析,扬中指南村窝崩区岸坡下部中值粒径约 0.15mm,上层土体的抗拉强度、黏聚力以及容重分别取值为 15.1kN/m^2、12.4kN/m^2(直接快剪)和 18.6kN/m^3,厚度为 2.0m。侧向冲刷系数取为 0.0015。模拟天然时间为 13h,即从窝崩发生时刻的 2017 年 11 月 8 日 5:00,至基本停止发展的 18:00。

实际窝崩过程中,窝塘内外水体交换强烈,水体紊动特征较强,基于时均流速的水流挟沙力公式计算泥沙输移可能会低估河床及河岸的冲刷过程。为分析水流挟沙力计算对最终模拟窝崩形态的影响，分别采用张瑞瑾挟沙力公式(式(4.4))以及考虑回流区紊动影响的挟沙力计算方法(式(5.23))，对窝崩形态进行模拟。最终计算的窝崩形态的结果对比如图 5.65 所示。

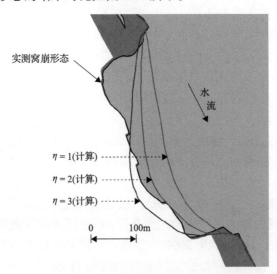

图 5.65 不同紊动强度条件下窝崩形态模拟结果对比

由图 5.65 可见，采用张瑞瑾挟沙力公式(η=1)的窝塘形态与实测结果存在显著差异。计算窝塘平均崩退宽度约 70m，而实际的平均崩退宽度约 163m，明显偏小。当 η 取值为 2 时(即水流输沙能力增大 1 倍)，此时计算的窝塘冲刷范围明显增大，平均崩退宽度约 120m，但仍小于实测值。当 η=3 时，计算的平均崩退宽度约 160m，与实测值接近。由此说明，窝崩模拟时，窝塘内水流输沙能力应充分考虑水体紊动的影响。但同时也应指出，实测窝塘形态与计算结果仍存在较大差异，主要是计算的窝塘下游侧的冲刷范围比实测值偏大，而计算的上游侧的冲刷范围则比实测值小。这一方面是因为模型中未能考虑到实际河道中河岸土质条件分布不均对计算结果的影响；另一方面是因为窝塘不同区域紊动强度会存在差异，也会对计算结果带来影响。值得注意的是，窝崩的精细模拟还有待进一步深入研究，如窝塘内回流结构是典型的非稳态过程，其大小、结构均不断变化，采用时均的水流模拟方法较难准确模拟，可采用大涡模拟的方法模拟窝塘内复杂的水流结构。另外，窝塘内的河岸崩退机制及泥沙输移过程均十分复杂，还需采用更为精细的力学模式来描述窝塘内的河岸侵蚀以及泥沙输移过程。

5.4 本 章 小 结

本章将一维至三维水沙动力学模块及断面尺度崩岸模块耦合，实现了不同空间尺度的河道水沙输移、床面冲淤及崩岸过程模拟,并将其用于长江中下游典型河段,得到如下主要结论。

(1)将一维水沙动力学模块与崩岸模块耦合,实现了长河段尺度的床面冲淤与崩岸过程计算,并将其用于计算长江中游荆江段不同年份的崩岸过程。结果表明,计算的流量、含沙量及水位过程与实测数据的均方根误差均较小,且计算结果较好地给出了 2005 年及 2010 年荆江段主要崩岸区域及相应的崩退宽度。例如,计算的两年内的上荆江腊林洲段的河岸最大崩退宽度分别为 22m 和 15m,实测值为 21m 和 37m,而计算的下荆江北门口段的最大崩退宽度分别为 42m 和 41m,而实测值为 23m 和 43m。

(2)将二维水沙动力学模块与崩岸模块耦合,用于计算局部河段的床面冲淤与崩岸过程。将构建的模型应用于不同年份汛期(7~10 月)上荆江沙市段及下荆江石首段的河岸崩退过程模拟。结果表明,2004 年及 2008 年汛期,沙市段最大崩退宽度的计算值分别为 10.7m 和 39m,接近于相应水文年的实测值 13.5m 和 41.6m。由于天然河道复杂的水流及地形条件,石首段河岸崩退宽度的计算与实测值的误差相对较大,2004 年及 2007 年汛期内,该河段最大崩退宽度的计算值分别为 52m 和 27m,而相应年份的实测值为 52m 和 113m。

(3)将三维水沙动力学模块与崩岸模块耦合,实现了试验水槽及长江下游典型河段窝崩过程的精细模拟。以连续弯道的水槽试验及下游扬中段指南村窝崩为例,采用试验结果及河道实测数据对构建的三维模型进行了验证。结果表明:构建的模型较好地模拟了试验水槽及扬中段的水流运动过程,以及扬中段的河床冲淤分布情况;扬中段指南村窝崩发生初期,窝塘内水流具有底层流速明显大于上层流速的特征,这为窝塘底部及坡脚淘刷提供了动力条件;窝塘回流区内水流紊动对其形态的计算结果存在显著影响,且考虑该影响后,计算与实测的平均崩退宽度较为吻合。

第6章　河岸崩退特征与稳定性评估

本章主要介绍基于遥感影像的岸线变化分析与基于深泓位置及坡比分布规律的河岸稳定性评估方法。以长江中游为例，提取 2000 年及 2020 年内该河段的岸线坐标，确定河岸崩退位置、长度及崩退面积；计算中游不同河段内的相对深泓位置及河岸水上和水下坡比，构建水下坡比的概率分布函数，并借此确定了中游不同河段的稳定水下坡比；结合 2020 年汛后固定断面地形数据，分析了长江中游不同断面河岸的稳定性。

6.1　基于遥感影像的岸线变化分析

6.1.1　岸线提取方法

相比于传统的基于河道地形测量数据来确定长河段内岸线变化的方法，采用遥感影像提取岸线特征具有快速、数据量较大等优势，且该方法已广泛应用于河道平面变形的分析(Rozo et al., 2014；Rowland et al., 2016；Xie et al., 2018)。通常情况下，采用遥感影像获取的水边线来近似代表河岸线，进而确定岸线的变化特征，包括河岸崩退长度、宽度及面积等参数。但值得注意的是，这些参数的提取精度受限于遥感影像的分辨率，并需要控制不同年份内研究河段的水位保持基本一致且尽量接近平滩水位，从而减小提取误差，必要时需开展误差分析。基于遥感影像的岸线提取，包括图像预处理、水体指数计算及岸线坐标提取等步骤。

(1)图像预处理。可从美国地质调查局的 GloVis(网址：https://glovis.usgs.gov)和中国科学院的地理空间数据云(网址：http://www.gscloud.cn)下载研究区域的 Landsat 系列遥感影像。不同波段组合得到的彩色合成图像有不同的视觉效果，适用于不同地物的解译(Campbell and Wynne, 2011)。根据徐涵秋(2005)的研究，近红外(NIR)、中红外(MIR)及绿(Green)波段提取效果较好，水体边界清晰，色彩饱和度较低。长江中游荆江段遥感影像也表明，单波段影像为灰度图像，目标水体与背景颜色相似，水陆边界辨别困难(图 6.1(a))；而经过假彩色合成的遥感影像，其水体与陆地颜色反差增大，水陆边界线明显(图 6.1(b))。此外，由于长江中游跨度较大，单幅遥感影像宽幅有限，因此需要选取多幅遥感影像进行镶嵌(图 6.2)。

(a) 单波段遥感影像　　　　　　　　　　　(b) 假彩色合成遥感影像

图 6.1　荆江沙市河段单波段遥感影像和假彩色合成遥感影像

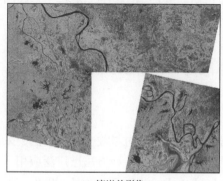 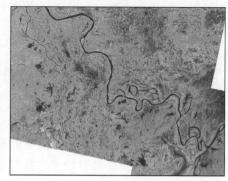

(a) 镶嵌前影像　　　　　　　　　　　　(b) 镶嵌后影像

图 6.2　荆江段影像镶嵌前后对比

　　(2)水体指数计算。为抑制遥感影像中的非水体信息(如植被和建筑物),增亮水体信息,突出水体边界线,可采用水体指数法提取水体(徐涵秋,2005;苏龙飞等,2021)。目前常用的水体指数有归一化水体指数(NDWI)、改进的归一化水体指数(MNDWI)和增强型水体指数(EWI)等,表达式分别为(McFeeters,1996;徐涵秋,2005;闫霈等,2007)

$$NDWI=(Green–NIR)/(Green+NIR) \tag{6.1}$$

$$MNDWI=(Green–MIR)/(Green+MIR) \tag{6.2}$$

$$EWI=(Green–(NIR+MIR))/(Green+(NIR+MIR)) \tag{6.3}$$

式中,Green、NIR 和 MIR 分别为遥感数据中的绿波段、近红外波段和中红外波段。在 Landsat 5/7/8 卫星遥感影像中,Green 对应的波段分别为 B2/B2/B3,NIR 对应的波段为分别为 B4/B4/B5,MIR 对应的波段分别为 B5/B5/B6。

　　荆江沙市河段的水体指数计算结果表明(图 6.3),三个水体指数均可应用于河道水体的提取。其中,NDWI 能够抑制植被信息,但受薄云、山体阴影和居民地的影响较大；EWI 能够抑制居民地、土壤和植被等噪声，但受阴影及浅滩的影响；而 MNDWI 能够有效地抑制植被、建筑、薄云和土壤信息，减少背景噪声(徐涵秋，2005；苏龙飞等，2021)。因此，本节选取 MNDWI 来提取长江中游的岸线。

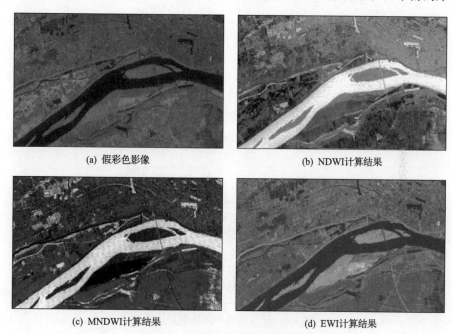

(a) 假彩色影像　　　　　　　　　　　　(b) NDWI计算结果

(c) MNDWI计算结果　　　　　　　　　　(d) EWI计算结果

图 6.3　不同水体指数计算结果对比

(3)岸线坐标提取。将二值图像转换为矢量图像，将像元转化为面元素，并结合假彩色影像(图 6.3(a))，手动去除河道水域和洲滩外的多余要素，包括农田、湖泊和水渠等；对由卫星运行失常、桥梁和工程导致的河道水域和洲滩要素不连续现象进行调整，得到清晰连续的河道水域和洲滩要素(图 6.4(b))；将河道水域形成的连续面要素转为线元素，删除多余要素后获得标准水位下研究河段的两侧水边线(图 6.4(c))；最后获取研究河段河道两侧水边线和中心线(图 6.4(d))。根据不同年份水边线的相对位置，可清晰辨识出崩退区域的岸线长度和面积(图 6.5)。

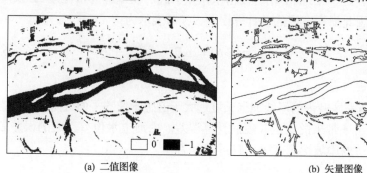

(a) 二值图像　　　　　　　　　　　　　(b) 矢量图像

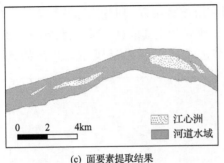
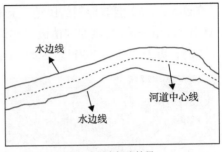

(c) 面要素提取结果　　　　　　　　　　　(d) 线要素提取结果

图 6.4　河道平面形态要素提取结果

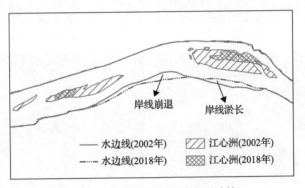

图 6.5　岸线调整和洲滩变形计算

6.1.2　误差分析

　　遥感影像反演河道岸线变化时产生的计算误差，主要由前后两年内的水位差及遥感影像自身的分辨率引起，且前者与岸坡形态有关。这种误差体现在提取的岸线崩退宽度、长度以及面积三个参数方面。

　　1) 崩退宽度的误差

　　由遥感影像的分辨率引起的河岸崩退宽度的计算误差，其最大值应为所采用的遥感影像平面分辨率 ΔE 的 2 倍，而由水位差引起的误差应为水位差 ΔZ 及岸坡坡比 S 的比值。因此崩岸宽度的总计算误差 E_{BZ} 可表示为

$$E_{BZ} = \Delta Z / S + 2\Delta E \tag{6.4}$$

　　2) 崩退长度的误差

　　通常情况，研究区域内的岸线崩退长度远大于遥感影像的平面分辨率，因此可忽略遥感影像分辨率带来的崩退长度的计算误差。由河道水位差引起的误差 E_{LZ} 与崩岸区域上下游的岸坡形态有关，且可表示为

$$E_{LZ} = \sum_{i=1}^{N} \int_{x_{0i}}^{x_{ai}} f(B_i, E_{BZ,i}) \mathrm{d}x \tag{6.5}$$

式中，N 为研究河段内崩岸区域的个数；B_i 为崩退宽度(m)；x_{0i} 和 x_{ai} 为沿岸线方向的坐标(m)；f 为计算点提取的崩退宽度 B_i 与其理论误差的 $E_{BZ,i}$ 的函数。

当水位差为负值时(计算时段末的水位小于计算时段初的水位)，由于水域淹没面积减小，提取的岸线崩退长度会大于实际的长度。此时，崩退长度的误差估计可以根据各测点计算的宽度 B_i 与其理论误差 $E_{BZ,i}$ 的差值来确定，具体为当 $E_{BZ,i}$ 大于或等于 B_i 时，表明该处无崩岸现象，岸线的变化由误差引起，因此该计算点邻近区域的岸线长度计入崩退长度的误差计算中；反之当 $E_{BZ,i}$ 小于 B_i 时，表明该处存在崩岸现象，故相应计算点邻近区域的岸线长度不计入崩退长度的误差计算中。当水位差为正值时($\Delta Z_i > 0$)，由于水域淹没面积增加，因此提取的岸线崩退长度会小于实际的长度。此时，由于新增淹没区域的崩岸情况不明，故难以对崩退长度的误差进行准确估计。只要计算点处的河岸非直立状态，则该处就很可能存在崩岸长度的计算误差，从而导致在该情况下崩岸长度的误差分析通常较为困难。

3) 崩退面积的误差

崩退面积的误差 E_A 可表示为

$$E_A = \sum_{i=1}^{N} \int_{x_{0i}}^{x_{ai}} E_{BZ,i} \mathrm{d}x \tag{6.6}$$

值得注意的是，要准确估计上述参数的误差，需要准确了解研究河段内的岸坡形态，即河岸坡比在计算区域内沿程分布的详细情况。但实际应用中，遥感影像通常用来提取长河段尺度内的岸线变化情况，因此相应的岸坡形态沿程的变化难以准确获取。故可采用不同计算区域内的平均坡比 $\bar{S}$ 与水位差 ΔZ_i 来估计崩退面积的误差，由此式(6.6)可简化为

$$E_A \approx \sum_{i=1}^{N} E_{BZ,i} L_i = \sum_{i=1}^{N} (\Delta \bar{Z}_i / \bar{S}_i + 2\Delta E) L_i = \underbrace{\sum_{i=1}^{N} \Delta \bar{Z}_i L_i / \bar{S}_i}_{E_{AZ}} + \underbrace{\sum_{i=1}^{N} 2\Delta E L_i}_{E_{AR}} \tag{6.7}$$

式中，L_i 为提取的岸线崩退长度(m)；E_{AZ} 为由水位差引起的面积误差(m²)；E_{AR} 为由分辨率引起的面积误差(m²)。

6.1.3　长江中游河岸崩退情况

此处采用 2000~2001 年及 2020 年长江中游各河段的遥感影像资料(表6.1)，

来提取相应的河岸线，继而分析其变化情况。由于 2000 年城汉与汉湖河段的遥感影像清晰度较低，因此该两河段的岸线分别采用 2001 年汛期 7 月和 9 月内的影像数据进行提取。

表 6.1　长江中游岸线计算采用的遥感影像情况

河段	年份	遥感影像	水位/m	平面分辨率
荆江河段	2000	20000904	37.85（沙市）	
	2020	20200903	38.04（沙市）	
城汉河段	2001	20010722	20.12（汉口）	30m×30m
	2020	20200803	25.77（汉口）	
汉湖河段	2001	20010917	20.41（汉口）	
	2020	20200828	24.67（汉口）	

图 6.6 给出了 2000～2020 年长江中游岸线的变化过程，而表 6.2 给出了最大崩退宽度、崩退长度及崩退面积的统计结果。从图 6.6 中可以看出，长江中游崩岸区域主要集中在下荆江河段。中游岸线崩退长度共计 86.63km，崩退面积共计 15.16km^2。其中上荆江河段为 12.92km，约占总崩退长度 14.9%；下荆江为 48.91km，约占 56.5%；城汉和汉湖河段的岸线崩退长度总共为 24.80km，约占 28.6%。从崩岸区域的处数来看，上荆江发生明显崩岸的区域共计 5 处，分布在江口、腊林洲及文村夹等区域，总崩退面积为 1.68km^2；左、右岸的崩岸分布无显著差异，右岸崩退长度稍小，约占上荆江总崩退长度的 33.8%。下荆江崩岸区域共计 16 处，主要分布在石首、调关、七弓岭等急弯段内深泓贴岸的区域，总崩退面积为 9.49km^2，约为上荆江总崩退面积的 6 倍。城汉与汉湖河段近年来岸线整体较稳

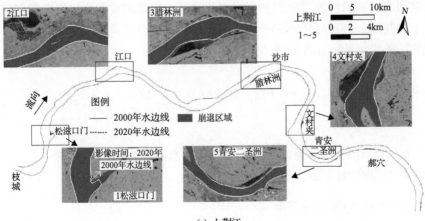

(a) 上荆江

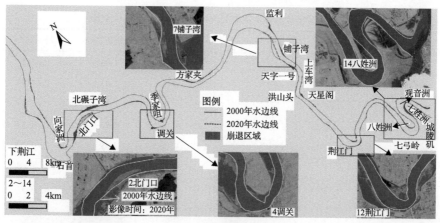

(b) 下荆江

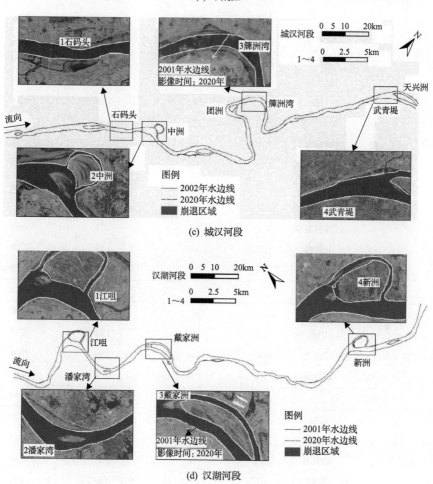

(c) 城汉河段

(d) 汉湖河段

图 6.6　2000～2020 年长江中游岸线崩退的分布情况

表 6.2　2000～2020 年长江中游岸线崩退的特征参数

河段	序号	位置	岸别	最大崩退宽度/m	崩退长度/km	崩退面积/km²
上荆江	1	松滋口门	右岸	574	1.06	0.37
	2	江口	左岸	99	2.03	0.08
	3	腊林洲	右岸	259	3.31	0.53
	4	文村夹	左岸	378	4.87	0.51
	5	青安二圣洲	左岸	149	1.65	0.19
	小计				12.92	1.68
下荆江	1	向家洲	左岸	332	1.61	0.31
	2	北门口	右岸	672	3.76	1.17
	3	北碾子湾	左岸	396	7.07	1.89
	4	调关	右岸	91	1.17	0.28
	5	季家咀	左岸	86	1.27	0.31
	6	方家夹	左岸	206	4.02	0.49
	7	铺子湾	左岸	335	3.15	0.46
	8	上车湾	左岸	183	3.89	0.41
	9	天字一号	右岸	129	3.09	0.58
	10	洪山头	右岸	45	1.31	0.45
	11	天星阁	左岸	58	1.56	0.23
	12	荆江门	左岸	129	1.66	0.18
	13	八姓洲西岸	左岸	137	4.76	0.43
	14	八姓洲东岸	左岸	58	1.72	0.63
	15	七姓洲	右岸	308	4.49	1.09
	16	城陵矶	左岸	238	4.38	0.58
	小计				48.91	9.49
城汉河段	1	石码头	左岸	67	3.04	0.08
	2	中洲	洲滩	283	3.61	0.37
	3	簰洲湾	右岸	144	2.99	0.04
	4	武青堤	右岸	126	0.38	0.05
	小计				10.02	0.54
汉湖河段	1	江咀	左岸	192	2.45	2.74
	2	潘家湾	左岸	107	5.64	0.30
	3	戴家洲	洲滩	99	2.03	0.14
	4	新洲	洲滩	624	4.66	0.27
	小计				14.78	3.45

定，崩岸区域共计 8 处，总崩退面积为 3.99km²，且主要表现为分汊段内江心洲的崩塌，如中洲、戴家洲、新洲。

由式 (6.4) 计算可得，长江中游各河段内由分辨率引起的崩退宽度误差为 60m，而由水位差引起的崩退宽度误差在上、下荆江河段可忽略不计，而在城汉和汉湖河段可分别达到 26m 和 19m。由式 (6.7) 可估计得到由遥感影像分辨率引起的崩退面积的误差约为 5.20km²，约占总计算面积的 34.3%。此外，由统计结果可知，长江中游上荆江、下荆江、城汉段以及汉湖段的河岸水上坡比的期望值分别为 0.42、0.26、0.28 和 0.27。由此可知，这些河段内由前后两个计算年份内水位差引起的崩退面积的相对计算误差分别为 0.3%、0.4%、41.9%、6.8%，而长江中游总的计算误差为 0.48km²，约占总计算面积的 3.2%。

6.2　基于深泓位置及坡比分析的河岸稳定性评估

基于经验方法的河岸稳定性评估，通常需要分析河道主流/深泓调整情况、河岸坡比变化情况、近岸冲淤变化，并结合对研究河段护岸工程水毁情况等的考虑，综合确定研究河段的稳定性程度。对于长河段内的河岸稳定性评估，由于地形测量范围、比尺及频次的限制，通常情况下可依据深泓调整及河岸坡比变化情况来评估河岸的稳定程度。例如，李义天和邓金运 (2013) 曾提出了基于坡比分析的河岸稳定性评估方法。对于长江中下游重点险工险段的岸段，水利及河道管理部门一般会在汛期、汛中和汛后开展半江地形测量。根据测量结果，通过分析近岸河床冲淤变形、局部冲刷坑的发展情况以及水下坡比的变化情况，可更为准确地评估河岸稳定程度。荆州市长江勘察设计院等 (2018) 提出了险工险段的河岸稳定性评估方法。本节主要依据河道深泓位置及河岸坡比，来评估长河段的河岸稳定性。

6.2.1　河岸稳定性评估方法

1. 相对深泓位置计算

河道主流调整是河势变化的重要方面，且其通常是引起局部河段岸线崩退的主要原因。一般情况下，河道主流的走向与深泓的走向较为接近，因此可以通过深泓的调整情况来反映河道主流的变化情况。本节采用相对深泓位置 (L_t) 来定量反映研究河段内深泓的变化情况，且将其定义为深泓距左侧河岸岸顶的距离 (D_{th}) 与所在断面平滩河宽 (W_{bf}) 的比值 (图 6.7)。若 L_t 接近于 0.0，则表明深泓非常靠近左侧河岸；若 L_t 接近于 1.0，则表明深泓非常靠近右侧河岸；若 L_t 接近于 0.5，则表明深泓靠近河道中心线。

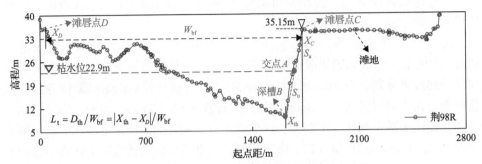

图 6.7　相对深泓位置及河岸坡比计算示意图

X_D、X_C 分别为左右岸滩唇的起点距(m)，X_{th} 为深泓的起点距(m)

2. 河岸坡比计算

以多年平均枯水位为界，枯水位以下至近岸深泓(近岸 300m 内的地形最低点)的坡比定义为水下坡比，枯水位以上至滩唇的坡比为水上坡比。以图 6.7 中的断面地形为例，右岸的水上坡比(S_a)由枯水位与河岸形态的交点 A 和滩唇点 C 求出，而水下坡比(S_u)由 A 点与近岸深槽 B 点的坐标进行计算，即可表示为

$$S_a = \frac{|Y_A - Y_C|}{|X_A - X_C|}, \quad S_u = \frac{|Y_A - Y_B|}{|X_A - X_B|} \tag{6.8}$$

式中，X_A、Y_A 为枯水位与河岸形态交点的起点距(m)和高程(m)；X_B、Y_B 为近岸深槽或河岸形态拐点的起点距(m)和高程(m)；X_C、Y_C 为滩唇的起点距(m)和高程(m)。

3. 坡比分布规律与稳定坡比的确定

河岸稳定坡比通常可依据河岸土体的休止角进行确定，也可采用统计方法进行确定。例如，唐金武等(2012)基于实测的固定断面地形数据，统计了长江中下游不同河型河段的水下坡比数据，并以不同河型河段内水下坡比的最大值为稳定坡比。本节进一步考虑了天然河道内河岸水下坡比概率密度的分布规律，并基于其分布规律提出稳定坡比的计算方法。

对数正态分布通常用于描述取值为正且概率密度呈偏态分布(拖尾现象)的物理变量的分布规律。天然河道的坡比不可能出现负值，且由于河流的自动调整作用，为维持河道的稳定性，冲积河道的坡比取得较大值的概率通常较低，而在较小值的概率较高，形成明显的拖尾现象。因此可以假设长江中游河岸坡比 S 服从对数正态分布 $\ln S \sim N(\mu, \sigma^2)$，其概率密度函数可表示为

$$f(S, \mu, \sigma) = \begin{cases} \dfrac{1}{\sqrt{2\pi}\sigma S} \exp\left(-\dfrac{(\ln S - \mu)^2}{2\sigma^2}\right), & S > 0 \\ 0, & S \leqslant 0 \end{cases} \tag{6.9}$$

式中，μ 表示 $\ln S$ 的期望；σ^2 表示 $\ln S$ 的方差。河岸坡比 S 的期望 E 和方差 Var 则可表示为

$$E = e^{\mu + \sigma^2/2}, \quad \text{Var} = e^{2\mu + \sigma^2}(e^{\sigma^2} - 1) \tag{6.10}$$

由式(6.9)可知，大于特定坡比(S')的向下累计频率(P_s)可以表示为

$$P_s = \int_0^{S'} f(S, \mu, \sigma)\,\mathrm{d}s = \frac{1}{2}\left(1 + \mathrm{erf}\left(\frac{\log S' - \mu}{\sqrt{2}\delta}\right)\right) \tag{6.11}$$

式中，$\mathrm{erf}(\cdot)$ 为误差函数。通过设定临界累计频率 P_c，并将该累计频率所对应的坡比值作为稳定坡比 S_c。P_c 可依据研究河段内发生崩岸现象的河岸占比情况来确定，若研究河段内发生崩岸现象的河岸占比为 P_o，则可取 P_c 为 $1-P_o$。

6.2.2 长江中游河岸稳定性变化

1. 荆江河段

1) 深泓走向

上荆江河床平面变形不大，但下荆江属典型的蜿蜒型河道，河岸总体抗冲能力较差，局部河段河势变化明显，岸线崩退较为剧烈。图 6.8 给出了荆江河段 2016 年、2018 年、2020 年深泓变化，可见 2016~2020 年深泓位置无明显变化，其中 2016~2018 年和 2018~2020 年深泓的河段平均摆幅分别为 25m 和 21m。上荆江河段关洲、芦家河浅滩、太平口心滩、金城洲、南五洲等分汊段深泓贴岸明显。下荆江深泓贴岸的区域主要位于向家洲、北门口、北碾子湾、调关、天字一号、荆江门、七弓岭、观音洲等区域。

此外，基于 2020 年汛后实测断面地形资料，计算了荆江段 166 个固定断面的相对深泓位置，如图 6.9 所示。结果表明：荆江河段共有 38 个深泓贴岸断面(相对深泓位置<0.1 或>0.9)，约占所有断面的 23%，主要分布在荆 5、荆 32、荆 44、荆 51、荆 92、荆 104 与荆 177 等断面的左岸，以及关 01、沩 2、荆 34、荆 60、荆 98、石 7 与荆 150 等断面的右岸。

2) 坡比分布情况

图 6.10 给出了上、下荆江河岸水下坡比的概率密度与累计概率的分布图，两河段水下坡比的概率密度服从对数正态分布，且拟合效果较好。拟合的水下坡比

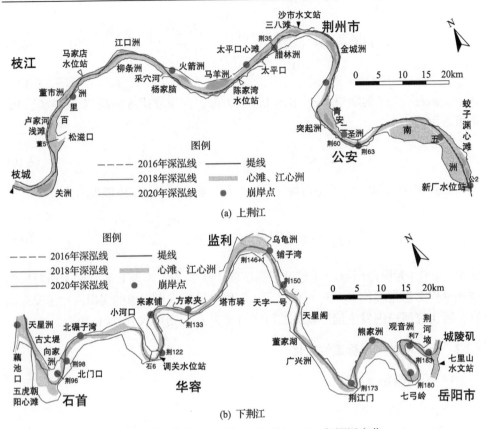

图 6.8　荆江河段 2016 年、2018 年、2020 年深泓变化

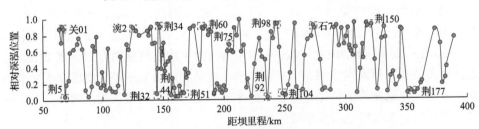

图 6.9　2020 年荆江河段相对深泓位置的沿程变化

期望值分别为 0.12 和 0.15，方差分别为 0.02 和 0.10，由此可知上荆江水下坡比的分布较下荆江更为集中。当累计概率为 90% 时，上荆江与下荆江段的水下坡比分别为 0.26 和 0.35。由此可以看出，下荆江河段的水下坡比较上荆江偏大，河岸稳定性相对较低。此外，下荆江段内大于 0.2 的水下坡比的实际出现频率比对数正态分布的拟合值偏大，表明下荆江段水下坡比的变化更为显著，从而导致较大值的出现频率较高。图 6.11 给出了上、下荆江段水上坡比的概率密度与累计概率分布情况，可以看出水上坡比的均值明显偏大，但方差减小，表明水上坡比的变化

相对较小。这与枯水位以上的河岸上部含有黏性土层，因此受细颗粒土体黏聚力的作用，能维持较陡的河岸形态有关。此外，水上坡比的分布在上、下荆江不完全遵循对数正态分布的变化规律，尤其是在上荆江。相比于拟合的对数正态分布而言，水上坡比的实际分布更偏左。

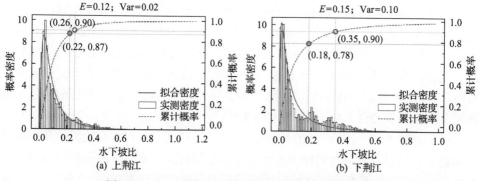

图 6.10　上、下荆江段水下坡比的概率密度分布情况

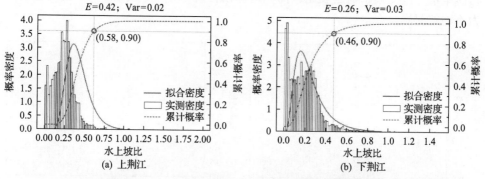

图 6.11　上、下荆江段水上坡比的概率密度分布情况

图 6.12 给出了荆江河段各断面左、右岸水下坡比的多年平均值。可以看出，荆江河段水下坡比有沿程增大的变化趋势，并在下荆江河段北碾子湾左岸、荆江门左岸和七弓岭右岸等区域取得较大值。此外，对比左右岸可知，荆江河段左岸

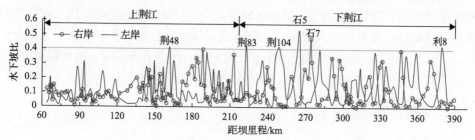

图 6.12　荆江河段各断面水下坡比的多年平均值

的水下坡比大于右岸，故左岸的稳定性相对较差。在荆48、荆83、荆104、石5及利8断面的左岸以及在石7断面的右岸，水下坡比的多年平均值超过了0.4。

3) 稳定坡比与河岸稳定性评估结果

由于水上坡比分布规律相对较差，且以往的研究也常采用水下坡比的变化情况来表征河岸稳定性的变化情况，此处仅以水下坡比作为判定河岸稳定程度的指标，并仅依据式(6.11)确定了稳定坡比的具体取值。对比2002～2020年荆江段固定断面地形变化，发现三峡水库蓄水后上、下荆江段分别有13%和22%的岸坡发生了明显的崩岸现象(崩岸宽度超过5m)，故可以将该两河段水下坡比的临界累计频率P_c设定为87%和78%。由此，基于图6.10可确定上、下荆江段的稳定坡比可分别取为0.22(1：4.5)和0.18(1：5.5)。

此外，图6.13给出了2002～2020年上、下荆江段相对深泓位置的概率密度分布情况，可以看出该两河段内的相对深泓位置的概率密度服从两侧双峰且近似对称的变化趋势，且概率密度峰值所在的相对深泓位置约为0.1和0.9。由此，可将河岸水下坡比大于稳定坡比，而相对深泓位置小于0.1或大于0.9的河岸设定为不稳定河岸。

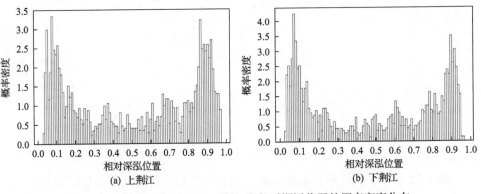

图6.13　2002～2020年上、下荆江段相对深泓位置的概率密度分布

基于2020年汛后固定断面地形，表6.3给出了荆江河段不稳定河岸的位置及其相对深泓位置参数与水下坡比。这些区域多分布在分汊河段或急弯河段。2020年同勤垸、盐观段、茅林口、向家洲、北碾子湾等深泓始终紧靠左岸，水下坡比介于0.18～0.53，而腊林洲、公安段、南五洲、北门口、北碾子湾等深泓始终紧贴右岸，且水下坡比介于0.21～0.58，故这些区域的河岸稳定性较差。

2. 城汉河段

1) 深泓走向

多年来城汉河段总体河势基本稳定，河道演变的主要特点为局部深泓摆动、

表 6.3　基于 2020 年汛后地形确定的荆江河段不稳定河岸位置、相对深泓位置与水下坡比

位置	断面	距坝里程/km	岸别	相对深泓位置	水下坡比
同勤垸	荆 5	68.25	左岸	0.05	0.31
昌门溪	董 8	88.00	左岸	0.05	0.23
大埠街	荆 22	118.17	左岸	0.08	0.29
盐观段	荆 44	156.67	左岸	0.06	0.30
窑湾	荆 47	160.06	左岸	0.05	0.33
沙市区	荆 48	162.00	左岸	0.05	0.48
沙市区	荆 50	165.02	左岸	0.09	0.38
观音寺	荆 51	166.66	左岸	0.09	0.25
郝穴段	荆 66	191.36	左岸	0.07	0.39
郝穴段	荆 67	191.84	左岸	0.09	0.38
灵官庙	荆 71	198.22	左岸	0.09	0.29
腊林洲	荆 34	146.09	右岸	0.94	0.23
公安段	荆 60	181.80	右岸	0.90	0.22
公安段	荆 62	184.60	右岸	0.92	0.38
南五洲	荆 79	212.88	右岸	1.00	0.44
茅林口	荆 83	222.70	左岸	0.04	0.47
向家洲	荆 92	235.73	左岸	0.04	0.38
北碾子湾	荆 104	248.38	左岸	0.08	0.49
北碾子湾	荆 105	250.09	左岸	0.07	0.48
柴码头	荆 106+1	251.09	左岸	0.06	0.53
铺子湾	荆 146+1	309.08	左岸	0.08	0.18
熊家洲	荆 175	350.34	左岸	0.08	0.40
熊家洲	荆 177	355.77	左岸	0.07	0.22
北门口	荆 97	242.59	右岸	0.94	0.28
北门口	荆 98	244.09	右岸	0.94	0.27
小河口	荆 110	258.38	右岸	0.94	0.31
调关	石 7	273.74	右岸	0.92	0.58
五马口	荆 135	292.50	右岸	0.92	0.35
天字一号	荆 149	316.68	右岸	0.94	0.22
洪水港	荆 150	318.02	右岸	0.91	0.21
广兴洲	上 7	320.95	右岸	0.93	0.40

主支汊交替及分流点的上提下移。城汉河段 2016 年、2018 年、2020 年深泓变化如图 6.14 所示，可见 2016～2020 年城汉段深泓摆幅大于荆江河段，其中 2016～2018 年和 2018～2020 年的河段平均摆幅分别为 43m 和 40m。深泓在螺山、叶王家洲、陆溪口、龙口以及大咀弯道等位置紧贴河岸。图 6.15 给出了城汉河段沿程104 个固定断面的相对深泓位置，其中共有 28 个断面的深泓贴岸（相对深泓位置小于 0.1 或大于 0.9），占所有断面数量的 27%。其中深泓紧贴左或右岸的断面各14 个。例如，CZ04-1、CZ06-2、界 Z5、CZ21、CZ40 与 CZ45 等断面的相对深泓位置小于 0.1，靠近左侧河岸；而界 Z3-2、CZ10、CZ17-1、CZ32、CZ50-1 与汉流 Z09 等断面的相对深泓位置大于 0.9，靠近右侧河岸，故这些区域的河岸受主流冲刷较为剧烈。

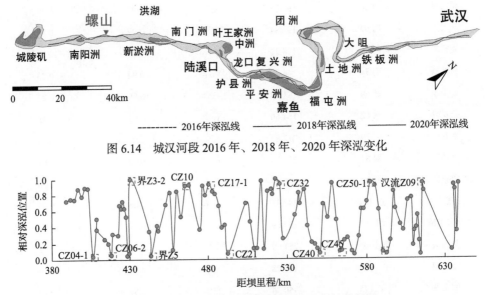

图 6.14　城汉河段 2016 年、2018 年、2020 年深泓变化

图 6.15　2020 年城汉河段相对深泓位置的计算结果

2）坡比分布

图 6.16 给出了 2002～2020 年城汉河段水下及水上坡比的概率密度分布函数，可以看出两者基本都遵循对数正态分布规律，但水上坡比的拟合效果相对较差。相对于拟合的密度分布，实测的水上坡比分布同样更偏左，即取值相对较小。该河段内水下坡比的均值为 0.13，方差为 0.02，而水上坡比的均值为 0.28，方差为0.03。此外，当水下和水上坡比的累计概率均为 90% 时，坡比取值分别为 0.27 和0.50。图 6.17 给出了城汉段各断面水下坡比的多年平均值，可以看出在 CZ08、CZ45、CZ46 与 CZ48 等断面的左岸以及 JZ5、CZ21、CZ30-1、CZ31 与 CZ50-1断面的右岸，水下坡比的多年平均值超过了 0.30。

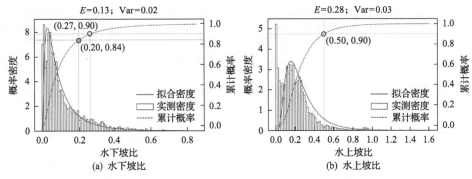

图 6.16　城汉河段水下及水上坡比的概率密度分布

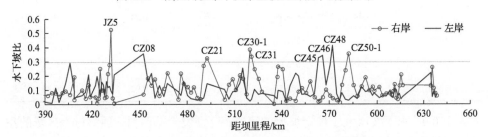

图 6.17　城汉河段各断面水下坡比的多年平均值

3) 稳定坡比与河岸稳定性评估结果

由 2002～2020 年城汉段固定断面地形的变化, 发现三峡水库蓄水后城汉段有 16% 的岸坡发生了明显的崩岸现象。基于图 6.16(a), 可确定该河段的稳定坡比为 0.20(1∶5)。对比下荆江河段的稳定坡比, 城汉河段的稳定坡比较大, 这在一定程度上也体现出后者整体的河岸稳定程度是高于前者的, 符合实际情况。此外, 该河段内的相对深泓位置的概率密度同样呈现与上、下荆江类似的分布规律(图 6.18)。因此, 基于 2020 年固定断面地形, 表 6.4 给出了城汉河段相对深泓位置小于 0.1

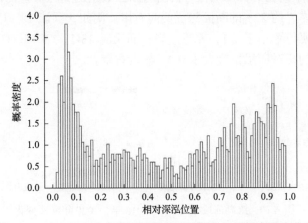

图 6.18　2002～2020 年城汉河段相对深泓位置的概率密度分布

表 6.4　基于 2020 年汛后地形确定的城汉河段不稳定河岸位置、相对深泓位置与水下坡比

位置	断面	距坝里程/km	岸别	相对深泓位置	水下坡比
邓西村	CZ45	563.22	左岸	0.09	0.39
邓西村	CZ45-1	564.22	左岸	0.10	0.35
通津村	CZ48	572.26	左岸	0.06	0.47
蔡家庄	界 Z3-2	430.32	右岸	1.00	0.50
肖潘	CZ31-1	521.79	右岸	1.00	0.22
立新闸	CZ32	525.35	右岸	0.93	0.29
新洲	CZ44	558.12	右岸	0.94	0.25
中湾	CZ50-1	581.25	右岸	0.95	0.24
鲇鱼套	汉流 Z09	613.96	右岸	0.94	0.24
月亮湾	汉流 Z11	635.53	右岸	0.92	0.28

或大于 0.9、水下坡比大于稳定坡比的河岸，分别位于邓西村、通津村等区域的左岸，以及肖潘、新洲等区域的右岸。

3. 汉湖河段

1) 深泓走向

图 6.19 给出了汉湖河段 2016 年、2018 年、2020 年的深泓变化，可见 2016～2018 年该河段的深泓摆幅大于荆江河段和城汉河段，河段平均摆幅为 50m，而2018～2020 年河段平均深泓摆幅为 36m。其中水口、戴家洲、牯牛洲、半壁山等处的深泓紧贴岸边。图 6.20 给出了汉湖河段沿程各断面相对深泓位置。结果表明，该河段共有 29 个断面的深泓贴岸，占所有断面数量的 29%。该河段内约 7%的断面深泓偏向左岸，约 22%的断面深泓偏向右岸。例如，汉流 18、CZ76、CZ80 等断面的相对深泓位置小于 0.1，靠近左岸；而汉流 13-1、CZ75、CZ81、CZ103、CZ118 等断面的相对深泓位置大于 0.9，靠近右岸。

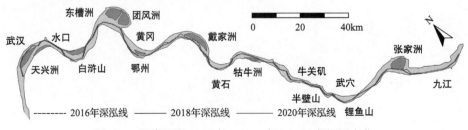

图 6.19　汉湖河段 2016 年、2018 年、2020 年深泓变化

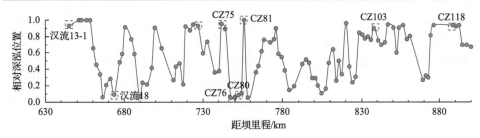

图 6.20　汉湖河段相对深泓位置的沿程变化

2) 坡比分布

图 6.21 给出了 2002～2020 年汉湖段水下及水上坡比的概率密度分布，两者同样遵循对数正态分布规律。该河段内水下坡比的均值为 0.13，方差为 0.01，而水上坡比的均值为 0.27，方差为 0.03。此外，当水下和水上坡比的累计概率均为 90%时，坡比取值分别为 0.26 和 0.47。图 6.22 给出了该河段各断面水下坡比的多年平均值，可以看出汉流 17-2、CZ80 与 CZ108-1 断面的左岸以及在 CZ70、CZ98-1 与 CZ100-1 断面的右岸的水下坡比的多年平均值超过了 0.3。

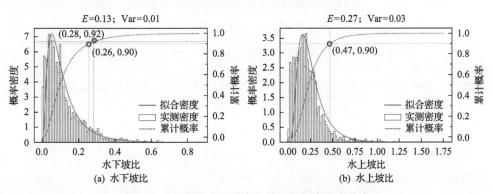

图 6.21　汉湖段水下及水上坡比的概率密度分布

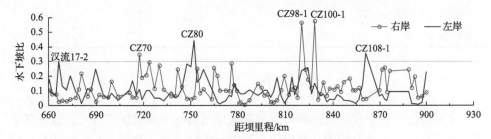

图 6.22　汉湖段各断面水下坡比的多年平均值

3) 稳定坡比及河岸稳定性评估结果

基于 2004～2020 年汉湖段固定断面地形，可知三峡水库蓄水后汉湖河段有

8%的岸坡发生了明显的崩岸现象，结合图 6.21(a)可确定该河段的稳定坡比可取为 0.28(1∶3.6)。图 6.23 给出了该河段相对深泓位置的概率密度分布，与其余河段相比，该河段内深泓总体上更靠近右侧河岸，且在相对深泓位置为 0.9 时，其概率密度取得峰值。因此，对于左岸，则参考其余河段的取值，仍确定左岸的临界相对深泓位置为 0.1。基于 2020 年固定断面地形，表 6.5 给出了汉湖段相对深泓位置小于 0.1 或大于 0.9、水下坡比大于稳定坡比的河岸位置，包括刘楚贤右岸、彭泽县右岸、陈家湾(主汊)左岸与戴家洲(主汊)左岸。

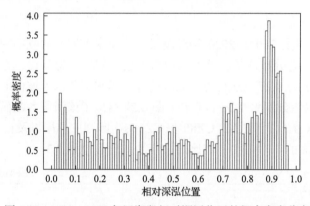

图 6.23　2002～2020 年汉湖段相对深泓位置的概率密度分布

表 6.5　基于 2020 年汛后地形确定的汉湖河段不稳定河岸位置、相对深泓位置与水下坡比

位置	断面	距坝里程/km	岸别	相对深泓位置	水下坡比
陈家垮	CZ76	747.57	左岸(主汊)	0.05	0.45
戴家洲	CZ80	752.31	左岸(主汊)	0.08	0.46
戴家洲	CZ81-1	757.05	左岸(主汊)	0.05	0.39
刘楚贤	CZ70-1	718.44	右岸	0.92	0.34
刘楚贤	CZ71-1	722.79	右岸	0.94	0.29
彭泽县	CZ118	888.50	右岸	0.93	0.31

6.3　本 章 小 结

本章介绍了基于遥感影像的河道崩退区域与其特征参数计算方法，以及基于相对深泓位置与坡比分析的长河段河岸稳定性评估方法，并将这些方法在长江中游初步开展了应用。取得的主要结论如下。

(1)长江中游崩岸区域主要集中在下荆江河段。2000～2020 年长江中游河岸崩退长度共计 86.63km，崩退面积共计 15.16km^2，其中上荆江段的崩退长度约占总崩退长度 14.9%，下荆江河段占 56.5%，而城汉河段和汉湖河段共占 28.6%。荆江河段的崩岸区域主要位于石首、七弓岭等弯曲河段主流顶冲或贴岸的区域，而城湖河段的崩岸主要表现为河道内江心洲的崩塌。

(2)基于 2002~2020 年长江中游固定断面的地形，计算了中游各固定断面的相对深泓位置、河岸水上及水下坡比，并分析了它们的概率密度分布规律。发现中游各河段的水上与水下坡比的概率密度分布总体上均可采用对数正态分布函数来描述，而相对深泓位置的概率密度呈现两侧双峰的分布规律。

(3)结合水下坡比的分布规律与各河段实际发生崩岸现象的岸坡占比，确定了各河段的稳定坡比，并结合相对深泓位置的临界值，给出了 2020 年汛后长江中游不稳定河岸的位置。2002~2020 年长江中游上荆江、下荆江、城汉及汉湖河段发生明显崩岸现象的岸坡占比分别为 13%、22%、16%和 8%，由此计算得到各河段的稳定坡比分别为 1∶4.5、1∶5.5、1∶5、1∶3.6。2020 年汛后的长江中游稳定性差的河岸主要分布上荆江同勤垸和公安段南五洲等，下荆江北门口、北碾子湾和熊家洲等，城汉河段肖潘、新洲和鲇鱼套等，以及汉湖河段戴家洲与刘楚贤等区域。

第 7 章　河道崩岸监测方法

崩岸监测能及时发现和预报潜在的崩岸险情，及早采取相应的工程措施，确保两岸堤防安全。针对突发崩岸情况，崩岸监测也能为应急保障和治理提供重要信息。崩岸监测方式主要包括崩岸调查、崩岸巡查、崩岸常规监测和崩岸应急监测，其中崩岸调查、崩岸巡查与崩岸应急监测的内容本章不作介绍，具体内容可参考标准《河道崩岸监测规范》(T/CHES 57—2021)。本章重点介绍长江中下游河道崩岸常规监测中采用的主要技术手段，涵盖水沙条件监测、近岸地形监测、河岸土体组成及力学特性测量三个部分。

7.1　水沙条件监测

河道水沙不平衡输移过程引起的近岸河床冲刷，是诱发崩岸现象的主要因素。因此针对长江中下游重点崩岸河段，除收集附近区域已有水文与水位站点的流量、水位及含沙量等数据外，通常情况下还需开展流速、悬移质含沙量及推移质输沙率的测量，故本节主要介绍这三方面的测量手段。

7.1.1　流速测量

1. 旋桨流速仪测流

旋桨流速仪法被认为是流速测验中精度较高的方法之一，也是开展新型流速测验技术比测工作时所采用的基准方法，应用最为广泛(图 7.1)。旋桨流速仪测流的基本原理是：当水流作用到仪器的桨叶时，桨叶即产生旋转运动，水流流速越快，桨叶转动越快，转速与流速之间存在一定的函数关系，故只要准确测出仪器桨叶的转数及相应时间，即可反算时均流速。然而由于旋桨流速仪测流时通常只能测量数条垂线上部分水深测点处的流速，测量效率较低，因此现阶段多用作声学多普勒测流及视频测流等手段的比测工具。但针对高含沙河流以及小型的浅水河流，声学多普勒测流及视频测流等技术手段难以适用，因此通常还是采用旋桨流速仪对其进行测流。

2. 声学多普勒流速剖面仪

声学多普勒流速剖面仪(acoustic doppler current profiler，ADCP)是自 20 世纪 80 年代起，逐步应用于流速测量的新型声呐测速设备，其兼具测深、测速和定位

图 7.1　LS25-3C 型旋桨流速仪

的功能。ADCP 通常配置有 2 组不同频率的波束(声波 A、声波 B),测量由多个分层单元格组成的流速剖面(图 7.2(a)),正中间配置垂直波束用于测量水深。假定水中反射体(气泡、颗粒物、浮游生物等)的运动速度可以代表水流速度,当ADCP 向不同深度的水体中发射声波脉冲信号时,信号碰到反射体后产生反射发出回波信号,ADCP 再接收回波信号并进行处理(刘彦祥,2016)。根据多普勒原理,发射声波与回波频率之间产生多普勒频移,随后利用式(7.1)可反算出 ADCP和反射体之间的相对速度 v(m/s):

$$v = \frac{cF_2}{2F_1} \tag{7.1}$$

式中,F_1 为发射声波脉冲信号的频率(kHz);F_2 为声学多普勒频移(kHz);c 为声波信号在水体中的传播速度(m/s)。

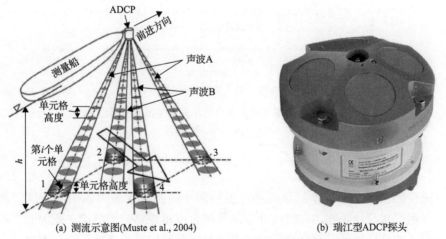

(a) 测流示意图(Muste et al., 2004)　　　　(b) 瑞江型ADCP探头

图 7.2　声学多普勒流速剖面仪测流示意图和探头照片

　　走航式 ADCP 测流是将 ADCP 探头与定位系统同时安装在测量船上,在测量船沿断面行驶过程中不间断地测量不同水体单元格的流速及船体位置,最终形成流

速剖面（图 7.3）。ADCP 可根据不同水深自动调整发射频率和采样单元的大小，满足不同水深的测量要求，从而保证测量精度。此外，ADCP 测流系统可以定位测量船的路线，使其沿着测量断面尽量保持直线前行。但需注意的是，ADCP 测流存在表层、底层及岸边界盲区（图 7.3），通常无法测量靠近河岸区域的流速。因此针对特定的崩岸区域，测流断面的布设需尽量反映局部河势及水流结构的变化规律，如针对急弯河段的崩岸现象，测流断面的布设区域需包括弯道进出口的范围。

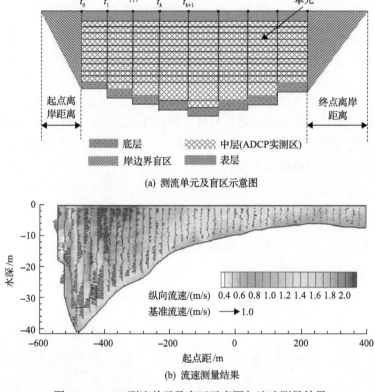

(a) 测流单元及盲区示意图

(b) 流速测量结果

图 7.3　ADCP 测流单元及盲区示意图与流速测量结果

t_k 表示第 t_k 时刻的测流剖面

3. 视频测流法

视频测流技术的基本原理是通过提取多个时刻下水面图像中的波纹、漂浮物、气泡等水流示踪物，在时间和空间尺度合成示踪物时空图像，此类时空图像具有明显的纹理特征，而该纹理的主方向与时间轴的夹角表征了表面流速信息，如图 7.4 所示。以武汉大学研发的 AiFlow 为例，在河流测速中，沿顺流方向绘制测速线，运动的特征量在时间 Δt 内沿着测速线运动的距离为 D，与此同时，像素点在 k 帧内运动了 i 个像素，则沿该方向上速度矢量的大小 v 与时空图像中的纹

理特征的关系可以表示为

$$v = \frac{D \cdot i}{\Delta t \cdot k} = \frac{D}{\Delta t} \tan\theta \tag{7.2}$$

式中，D 为像素代表的空间尺度(m)；Δt 为每帧图像的时间间隔(s)；$\tan\theta$ 为时空图像斜率的正切值。需要指出的是，由于视频测流技术只能获取表面流速，在应用之前需采用常规测流结果对该设备的参数进行校核，确保测量精度满足误差要求。此外，当测流断面的地形发生较大变化时，也需要对这些参数进行重新校核。天然河道内，近岸区域的水流流场较为复杂，因此视频测流技术需配合 ADCP 测流与旋桨流速仪等常用测流手段，通过比测以保证测流结果的精度。

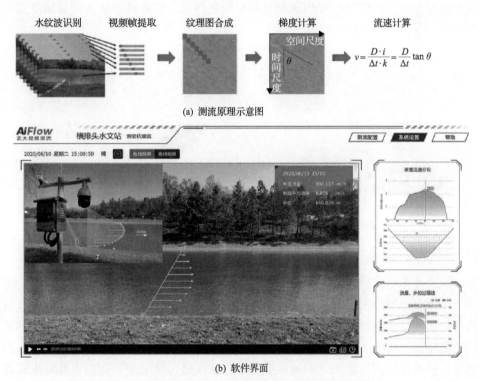

(a) 测流原理示意图

(b) 软件界面

图 7.4 武汉大学 AiFlow 视频测流产品原理及软件界面

7.1.2 泥沙监测

1. 悬移质含沙量观测

1)传统监测方法

目前我国常采用的悬移质泥沙采样器包括瞬时式和积时式(图 7.5)，其主要通过汲取河水水样的方式进行悬移质含沙量的测验。在实际测量过程中，首先，沿监测断面布设监测垂线，在每条垂线上选取若干控制点进行水体采样，并同步测量流速。对采集水样依次进行量积、沉淀、过滤、烘干、称重等步骤处理后，便能得出单位体积浑水中的干沙质量，即含沙量(kg/m^3)。依据各控制点的测量结果，可计算出各垂线的平均悬移质含沙量(单沙)。进一步运用单沙-断沙经验关系曲线进行计算便可获得断面平均悬移质含沙量(断沙)。当测量垂线较多时，也可采用积分的形式直接计算断面含沙量。这种方法测量的精度与控制点的选取及含沙量沿垂向的分布情况有关。近期研发的声学多普勒泥沙浓度及粒径剖面仪，通过向不同深度剖面的水体发射多个不同频率的高频声波信号，并接收相应剖面内悬浮泥沙颗粒散射回的信号，可快速测量悬移质含沙量，但这种方法的测量精度受环境因素(如水体介质)的干扰较大。

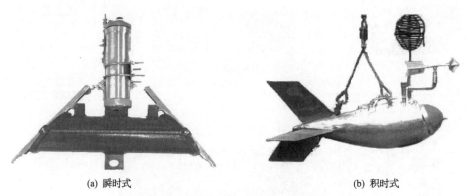

(a) 瞬时式　　　　　　　　　　　　　　　　(b) 积时式

图 7.5　瞬时式与积时式悬移质泥沙采样器

2) 实时在线监测方法(量子点光谱)

量子点光谱分析技术主要将量子点与成像感光元件结合，利用水体本身及其所含物质在量子点材料上的反射、吸收、散射或在受激发的荧光物质上产生的独特光谱特性，获得水体中泥沙物质的波长、强度、频移等谱线特征(图 7.6)。依次建立光谱数据与泥沙物质之间的映射关系，从而通过获取光谱数据以计算出悬移质含沙量。量子点光谱技术所获得信息的丰富度远优于传统监测手段，其可同时监测含沙量和水质参数信息，且具有实时监测、数据精度高等优点。根据实际监测需求，该仪器可进一步扩展颗粒级配、泥沙元素组成等测量模块。此外，量子点光谱仪同样具有定点在线监测和走航式监测两种模式，可根据需求进行不同模式的测验。但通常情况下，这类设备的相关参数需要依据传统监测方法进行比测校核。

图 7.6 芯禹®Sedi-Q 量子点光谱泥沙监测设备

2. 推移质输沙率观测

河流床面附近的推移质运动具有随机性和脉动性，实际观测过程中存在较大误差和不确定性，故推移质原型观测至今仍是一个技术难题。现有的推移质泥沙观测方法主要可分为两类：直接测量法和间接测量法。直接测量法主要借助于推移质采样器及配套装置，如器测法和坑测法。间接测量法是根据各种力学和物理学原理，通过测量与推移质运动相关的物理量，间接推算推移质输沙率，如声学法、示踪法和光测法等。在我国大江大河的推移质测验中，一般采用直接测量法，选用压差式和网式两类采样器。推移质按照粒径大小可划分为沙质、砾石和卵石。网式采样器通常用于砾石和卵石推移质测量，而压差式采样器可用于沙质推移质测量。网式采样器由一个框架组成，除前部进口处，两壁、上部和后部一般由金属网或尼龙网所覆盖，底部为硬底或软网，软网一般由铁圈或其他弹性材料编织而成，以便较好地适应河床地形变化。压差式采样器主要是根据负压原理，在设计采样器时使其出口面积大于进口面积，从而形成压差，增大进口流速，使得器口流速与河道流速接近，便于推移质泥沙进入采样器中(图 7.7)。另外，中小河流内卵石推移质的野外观测方法包括坑测法、槽测法和声学法(间接记录法和自发噪声记录法)，其中较为传统的坑测法是在枯水期外露河床上顺着横断面的方向布置若干个固定式测坑或开挖测槽来观测推移质输沙率的方法。

(a) 沙质推移质采样器

(b) 便携式采样器

图 7.7 推移质泥沙采样器

7.2　近岸地形监测

7.2.1　岸上地形监测

1. 传统地形监测技术

传统地形监测技术主要是利用全球定位系统(global positioning system, GPS)以及 RTK(real-time kinematic positioning)测量技术对崩岸三维地貌进行动态测量(图 7.8)。RTK 测量技术,是以载波相位动态观测为根据的实时差分 GPS 技术,是一种能够在野外实时获取测点厘米级定位精度的测量手段。RTK 测量设备通常包括三个部分:基准站 GPS 接收设备、移动站 GPS 接收设备与数据链。在实际测量过程中,基准站需要布设在国家控制网的已知坐标点上,对 GPS 卫星载波相位进行连续观测,随后通过数据链将观测数据实时发送至移动站。移动站在接收基准站传输数据的同时,也对 GPS 卫星载波相位进行观测。随后将二者的载波相位观测值做差分处理,即可实时计算移动站对于基站的相对位置,进而得到移动站所在测点的三维绝对坐标(张冠军等, 2014)。

图 7.8　实地架设 RTK 测量设备进行崩岸测量

在河道崩岸监测中,需要对险工险段、已发生重大崩岸险情段进行大比例尺地形测绘时,RTK 测量通常作为陆上地形测绘的基本技术手段。其所测量的三维数据点可通过空间插值、构建不规则三角网(triangulated irregular network, TIN)等方法进一步处理为数字高程模型(digital elevation model, DEM)。通过对比汛前、汛后或者两个不同时间节点下的地形数据(图 7.9),即可得到该时段内岸线崩退的长度和宽度,并计算出河岸崩塌的体积。

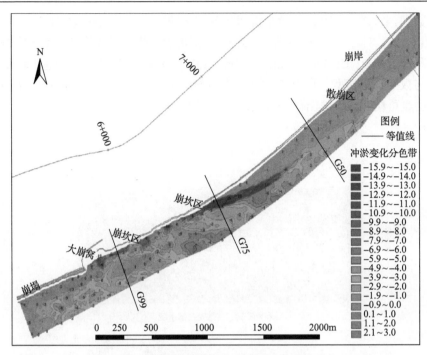

图 7.9　近岸冲淤变化（李钦荣，2021）

传统 RTK 监测技术具有实时记录数据、测量结果精度较高等优点，但实地 RTK 测量往往需要消耗大量人力、物力及时间，同时会不可避免引入人工操作所带来的误差。而且，对于崩塌的河岸而言，其具有一系列高程突变点，若想构建较为准确的三维高程模型，往往需对该区域进行密集测量，但崩岸处的岸坡通常较为陡峭且土体稳定性较差，测量时存在一定的安全隐患。

2. 无人机及船载遥测技术

随着导航系统、遥感测距和传感器技术的迅速发展，目前无人机及船载遥测技术也广泛应用于崩岸监测中。将移动测量系统安装在飞行器、船舶等载体上，通过远程操纵载体即可高效安全地获取较大范围内的河岸地形等数据。目前，主流移动测量系统包括激光雷达（light detection and ranging, LiDAR）装置与高分辨率数码相机，下面将从各装置的基本原理、特点及数据处理流程三个方面进行简单介绍。

激光雷达装置主要由激光测距系统、GPS 以及惯性测量单元（inertial measurement unit, IMU）三者构成。其基本原理为通过激光测距系统发射并接收高频激光束，获取测量装置到反射点之间的距离，同时分别利用 GPS 与惯性测量单元获取激光雷达装置所处的空间位置及空间姿态参数，结合上述三种数据生成待测点的三维坐标数据(戴永江，2011)。激光雷达装置按照测量需求可以安装在船舶或无人机上(图 7.10)，对待测区域进行整体扫描后，即可生成待测区域的三维点云数据。随后可利用 Pix4D、CloudCompare 等主流三维点云数据处理软件依次建立地表三维模型与数字高程模型，从而获取河岸的形态特征。通过比较多次探测所得数字高程模型也可精确地计算出任一时段内的地形差。

(a) 船载三维激光扫描系统

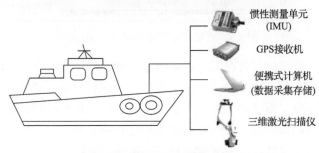

(b) 船载三维激光扫描系统示意图

图 7.10　船载激光雷达装置结构示意图(彭彤，2016)

　　相较传统地形监测技术，机载或船载激光雷达装置主要具有探测范围广、数据获取效率高、产品生产周期短等特点。同时，受益于激光雷达的主动式遥感及较强的穿透能力，其也具备不受植被或夜晚等外界条件影响的特点，可以更为准确地捕捉河岸形态和高程信息。

　　高分辨率数码相机同样可用于获取岸坡地形数据，其通常搭配无人机倾斜摄影技术和运动恢复结构(structure from motion，SFM)技术重构崩岸三维地形(刘仁钊和马啸，2020)。其基本原理是通过匹配无人机在不同位置、不同角度拍摄的多张相互重叠影像中的特征点，修正无人机所处空间位置以及空间姿态信息，解算出特征点的三维空间坐标(图 7.11(b))。因此，其相较机载激光雷达监测技术有如下几点不同：①倾斜摄影需对待测区域进行多角度反复观测，即需要更高的航向和旁向重叠度，以保证特征点出现在多幅影像中；②在地面没有较为明显且位置固定的控制点时，需人工布设地面控制点（ground control point，GCP），如图 7.11（c）所示，并在内业处理时手动匹配多张影像下的同一地面控制点；③在遇到浓雾或是视觉条件欠佳的环境下，无法对待测区域进行有效数据收集；④倾斜摄影技术属于被动测量技术，因此不适用于植被茂密和反坡区域。

图 7.11　无人机倾斜摄影技术和运动恢复结构技术重构的崩岸三维地形（Duró et al., 2018）

另外，运用倾斜摄影技术获取的影像需进一步导入后端数据处理系统中利用 Pix4D、ContextCapture 等软件进行三维重建。主要处理过程依次为：①结合无人机拍摄的多视影像与无人机姿态数据，通过配准控制点以进行联合空中三角测量；②采用空中三角测量结果对多视影像进行密集匹配生成三维点云数据；③对三维点云数据进行重采样处理生成不规则三角网模型、数字地表模型（digital surface model，DSM）等地形数据；④对数字地表模型进行滤波以及剔除植被等处理获取河岸 DEM。总体上来说，相较激光雷达监测技术，倾斜摄影技术的探测效率更低，数据生产周期更长，且无法穿透植物冠层获取精确的地形，但生产成本相对激光雷达监测技术较低。

3. 卫星遥感监测技术

卫星遥感监测技术主要利用卫星遥测数据获取河段的崩岸相关信息。随着卫星遥感传感器在时间与空间分辨率和测量精度上的迅速提升，其已从仅仅局限于崩岸调查逐步发展到用于崩岸常规监测之中。这一部分主要介绍卫星遥感在获取岸上地形方面的相关技术。

依据所用数据及处理方法，利用卫星遥感技术获取岸上地形的手段大致可分为两类：①采用多源卫星遥感影像所提取的水体信息，结合水位数据获取岸上地形；②利用 InSAR（interferometric synthetic aperture radar）或 LiDAR 卫星直接获取地表高程数据。前者首先采用阈值法（多波段谱间关系法、比值法、插值法等）或分类法（支持向量机、决策树、基于对象的分类法和机器学习等）对多源遥感影像进行水陆二元分类。所应用的数据包括合成孔径雷达（synthetic aperture radar，SAR）、多光谱和高分辨率遥感影像。对于合成孔径雷达遥感数据，其主要依据表面近似平滑的水体在 SAR 图像中散射值低而表现为暗区的特点，通过求解图像直方图的极值点来获取水体分割阈值，并将图像中小于/大于阈值部分标记为水体/陆地，形成二值图（Martinis, et al., 2015）。对于多光谱遥感影像，主要基于地物的光谱特征，利用光谱知识构建各种分类模型和水体指数来进行水体的提取（Xu,2006）。对于高分辨率影像，往往利用基于对象的分类法，综合影像的光谱、纹理和空间特征，充分利用地物的光谱、形状、结构和纹理等特征来提取水体信息（Nath and Deb, 2010）。在利用上述方法提取卫星遥感影像中的水体信息后，进一步将其与水位信息进行匹配，即可估算出岸上地形数据。但需要说明的是，所得地形数据精度取决于遥感影像时间与空间分辨率、水体提取方法以及水位信息的精度。当可用遥感影像数据过少时，所获得的地形数据精度也将受到影响。同时，对于部分河岸坡度较陡的区域，其水平方向的变形较小，导致其在一系列水位下的水边线位置相近，利用上述方法也较难准确获取其岸线变形信息。因此，该类方法只能用于获取大尺度崩岸情况，较难用于精细分析。

InSAR 测量技术凭借其高精度、高分辨率、全天候等优点成为目前更为常用的岸上地形测量技术（图 7.12）。其主要原理是通过计算卫星两次过境时获取 SAR 影像的相位差来获取数字高程模型（皮亦鸣和杨建宇，2007）。InSAR 是一种主动式微波遥感，用来记录地物的散射强度信息及相位信息，前者反映了地表属性（含水量、粗糙度、地物类型等），后者则蕴含了传感器与目标物之间的距离信息。InSAR

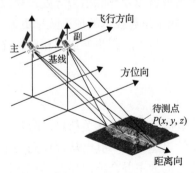

(a) 差分干涉测量几何关系(Crosetto et al., 2003)

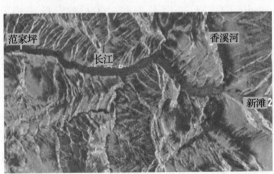

(b) InSAR获取的地形信息(Frei et al., 2012)

图 7.12　InSAR 探测所得河岸三维地形变化

探测的基本原理是通过同一区域两次或多次过境的 SAR 影像的复共轭相乘，来提取地物目标的地形或者形变信息。不同于前述方法，InSAR 获取的岸上地形信息为数字高程模型，故比较不同时间下的 InSAR 数据即可得到该时段内的岸坡变形情况。

7.2.2　水下地形监测

1. 单波束测深技术

单波束测深技术自 20 世纪 50 年代以来在水下地形测验中逐渐得到广泛应用。单波束测深仪系统包括测深仪和数据采集系统，其基本工作原理为由换能器向水中发射一个具有一定空间指向性的短脉冲声波或波束，声波在水中传播，遇到河床后，发生反射、透射和散射。反射回来的回波被换能器接收，从而根据已知换能器发射和接收到回波的时间间隔与声波在水体的平均传播速度，计算出换能器至水底的距离 D。将图 7.13 中换能器至水底的深度 D 加上换能器的吃水深度 h，可得水面至水底的实际距离 H，即为水深。以 Knudsen 320M 双频单波束测深系统为例，该系统的可测深度范围为 $0.3\sim300\mathrm{m}$，且当测量水深小于 $100\mathrm{m}$ 时，测量精度为 $\pm1\mathrm{cm}$；在测量水深大于 $100\mathrm{m}$ 时，测量精度为 $\pm10\mathrm{cm}$。

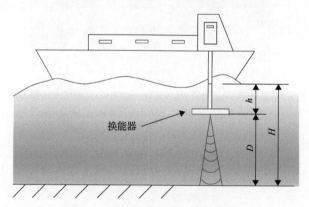

图 7.13　单波束测深基本原理示意图

2. 多波速测深系统

多波束测深系统发展于 20 世纪 70 年代，把原先的点线状测量扩展成为面状测量，可直观显示水下高精度地形。近十几年在高性能工作站、三维显示装置、高精度全球导航卫星系统（GNSS）、惯性导航系统、高精度罗盘及其他新技术的加持下，多波束测深系统正向小型化、实用化方向发展。多波束测深系统具有精度高、测量速度快、成图效率和自动化程度高等优势，目前已应用于长江、黄河等大江大河的水下地形测验中。以 GeoSwath Plus 多波束测深系统为例，其测量深度可达 200m，最大覆盖范围可达 12 倍水深，分辨率为 6mm，每次扫描的取样数可达 2500～12500 个。

多波束测深系统源于单波束测深系统，利用安装于测量船龙骨方向上的一条长发射阵，向河底发射一个与船龙骨方向垂直的超宽声波束，并利用安装于船底与发射阵垂直的接收阵接收回波。当测深系统完成一个完整的发射接收过程后，经过适当处理形成与发射波束垂直的许多个接收波束，从而形成一条由一系列窄波束测点组成并垂直于航向排列的测深剖面。

多波束测深系统采用惯性导航系统，并配合卫星定位系统以及姿态传感器，可实现精确的位置、舷向、垂荡和横摇测量，对河床地形进行全覆盖扫描(图 7.14)。结合 RTK-GPS 地形测量系统，可对多波速测深系统的测量结果进行精确的修正。此外，在测量过程中，两次相邻测带的覆盖范围至少重合 20%，对于重点区域可进行多次覆盖扫测，以保证测量精度。结合船载激光雷达装置与多波束测深系统，并对两者采集的数据进行合成，即可获得所测区域水上与水下河岸地形的三维点云数据，如图 7.15 所示。

(a) 船载多波束测深照片

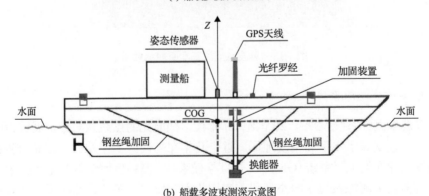

(b) 船载多波束测深示意图

图 7.14　船载多波束测深系统结构示意图(李钦荣，2021)

COG(course over ground, 对地航向)

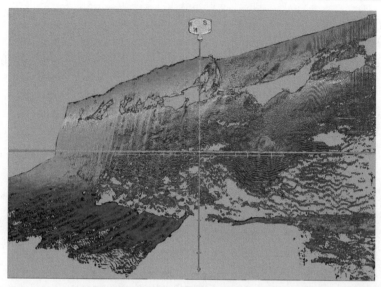

图 7.15　船载激光雷达装置与多波束测深系统获取实测的三维地形点云数据(刘世振等，2019)

7.3　河岸土体组成及力学特性测量

河岸土体特性是崩岸的重要影响因素之一，主要包括土体的物理性质和力学特性，前者主要为土体密度、含水率、孔隙率等，后者包括河岸土体抗冲与抗剪强度。此外，在长江中下游重点岸段，必要时也需要进行河岸土体内部渗流与变形监测，从而服务于重点岸段的崩岸预警。

7.3.1　室内土工试验

根据河段崩岸分布和发生情况，选择典型崩岸段或险工险段的岸坡作为钻孔取样点(图 7.16(a))。依据河岸不同土体组成，进行分层取样，并记录各取样点坐标。钻孔位置通常设置在距离岸边 5～10m 处(图 7.16(a)和(b))，钻孔深度根据河岸高度等确定。根据钻孔结果，确定河岸各土层的厚度，并绘制出土层的剖面图。将土体取样结果带回实验室，开展室内土工试验，主要包括筛分试验、剪切试验及渗透试验等，用以获取河岸土体颗粒级配、比重、界限含水率、密度、含水率、抗剪强度和渗透系数等指标(表 7.1)。

7.3.2　土体特性原位测试

河岸土体特性原位测试通常包括面波测试、静力触探和标准贯入三种方式，可以得到土体的分层情况与压实度等指标。其中，面波测试利用瑞利波的频散特性及其传播速度与土体物理力学性质的相关性来确定土体的分层情况(图 7.17)。其波速的大小与介质干密度呈正相关关系,因此可通过测线所在位置面波波速的分布,识别土层内不同分层间干密度的相对大小,进而大致反映测线处的土体分层情况。

(a) 长江中游典型钻探区域照片

(b) 选点位置照片

图 7.16 河岸土体取样照片(长江科学院, 2021)

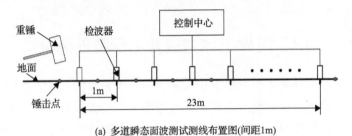

(a) 多道瞬态面波测试测线布置图(间距1m)

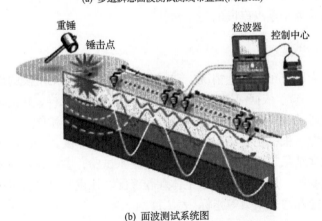

(b) 面波测试系统图

图 7.17 面波测试示意图(水利部长江水利委员会水文局, 2022)

以南五洲长江村崩岸段(图 7.18)的原位测试结果为例,对崩岸段面波测试结果与钻孔结果进行比对,发现从黏性土层向下到砂土层,波速呈现出先逐渐变大

表 7.1　长江中游荆江段典型河岸土体的土工试验结果

河岸名称	试样编号	颗粒组成/% 砂粒 0.50~0.25mm	砂粒 0.25~0.075mm	粉粒 0.075~0.05mm	粉粒 0.05~0.005mm	黏粒 <0.005mm	液塑限 液限 ω_l/%	塑限 ω_p/%	塑性指数 I_p	土样名称 (SL237-1999)	渗透系数 k_{20}	天然状态下的物理指标 湿密度 ρ /(g/cm³)	含水率 ω/%	干密度 ρ_d /(g/cm³)	比重 G_s	孔隙比 e	饱和度 S_r/%	抗剪强度(自然) 黏聚力 c/kPa	内摩擦角 φ/(°)
荆45断面右岸	上层	0	10.3	6.1	53.5	30.1	43.0	23.7	19.3	低液限黏土	2.89×10^{-7}	1.85	35.2	1.37	2.71	0.980	97.4	27.3	19.9
	中间砂	0	92.0	5.5	2.3	0.2	—	—	—	砂土	—	—	—	—	—	—	—	—	—
	下层	0	1.7	0.7	62.4	35.2	43.8	25.8	18.0	低液限黏土	7.94×10^{-7}	1.80	37.5	1.31	2.72	1.079	94.6	17.6	15.0

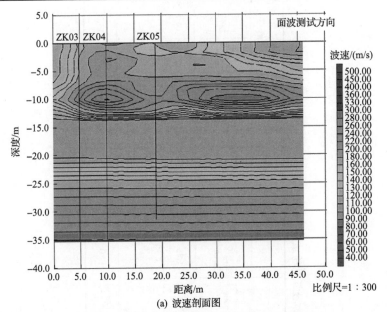

(a) 波速剖面图

(b) 钻孔柱状图

图 7.18　面波测试结果与钻孔结果对比(南五洲长江村崩岸段)

(水利部长江水利委员会水文局，2022)

图(b)中"−1.00"等表示地表以下的深度(m)

而后逐渐减小的趋势，与钻孔结果进行比对，可以发现，波速变化规律与分层情况对应良好。

静力触探则利用静力将探头以一定的速率压入土中，通过探头内的力传感器，利用电子量测仪器将探头受到的贯入阻力记录下来(图 7.19(a))。由于贯入阻力的大小与土层的性质有关，因此通过分析贯入阻力的变化情况，可以达到了解土层性质的目的，并确定土体某些基本物理力学特性，如变形模量、容许承载力等。

标准贯入试验是动力触探的一种，是在现场测定砂或黏性土地基承载力的一种方法(图 7.19(b))。它利用一定的锤击功能，将一定规格对开管式贯入器打入钻孔孔底的土中，根据打入土中的贯入阻抗，判别土层变化和土体性质。将长江中游荆江段向家洲钻孔结果、静力触探、标准贯入和面波测试结果进行对比分析，如图 7.20 所示，可以看出，四种方法对于地层的分层结果基本一致，测量结果的正确性可相互印证。

(a) 静力触探　　　　　　　　　　　　　　(b) 标准贯入

图 7.19　现场试验照片(水利部长江水利委员会水文局，2022)

7.3.3　河岸内部渗流与变形监测

河岸土体的变形监测可分为河岸表面变形监测及内部变形监测，其中河岸表面变形监测又可分为河岸顶部及坡面的变形监测。在河岸顶部，可通过设置毫米波雷达传感器及变形反射标来测量其水平与垂直位移；在坡面，可通过在护坡工程下部埋设位移计等设备，来监测护坡工程的水毁情况；在河岸内部，可通过埋设位移计与渗压计及等测量其土体内部的变形与孔隙水压变化(图 7.21)。一般情况下，当河岸内部位移及孔隙水压力监测结果出现明显突变现象时，表明该河岸即将发生崩岸现象。由于长江中下游河岸较高且土质较硬，因此河岸内部的渗流

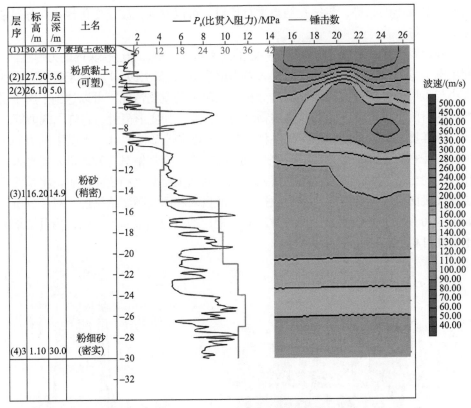

图 7.20　多方法结果对比（向家洲）（水利部长江水利委员会水文局，2022）

纵坐标负值表示地表以下的深度（m）

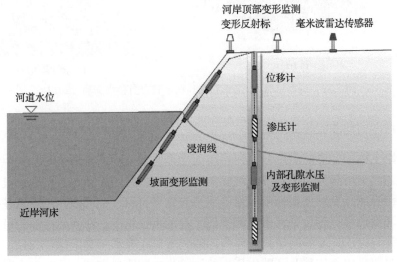

图 7.21　河岸渗流与变形监测设备布设示意图

与变形监测过程中通常需要开展钻孔埋管、位移计与渗压计埋设、回填封孔等工作。渗流与变形监测的布设断面也应尽量与河道主流方向垂直，而渗压计的最低高程最好在河道最低枯水位以下，以保证其位置低于河岸内部的最低浸润线。

7.4　本 章 小 结

本章介绍了长江中下游河道崩岸监测的主要技术手段，包括水沙条件、近岸地形监测、河岸土体组成及其力学特性测量，主要结论包括以下内容。

(1)河道水流流速测量的常用技术手段包括旋桨流速仪、声学多普勒流速剖面仪以及视频测流技术。旋桨流速仪的测量精度最高，但测量效率较低；声学多普勒流速剖面仪测量存在岸边及底部盲区，但测流效率高，应用较广；视频测流技术效率高，但对于近岸的复杂水流结构的适用性相对较低。泥沙测量包括传统的采样方法与量子点光谱等在线监测方法，且后者需要依据前者的测量结果进行比测。

(2)近岸地形监测包括岸上及水下地形监测两部分，其中岸上地形监测常用的技术手段包括 RTK 测量技术、无人机及船载遥测技术以及卫星遥感监测技术；水下地形测量手段通常包括单波束测深系统与多波束测深系统。

(3)河岸土体组成与力学特性测量的技术手段包括室内土工试验与土体特性原位测试两类。前者通常通过现场取样，继而在室内开展筛分试验、剪切试验及渗透性试验等，测量土体的物理性质以及抗剪强度与渗透系数等力学性质。后者包括面波测试、静力触探及标准贯入试验等，用以确定河岸土体的分层情况以及不同土层的基本工程性质。在长江中下游重点岸段，必要时也可开展河岸内部渗流与变形监测，且可分为河岸顶部、坡面与内部的变形监测，以及河岸内部的孔隙水压监测。

第8章　崩岸预警模型及其应用

本章建立了河道崩岸预警模型，包括崩岸过程预测、崩岸预警指标计算和崩岸预警等级划分三部分。首先结合动力学模型和随机森林模型进行崩岸过程预测；其次根据预测结果计算表征崩岸强度的指标(崩岸概率和宽度)，并基于遥感影像确定表征崩岸危害程度的预警指标(临江居民住房面积占比和堤外滩体宽度)；最后采用模糊 C 均值(fuzzy C-means，FCM)算法定量划分预警指标的警限，结合DS(Dempster-Shafer)证据理论对各指标进行数据融合，由此划分崩岸预警等级，并给出崩岸预警信息图。以长江中游为例，采用构建的模型开展了 2020 年长江中游的崩岸预警，并对预警结果进行了分析。

8.1　崩岸过程预测

图 8.1 给出了河道崩岸预警模型的技术框架图，其中崩岸预测为第一个模块。该模块首先根据深泓走向及以往崩岸情况选择崩岸易发区；然后从水沙条件和河床边界条件两个方面选取崩岸的主控因子，并对其进行量化；最后由随机森林模型计算各易发区的崩岸概率，同时采用一维水沙输移与崩岸过程耦合的动力学模型对研究河段的崩岸过程进行模拟，确定各易发区的崩岸宽度。

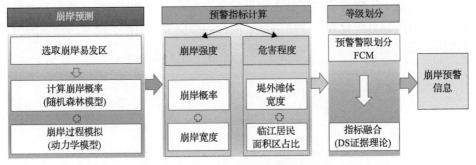

图 8.1　河道崩岸预警模型技术框架图

表 8.1 给出随机森林模型和动力学模型特征的对比。其中，动力学模型是基于力学过程构建的，可以计算特定水沙条件下的崩岸宽度，但总体上难以充分考虑不同影响因素之间的相互作用。基于数据驱动的随机森林模型能够从大量数据中挖掘崩岸现象与各类影响因素之间的潜在关系，从而给出各断面崩岸概率，但该模型缺乏力学描述。因此，这两种模型在一定程度上可以互补。

表 8.1　动力学模型和随机森林模型的特征

特征	动力学模型	随机森林模型
数据需求	短序列	长序列
准确性	取决于率定	取决于输入数据和模型训练
力学机制	有	无
崩岸影响因素	少	多
输出结果	崩岸位置、宽度、时刻	特定断面的崩岸概率

8.1.1　崩岸易发区确定

由第 6 章中统计的崩岸位置及长度可知，长江中游崩岸现象主要集中在主流顶冲或深泓贴岸的局部河段，如石首、调关、七弓岭等河段。通常情况下，相对深泓位置可大致反映河道主流的走向，故本节根据深泓走向及以往崩岸情况，初步确定长江中游崩岸易发区的位置。以长江中游下荆江为例，根据该河段 2018 年的相对深泓位置及以往崩岸情况，可初步选取该河段的 24 个崩岸易发区(图 8.2)，包括北门口、调关、天字一号等多个重点崩岸区域。

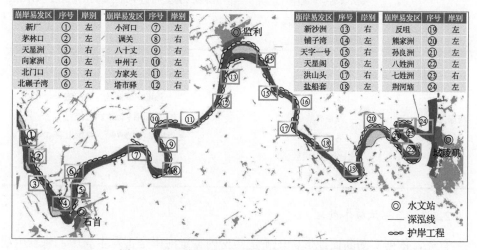

图 8.2　2020 年下荆江河段崩岸易发区确定结果

8.1.2　基于随机森林模型的崩岸概率计算

由于天然河道崩岸现象在统计意义上呈现出一定的随机性，因此本节采用崩岸概率来表征特定河岸发生崩岸现象的可能性，并通过随机森林模型来计算各河岸的崩岸概率。首先，选取和量化崩岸的主控因子，并对各河岸在特定年份内是否发生崩岸进行标记，形成随机森林模型训练与测试的样本集；其次，对输入样本集进行非平衡数据处理，避免模型计算结果倾向于多数类（即不崩岸）；最后，开展模型训练和测试，评估随机森林模型的性能。

1. 崩岸影响因子量化

表 8.2 给出了选取的水沙条件因子和河道边界条件因子及其量化方法。其中水沙条件包括年均流量（Q）与年均悬移质输沙率（Q_s）、河道平均退水速率（V_d）、最大日均退水速率（V_{dmax}）、最大日均流量（Q_{max}）与最大日均输沙率（$Q_{s,max}$）；河床边界条件包括水上与水下坡比（S_a 和 S_u）、相对深泓位置（L_t）、滩槽高差（ΔH）、护岸工程（P）、土体分层层数（N）及黏性土层厚度（H_c）。这些因子的数据来源为长江中游固定断面的实测地形资料和各水文/水位站的常规监测资料。

表 8.2　随机森林模型中采用的崩岸影响因子

影响因子类型	影响因子	量化过程与单位
水沙条件	年均流量（Q）	m^3/s
	年均悬移质输沙率（Q_s）	t/s
	河道平均退水速率（V_d）	9 月初至 12 月中旬内的平均退水速率，m/d
	最大日均退水速率（V_{dmax}）	退水期 9 月至 10 月中旬的最大日均退水速率，m/d
	最大日均流量（Q_{max}）	m^3/s
	最大日均输沙率（$Q_{s,max}$）	t/s
河床边界条件	水上坡比（S_a）	枯水位以上至滩唇的坡比
	水下坡比（S_u）	枯水位以下至近岸深泓的坡比
	相对深泓位置（L_t）	深泓离岸距离/平滩河宽
	滩槽高差（ΔH）	采用平滩水深近似
	护岸工程（P）	是否护岸（护岸 P=1，未护岸 P=0）
	土体分层层数（N）	—
	黏性土层厚度（H_c）	—

2. 训练与测试样本处理

首先，依据实测断面地形标记特定年份内特定河岸是否发生崩岸，将发生崩岸的河岸标记为 1，反之标记为 0。然后将量化后的各崩岸影响因子（表 8.2 中所列）的数据按河岸和年份整合为样本集。例如，第 i 个河岸的样本集 D_i 可表示为如下矩阵形式：

$$D_i = \begin{bmatrix} a_{11} & \cdots & a_{1m_s} & b_{11} & \cdots & b_{1m_b} & c_{1b} \\ \vdots & & \vdots & \vdots & & \vdots & \vdots \\ a_{n1} & \cdots & a_{nm_s} & b_{n1} & \cdots & b_{nm_b} & c_{nb} \end{bmatrix} \tag{8.1}$$

式中，m_s 为水沙条件影响因子数量；m_b 为河床边界条件影响因子数量；n 为年份组数；a_{nm_s} 和 b_{nm_b} 分别为水沙条件和河床边界条件影响因子的大小；c_{nb} 表示该断面特定年份是否发生崩岸。

其次，天然河道多数区域内的河岸处于稳定状态，从而导致崩岸与不崩岸两类样本的比例不平衡，影响后续随机森林模型的训练效果。为解决该问题，本节对比了随机过采样（Over-sampling）、合成少数类过采样技术（synthetic minority Over-sampling technique，SMOTE）、结合过采样和欠采样方法合成少数类样本（SMOTE+TOMEK（Tomeklink））和基于支持向量机的合成少数类过采样技术（SVM（support vector machine）_SMOTE）四种不同的重采样方法对随机森林模型预测性能的影响（Chawla et al.，2002；Han et al.，2005；Salekshahrezaee et al.，2021）。

3. 崩岸概率计算

随机森林模型的核心思想是对训练集进行自助采样，组成多个训练集，每个训练集生成一棵决策树，所有决策树组成随机森林，从而对样本进行训练并预测的机器学习算法（Breiman，2001）。图 8.3 给了基于随机森林算法的主要流程，其利用自助法（Bootstrap）从总样本集中有放回地随机选取子样本集 M 次，得到 M 棵由子训练样本集建立的决策树，其中由第 T_i 棵决策树确定的崩岸可能性为 $p_{T_i}(c_b/v)$，然后取 M 个决策树分类结果的平均值为崩岸概率 $p_T(c_b/v)$，两者可分别表示为

$$p_{T_i}(c_b/v) = \frac{1}{N_k} \sum_{k=1}^{N_k} p_k(c_b/v) \tag{8.2}$$

$$p_T(c_b/v) = \frac{1}{M} \sum_{i=1}^{M} p_{T_i}(c_b/v) \tag{8.3}$$

式中，$p_k(c_b/v)$ 为 k 节点上属于 c_b 类的概率，其中 $c_b = 1$ 或 0；N_k 为某一棵决策树的节点总数目；v 为输入变量。此外，根据训练后的随机森林模型，可获取不同输入变量的重要度，用以代表不同影响因子（表 8.2）对崩岸的影响程度。

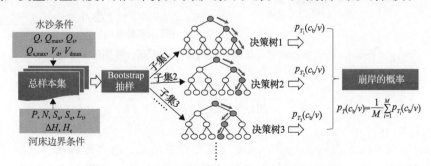

图 8.3　基于随机森林算法的崩岸概率计算流程图

4. 模型性能评估

本节采用精确率和召回率来衡量随机森林模型的预测性能。精确率 R_p 指在预测为正类（崩岸）的样本中，实际情况也为正类的样本数量占比；召回率 R_r 指在所有实际为正类的样本中，被模型预测为正类的比例。三者可分别表示为

$$R_p = \frac{TP}{TP+FP} \tag{8.4}$$

$$R_r = \frac{TP}{TP+TN} \tag{8.5}$$

式中，TP 为实际崩岸且预测结果也是崩岸的样本数目；TN 为实际崩岸但预测结果为不崩岸的样本数目；FP 为实际不崩岸但预测结果为崩岸的样本数目。由于在实际工程中，通常希望能尽可能多地对崩岸现象进行预警，从而减少漏报带来的危害，因此召回率是崩岸预测性能中最关键的指标。

8.1.3　基于动力学过程的崩岸计算

基于动力学过程的崩岸宽度计算采用第 5 章提出的一维水沙输移、床面冲淤与崩岸过程耦合的数学模型（图 8.4）。该模型将用于在特定水沙条件下，计算研究河段各断面河岸的崩退宽度。与上述随机森林模型相比，该模型给出了特定河岸具体的崩岸过程。

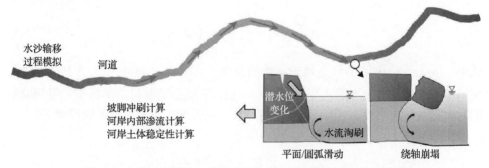

图 8.4　一维水沙输移、床面冲淤与崩岸过程耦合模型的示意图

8.2　崩岸预警指标计算

崩岸预警指标主要包括崩岸强度及危害程度两类，前者考虑崩岸宽度（BW）和崩岸概率（OP），分别采用动力学模型和随机森林模型计算得到，后者考虑崩

岸对当地堤防损毁与居民财产安全的影响，分别由堤外滩体宽度（EW）和临江居民区面积占比（AP）两个指标来衡量。EW 值越小，意味着崩岸对堤防的危害性越大，而 AP 值越小，意味着附近地区的居民越少，崩岸造成的潜在经济损失将越小。

8.2.1　临江居民区面积占比计算

临江居民分布通过遥感影像获取，从 30m 空间分辨率的全球地表覆盖数据集（GlobeLand30）中提取居民地。但该遥感影像未能反映出临江较为分散的住房区域，对于这些分散的住房区域，则单独从 Google 地图中重新提取。此外，临江居民区面积（RA）依赖于计算范围，且该范围的确定应与研究河段内崩岸现象的剧烈程度有关。据统计，2002～2020 年长江中游最大年内崩岸宽度约 0.5km，发生在观音洲弯道段，而最大年内崩岸长度约 3.5km，发生在八姓洲边滩。因此本节暂选取的计算范围为特定河岸位置向上下游各延伸 2km，由河岸线向内陆延伸 1.5km的矩形范围（图 8.5）。各河岸附近选取的计算区域的总面积（TA）为 6km^2，则临江居民区面积占比可表示为 AP =RA/TA。

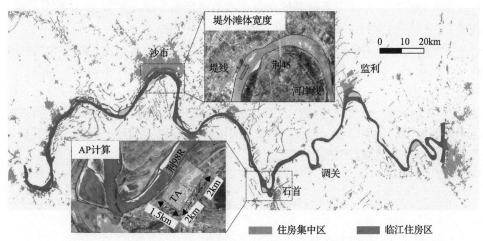

图 8.5　临江住房分布情况与典型区域大堤位置

8.2.2　堤外滩体宽度计算

堤外滩体宽度计算首先需确定堤防和河岸线位置，以水利部长江水利委员会水文局编制的 2016 年河道形势图为基准，绘制堤防线，并将堤防线坐标数据导入ArcGIS 软件中，结合河岸线位置，确定河岸线与大堤的横向距离，即堤外滩体宽度（图 8.5）。河岸线则采用第 6 章中介绍的方法，从遥感影像中进行提取。

8.3　崩岸预警等级划分

本节中的预警等级划分,包括各指标预警警限的划分、指标融合与等级确定、预警信息图绘制 3 个方面。首先基于不同年份内四个预警指标(崩岸概率、崩岸宽度、堤外滩地宽度及临江居民区面积占比)的取值,采用模糊 C 均值算法,计算各指标对应不同预警等级的聚类中心,并定量计算预警指标对各聚类中心的隶属度,以此来表征各指标在不同等级下的预警警限;然后采用 DS 证据理论融合各预警指标,确定预警等级;最后给出预警信息图的绘制方法。

8.3.1　预警警限划分

首先需要确定崩岸预警的等级数目,然后确定各指标在不同等级下的预警警限。水利部长江水利委员会水文局(2018)将崩岸预警等级分为Ⅰ~Ⅲ级。其中崩岸可能性大、危害大,需做好预警区宣传和警示工作,加强加密巡查的岸段为Ⅰ级预警(最高级);崩岸可能性大、危害较大,需做好预警区宣传和警示工作,落实定期巡查的岸段为Ⅱ级预警(次高级);崩岸可能性较大,需重点关注的岸段为Ⅲ级预警(低级)。为体现不预警的岸段,本节将预警等级设定为 a~d 四个等级,其中 a~c 对应上述Ⅰ~Ⅲ预警等级,而 d 对应不预警。

警限的划分采用模糊 C 均值算法进行计算。算法的原理是通过最小化目标函数来实现聚类,分别计算不同类别的聚类中心,并得到某个样本属于不同类别的隶属度(介于 0~1)。隶属度值越大,表示该样本属于某类别(本节指等级)的可能性越高(Rombaut and Yue, 2002)。因此本节中提到的预警警限实际是指不同指标在不同等级下的聚类中心,以及这些聚类中心所对应的隶属度分布情况。例如,某一预警指标的模糊聚类模型可表示为

$$\min J\left(D_{\mathrm{m}}, C\right) = \sum_{i=1}^{n_{\mathrm{s}}} \sum_{j=1}^{n_{\mathrm{c}}} \left(\mu_{ij}\right)^{e'} \left(d_{ij}\right)^2 \tag{8.6}$$

且需满足以下的限制条件:

$$\sum_{j=1}^{n_{\mathrm{c}}} \mu_{ij} = 1, \quad \forall i = 1, 2, \cdots, n_{\mathrm{s}}$$
$$\mu_{ij} \in [0,1], \quad 1 \leqslant i \leqslant n_{\mathrm{s}}, \quad 1 \leqslant j \leqslant n_{\mathrm{c}} \tag{8.7}$$

式中, $J\left(D_{\mathrm{m}}, C\right)$ 为加权误差平方和函数; n_{s} 为该预警指标的样本数; n_{c} 为聚类中心数目; $D_{\mathrm{m}} = \left[\mu_{ij}\right]$,为 $n_{\mathrm{s}} \times n_{\mathrm{c}}$ 的隶属度矩阵,其中 μ_{ij} 表示该预警指标与聚类中

心的隶属度；$C = \begin{bmatrix} C_j \end{bmatrix}^{\mathrm{T}} = [a,b,c,d]^{\mathrm{T}}$，为聚类中心矩阵，即各指标分别对应于 $\mathrm{I} \sim$ III 级预警和不预警的聚类中心；$e' \geqslant 1$ 为模糊加权指数，其最佳取值区间为[1.5, 2.5]，通常可取 $e' = 2$（Hathaway and Bezdek, 1988）；d_{ij} 为预警指标值与聚类中心的欧几里得距离。

图 8.6 给出了基于模糊 C 均值算法确定各预警等级聚类中心的流程。其基本原理是通过迭代调整分类矩阵和聚类中心，使得目标函数最小。首先，输入预警指标的样本集及聚类中心数目，并随机生成聚类中心值，构成聚类中心初始矩阵；其次，计算聚类中心 C 和由隶属度构成的分类矩阵 D_{m}。设迭代步数为 l，聚类中心 C 由式(8.8)计算：

$$C_j = \frac{\sum_{i=1}^{n_s} \left(\mu_{ij}^{(l)} \right)^{e'} x_i}{\sum_{i=1}^{n_s} \left(\mu_{ij}^{(l)} \right)^{e'}}, \quad j=1,2,3,4 \tag{8.8}$$

式中，x_i 为第 i 个样本值。分类矩阵 D_{m} 的计算公式为

$$\mu_{ij} = \left[\sum_{k=1}^{n_c} \left(d_{ij}^{(l)} \Big/ d_{ik}^{(l)} \right)^{2/(e'-1)} \right]^{-1} \tag{8.9}$$

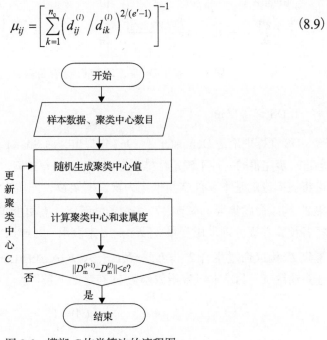

图 8.6　模糊 C 均类算法的流程图

最后，若 $\left\| D_{\mathrm{m}}^{(l+1)} - D_{\mathrm{m}}^{(l)} \right\| < \varepsilon$（设定的迭代终止参数），则算法停止，输出分类矩阵和聚类中心，否则 $l=l+1$，重新计算聚类中心和分类矩阵。

8.3.2　预警指标融合与等级确定

此处采用 DS 证据理论，融合崩岸概率、崩岸宽度、临江居民区面积占比和堤外滩体宽度四个预警指标，从而确定断面预警等级。图 8.7 给出了基于 DS 证据理论的预警指标融合的基本框架。DS 证据理论涉及基本概率指派（BPA）函数的计算。因此，本节首先对上述隶属度分布进行拟合，确定具体的隶属度函数关系（多采用高斯分布函数）；然后基于隶属度函数确定 DS 证据理论中所需的 BPA 函数，并确定各指标的权重；最后采用 DS 组合规则融合各指标的 BPA 函数，选取融合后的 BPA 函数最大值对应的预警等级为最终的预警等级。

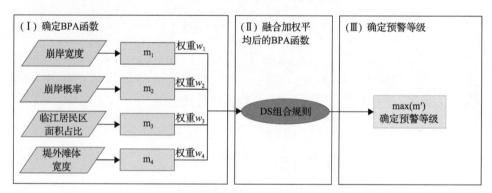

图 8.7　基于 DS 证据理论的预警指标融合的基本框架

1. DS 证据理论

DS 证据理论是 Dempster 于 1967 年提出，由 Shafer 于 1976 年引入信任函数概念进一步完善的一种不确定性推理方法（Dempster, 1967；Shafer, 1976）。DS 证据理论将概率论的基本事件空间推广为辨识框架 $\varTheta$，即所有互斥假设的集合，$\varTheta$ 的幂集 $2^{\varTheta}$ 构成命题集合。本节中 $\varTheta$ 表示预警等级所有可能值的穷举集合。例如，本节将各预警等级分别采用变量 a、b、c、d 来表示，则辨识框架 $\varTheta$ 为 $\{a,b,c,d\}$。$\varTheta$ 的幂集 $2^{\varTheta}$ 构成命题集合 $2^{\varTheta} = \{\varnothing, a, b, c, d, a\cup b, \cdots, a\cup b\cup c, \cdots, \varTheta\}$。对于命题集合中任意命题 A，其基本概率指派函数 m 满足如下条件：

$$\sum_{A\subset 2^{\varTheta}} m(A) = 1 \tag{8.10}$$

$$m(\varnothing) = 0 \tag{8.11}$$

式中，∅ 表示空集。基本概率指派函数反映了预警指标对命题 A 的支持程度，例如，崩岸宽度支持该河岸为 a 级预警，则其对应的基本概率指派函数为 $m(a)$。

为了融合多个独立的预警指标，DS 证据理论提供了 Dempster 组合规则，其本质是指标的正交和，如预警指标的个数为 n_c，则使用 Dempster 组合规则对基本概率指派函数组合 n_c-1 次，其中 Dempster 组合规则为

$$m(A) = \frac{1}{1-K} \sum_{A_1 \cap A_2 = A} m_1(A_1) \cdot m_2(A_2) \tag{8.12}$$

式中，A_1 和 A_2 为命题集合 2^Θ 的任意子集；m_1 和 m_2 分别为不同预警指标的基本概率指派函数；K 反映了预警指标之间冲突的程度，其计算公式为

$$K = \sum_{A_1 \cap A_2 \neq \varnothing} m_1(A_1) \cdot m_2(A_2) \tag{8.13}$$

当指标高度冲突时，经典的 Dempster 组合规则可能会获得不合逻辑的结果。邓勇等（2004）提出了一种证据加权平均组合规则，即先对基本概率指派函数进行加权平均，再利用 DS 证据理论融合证据信息，以完成在证据高度冲突下实现多源信息的有效融合。该方法被用于本节融合四个预警指标，以确定各河岸的崩岸预警等级，即对四个预警指标分别赋予不同的权重后，再对各指标的基本概率指派函数进行加权平均：

$$m'(A) = \sum_{i=1}^{n_c} m_i(A) \cdot w_i \tag{8.14}$$

式中，$m'(A)$ 为加权平均后的基本概率指派函数；w_i 为第 i 个预警指标的权重。

本节中各指标权重预先给定初值，而后根据预警结果与实际崩岸情况对比，从而对权重进行率定。采用 DS 组合规则对基本概率指派函数 $m'(A)$ 进行融合后，选取其最大值对应的预警等级为最终的预警等级。

2. 基本概率指派函数

预警指标融合结果的准确性很大程度上取决于基本概率指派函数的合理性（蒋雯和邓鑫洋，2018），而该指派函数可以通过模糊 C 均值算法获取的隶属度分布情况进行确定。由于由随机森林模型计算得到的崩岸概率数据较多且分布较均匀，故崩岸概率的隶属度可采用插值的方法进行计算。其他三个指标的隶属度采用高斯分布函数来拟合，可表示为

$$\mu(x) = \frac{1}{\sqrt{2\pi}\sigma} \exp\left(-\frac{(x-\bar{x})^2}{2\sigma^2}\right) \tag{8.15}$$

式中，$\bar{x}$ 和 σ 分别为隶属度分布的平均值和标准差。以崩岸宽度为例，$\mu_a^{BW}(x)$、$\mu_b^{BW}(x)$、$\mu_c^{BW}(x)$ 和 $\mu_d^{BW}(x)$ 分别表示崩岸宽度指标（BW）在 $a\sim d$ 等级下的隶属度分布函数（图 8.8）。根据蒋雯和邓鑫洋（2018）的研究，崩岸宽度为 x_{BW} 时，可计算该值对应命题 $\{a\}$ 的 BPA 函数为 $m_{BW}(a)=\mu_a^{BW}(x_{BW})$，而命题 $\{ab\}$ 的 BPA 函数为 $m_{BW}(a\cup b)=\mu_b^{BW}(x_{BW})$，其余命题的 BPA 函数则为 0。其中命题 $\{a\}$ 表示崩岸宽度支持预警等级为 a；命题 $\{ab\}$ 表示崩岸宽度支持预警等级为 a 或者 b，以此类推。当所有命题的 BPA 函数值之和大于 1.0，即 $\sum\limits_{A\subset 2^{\Theta}} m_{BW}(A)>1.0$ 时，需要对所有命题的 BPA 函数值进行归一化处理；否则可把剩余的 BPA 函数值（$1.0-\sum\limits_{A\subset 2^{\Theta}} m_{BW}(A)$）增加至命题 $\{a\cup b\cup c\cup d\}$。

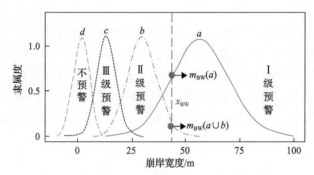

图 8.8　预警指标与隶属度拟合的高斯分布函数

3. 确定预警指标权重

各预警指标的权重代表了其在研究河段的重要程度，且在不同的河段应有所不同，因此可根据实际需要进行确定。但也可通过数学方法客观地确定预警指标的权重，如证据关联系数法和距离函数法，通过考虑各指标之间的关联性来确定指标的权重，具体可参见邓勇等（2004）、蒋雯和邓鑫洋（2018）的研究。这两类方法假设一个预警指标与其他预警指标的关联性越大，则该预警指标受其他预警指标的支持程度越大，从而具有越高的可信度，因此给其分配越高的权重。然而，这两类方法认为所有预警指标具有同等的重要程度，不同指标之间的属性相近，但本节中不同指标具有不同的属性，不具有很强的关联性，因此这两类方法的适用性相对较低。因此本节中预警指标的权重，在上述数学方法给出的计算结果的基础上，人为进行了调整，保留为待率定参数。

8.3.3　预警信息图绘制

在确定预警等级后，需要给出研究河段的崩岸预警信息图。图 8.9 给出了崩岸预警信息的示意图，包括预警断面名称、预警等级、崩岸宽度（BW）、崩岸概率（OP）、临江居民区面积占比（AP）和堤外滩体宽度（EW）四个预警指标的具体值等。圆圈所在位置表示预警的位置，其颜色表示预警等级。其中预警等级颜色依据国务院 2006 年颁布的《国家突发公共事件总体应急预案》的相关规定进行确定，其中Ⅰ～Ⅲ级预警分别采用红色、黄色和蓝色进行表示。

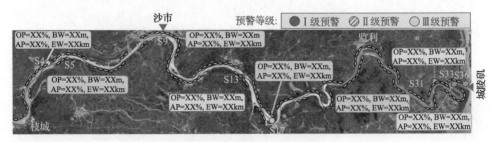

图 8.9　崩岸预警信息示意图

8.4　崩岸预警模型在长江中游河段的应用

本节将建立的预警模型应用于 2020 年的长江中游崩岸预警。首先基于水位、流量、含沙量、断面地形等实测数据，开展长江中游崩岸过程预测，并与实际崩岸情况进行对比，率定动力学模型的参数，并对随机森林模型进行训练和测试。在此基础上，开展崩岸预警等级划分，将结果与水利部长江水利委员会水文局发布的预警等级以及实际情况进行对比，分析预警结果的合理性与局限性。

8.4.1　崩岸过程预测结果

1. 崩岸易发区确定

此处根据 2018 年深泓走向及水利部长江水利委员会水文局于 2018 年和 2019 年发布的预警结果（水利部长江水利委员会水文局，2018，2019），初步选取了长江中游 57 个崩岸易发区（图 8.10），包括北门口、天字一号、七弓岭等多个重点崩岸区域。其中 48%的断面位于下荆江，这主要是因为下荆江河段是典型的弯曲河段，主流紧贴河岸，近岸河床冲刷较剧烈。此外，下荆江河岸土体为上部较薄黏性土和下部较厚非黏性土组成的二元结构河岸，与其他河段的河岸相比，其抗冲性更弱，崩岸发生得更为频繁。

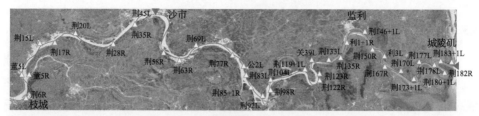

(a) 荆江河段

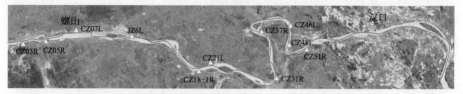

(b) 城汉河段

(c) 汉湖河段

图 8.10　2020 年长江中游河段崩岸易发区确定

2. 随机森林模型的训练和测试

以 57 个选定河岸在 2003～2018 年(879 个数据组)的实测水沙及地形等数据为训练集,对随机森林模型进行训练。训练集数据经过重采样后,共有 1564 个数据组。再采用 2019 年(57 个数据组)的实测数据对模型进行测试。此外,根据不同重采样方法及采样比例的计算结果,发现当随机森林模型由原始数据进行训练时,得到测试集中崩岸的召回率较低(0.33);而当输入数据通过 SMOTE 算法进行重采样后,随机森林模型在测试数据上表现良好,崩岸和不崩岸的精确率分别为 80%和 96%,召回率为 0.67 和 0.98。由此可知,模型预测性能依赖于不平衡输入数据的处理,同时也反映了研究河段中崩岸总体上的发生还是"低频"事件,若观测数据不够,运用随机森林模型预测崩岸现象较困难。此外,可知数据集的选择对模型的性能影响较大,在不同河段随机森林模型的预测性能可能有所不同。

此外,还分析了重采样算法与平衡比对模型性能的影响,结果如表 8.3 所示。可以发现 SMOTE 和 Over-sampling 方法可明显提升模型的性能,且其随着平衡比的增加而提高,当平衡比为 1:1.0～1:1.5 时,模型的召回率达到了 0.67。其中,混合采样算法 SMOTE + TOMEK 处理输入数据时,均出现随着平衡比的增加,模型的测试精确率先增大后减小，而召回率持续增加的现象。此现象出现的原因可能是随机森林预测精确率较大程度取决于训练样本，而 SMOTE + TOMEK 算法在处理噪声数据时删除了部分真实的样本数据。

表 8.3　不同平衡比和不同重采样算法的随机森林模型的精确率（召回率）

重采样算法	平衡比			
	1：1.0～1：1.5	1：2.0～1：3.0	1：40～1：5.0	1：9.0
SMOTE	0.80(0.67)	1.00(0.50)	1.00(0.50)	0.67(0.33)
SMOTE+TOMEK	0.67(0.60)	0.83(0.50)	0.80(0.40)	0.50(0.20)
Over-sampling	0.67(0.60)	0.67(0.40)	0.67(0.30)	0.50(0.20)
SVM_SMOTE	0.83(0.50)	0.71(0.50)	0.62(0.50)	0.67(0.20)

图 8.11 给出了由随机森林模型计算得到的不同崩岸影响因素的重要度。由图可知，长江中游主要崩岸影响因素按重要度由高到低排序依次（前五个因素）是：水下坡比、黏性土层厚度、水上坡比、滩槽高差和相对深泓位置，且其重要度的总和约达 68.7%。水下坡比的重要度已达到 28.2%，远大于其他影响因素。这在某种程度上验证了李义天和邓金运（2013）采用水下坡比作为预测是否崩岸的标准的合理性。从图中还可以发现护岸工程的重要度仅为 2.7%。这种现象出现的原因可能是：①护岸工程的实施将有效减少坡脚冲刷，使得河岸坡比始终保持较小值，因此护岸工程的重要度已包含在水下坡比中；②二进制值（0 和 1）不足以很好地代表护岸工程的特点，需要更多的护岸工程信息，如抛石厚度、护岸工程损毁程度等。

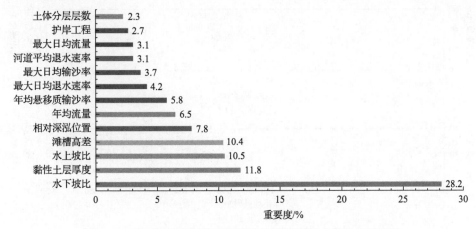

图 8.11　基于随机森林模型得到的各影响因素对崩岸的重要度

3. 动力学模型计算结果分析

此处，采用一维床面冲淤与崩岸过程耦合模型，模拟了 2013 年、2019 年的长江中游枝城至九江河段的崩岸过程，并结合随机森林模型给出的崩岸概率，对计算结果进行了分析。

表 8.4 给出了 2013 年和 2019 年长江中游六个水文站计算和实测的流量、输沙率、水位间的平均相对误差。由表可知，动力学模型能较好地反演长江中游水沙输移过程，流量、输沙率和河道水位的平均相对误差分别介于 2%～5%、1%～30% 和 1%～6%。图 8.12 给出了 2013 年和 2019 年长江中游计算和实测崩岸宽度的比较结果。计算结果表明，动力学模型给出了长江中游部分的重要崩岸区域。据统计，2013 年和 2019 年长江中游分别有 14 个和 15 个发生崩岸的位置，最大崩岸宽度分别为 31m 和 25m。计算结果分别反映了其中 6 个和 8 个崩岸位置，计算的最大崩岸宽度分别为 60m 和 81m。此外，如图 8.12 所示，由随机森林模型计算的崩岸概率的分布与动力学模型计算的长江中游崩岸位置的分布较为一致，崩岸概率高的位置对应实际崩岸位置，进一步证明了随机森林模型在崩岸过程预测中的适用性。

表 8.4　2013 年和 2019 年长江中游 6 个水文站水沙条件计算值和实测值间的平均相对误差　　　　　　　　　　　　　　　（单位：%）

变量	枝城	沙市	监利	螺山	汉口	九江
流量	2～3	3	2～3	2～5	2～4	2～3
输沙率	1～3	2～18	2～12	3～30	3～14	1
水位	2～3	3	2	2～3	1	4～6

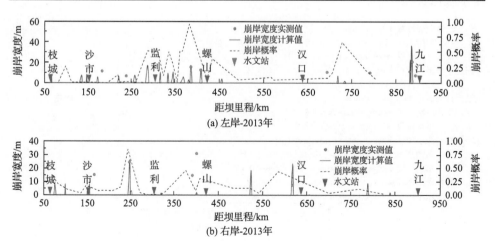

(a) 左岸-2013年

(b) 右岸-2013年

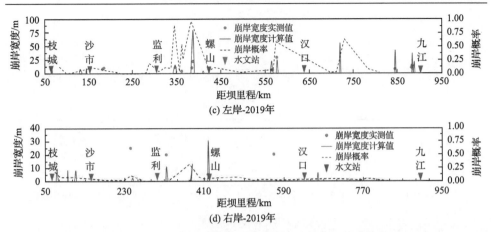

图 8.12　长江中游崩岸概率、崩岸宽度计算值与实测值对比

4. 2020 年预测结果

本节以 2019 年汛后 10 月实测的断面地形数据及 2020 年实测的水沙数据为基础，开展了 2020 年内长江中游的崩岸过程预测。值得注意的是，实际工程中的崩岸预测，首先要对研究河段的来水来沙条件进行预测，但本节暂仅关注在已知水沙条件下的崩岸预测与预警等级划分，因此随机森林模型和动力学模型中输入的水沙条件暂使用 2020 年的实测水沙过程。图 8.13 给出了 2020 年长江中游进出口水沙条件，包括进口枝城站流量和含沙量，以及出口九江站水位过程。进口枝城站的流量介于 6730～51800m³/s，平均值约为 17752.6m³/s，含沙量介于 0.003～0.957kg/m³，平均值约为 0.047kg/m³；九江站水位介于 7～21m，平均值约为 13m。模型侧向水沙边界条件采用 2020 年长江中游三个分流口及两个入汇支流的实测流量、含沙量(图 8.14、图 8.15)和相应悬沙级配。初始地形条件选用 2019 年 10 月实

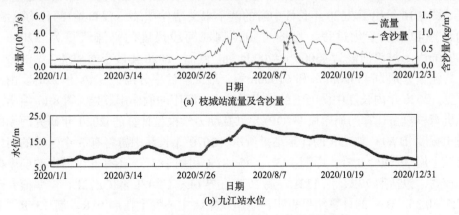

图 8.13　2020 年长江中游进出口水沙边界条件

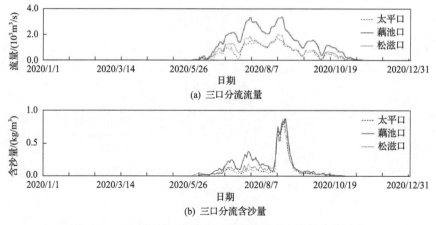

(a) 三口分流流量

(b) 三口分流含沙量

图 8.14　2020 年长江中游三口分流流量和含沙量变化过程

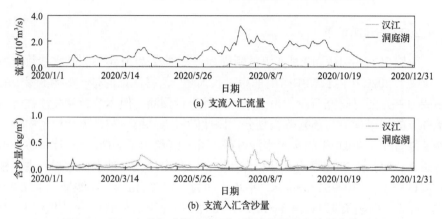

(a) 支流入汇流量

(b) 支流入汇含沙量

图 8.15　2020 年长江中游支流入汇/分流流量和含沙量变化过程

测的固定断面地形,且仍采用 2014 年 10 月实测的床沙级配作为初始床沙级配。

　　图 8.16 给出了 2020 年长江中游的两个水文站(沙市站、汉口站)的日均流量、输沙率和水位变化过程。由图可知,荆江河段尺度的平滩流量为 32000~39000m³/s,城汉河段为 43000~47000m³/s。然而,2020 年沙市站和汉口站的最大日均流量分别为 43600m³/s 和 61600m³/s,最大输沙率分别为 33t/s 和 22t/s。由此可见,2020 年内长江中游河道的来水量较大,河床冲刷作用较强。图 8.17 给出了随机森林模型计算的崩岸概率(OP),以及动力学模型计算的 2020 年研究河岸的崩岸宽度(BW)。如 OP 的计算结果所示,2020 年长江中游将有 3 个区域的河岸会发生崩岸(OP>0.5),即荆 173L、荆 182R 和荆 183L,还有 6 个河岸的崩岸概率较高,包括荆 77R、荆 133L、荆 177L、界 6L、CZ48L 和 CZ72L,概率值介于0.25~0.36。BW 的计算结果表明,崩岸现象将主要发生在荆 98R、荆 135R、荆173L、荆 182R、CZ51R 和 CZ68-2L 这 6 个断面,且荆 173L 的崩岸宽度约为 38m。

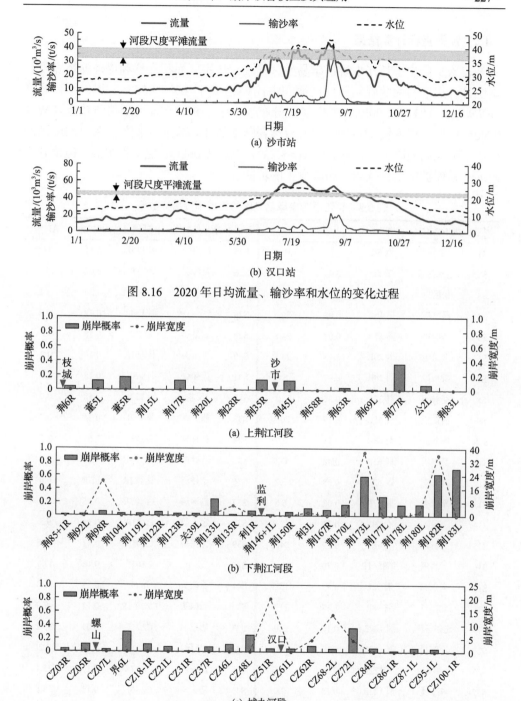

图 8.16　2020 年日均流量、输沙率和水位的变化过程

图 8.17　2020 年长江中游崩岸概率(OP)和崩岸宽度(BW)

8.4.2 预警指标计算结果

表 8.5 给出了长江中游崩岸易发区的临江居民区面积占比和堤外滩体宽度。据统计，选取断面的临江居民区面积占比(AP)介于 0%～86.7%，堤外滩体宽度(EW)介于 0.01～10.00km，其中居民分布较集中(AP>30%)且距堤防较近(EW<0.5km)的危害程度较高的断面占所有预警断面的 18%左右。例如，荆 122R 断面位于下荆江调关段主流顶冲处，AP=32.3%，EW=0.06km，危险性很高，但该处实施的一系列护岸工程减弱了崩岸发生的可能性。

表 8.5　长江中游崩岸易发区的崩岸预警指标数据

序号	崩岸易发区	断面	EW/km	AP/%	序号	崩岸易发区	断面	EW/km	AP/%
S1	关洲	荆 6R	0.32	10.8	S25	塔市驿	荆 135R	0.11	3.0
S2	毛家花屋	董 5L	0.04	6.2	S26	新沙洲	利 1R	0.07	15.7
S3	松滋口	董 5R	0.30	3.0	S27	铺子湾	荆 146+1L	0.26	11.2
S4	马家店	荆 15L	0.05	86.7	S28	天字一号	荆 150R	0.22	13.3
S5	刘巷	荆 17R	0.07	24.8	S29	天星阁	利 3L	0.28	0.2
S6	七星台	荆 20L	0.10	23.6	S30	洪山头	荆 167R	0.16	0.2
S7	涴市段	荆 28R	0.07	6.6	S31	盐船套	荆 170L	0.18	8.8
S8	腊林洲	荆 35R	0.33	1.0	S32	反咀	荆 173L	1.58	0.0
S9	盐观段	荆 45L	0.17	80.4	S33	熊家洲	荆 177L	0.23	0.7
S10	突起洲	荆 58R	0.18	0.0	S34	孙良洲	荆 178L	5.61	1.5
S11	陡湖堤	荆 63R	0.48	53.9	S35	八姓洲	荆 180L	10.00*	0.0
S12	冲和观	荆 69L	0.08	7.2	S36	七姓洲	荆 182R	0.74	0.0
S13	罩家台	荆 77R	0.08	6.6	S37	荆河垴	荆 183L	0.35	0.0
S14	新厂	公 2L	0.31	12.7	S38	道人矶	CZ03R	0.11	9.3
S15	茅林口	荆 83L	0.19	24.2	S39	龙头山	CZ05R	0.22	19.8
S16	天星洲	荆 85+1R	0.70	0.0	S40	螺山	CZ07L	0.18	17.7
S17	向家洲	荆 92L	0.55	15.3	S41	石码头	界 6L	0.25	56.3
S18	北门口	荆 98R	1.37	21.3	S42	石矶头	CZ18-1R	0.12	47.3
S19	北碾子湾	荆 104L	0.18	0.0	S43	宏恩矶	CZ21L	0.09	38.2
S20	小河口	荆 119L	0.13	0.0	S44	肖潘	CZ31R	0.10	1.2
S21	调关	荆 122R	0.06	32.3	S45	簰洲湾	CZ37R	0.14	25.1
S22	八十丈	荆 123R	0.15	0.0	S46	邓家口	CZ46L	0.11	15.8
S23	中洲子	关 39L	0.37	0.0	S47	大咀	CZ48L	0.14	17.7
S24	方家夹	荆 133L	10.00*	0.0	S48	赤矶山	CZ51R	0.12	9.6

续表

序号	崩岸易发区	断面	EW/km	AP/%	序号	崩岸易发区	断面	EW/km	AP/%
S49	尹魏	CZ61L	0.12	27.5	S54	西塞山	CZ86-1R	0.04	66.8
S50	泥矶	CZ62R	0.14	28.9	S55	丝周	CZ87-1L	0.25	3.7
S51	江咀	CZ68-2L	0.11	8.4	S56	郜家嘴	CZ95-1L	0.24	58.8
S52	潘家湾	CZ72L	0.90	54.2	S57	半壁山	CZ100-1R	0.01	16.5
S53	海关山	CZ84R	0.13	68.0					

*表示实际的堤外滩体宽度大于 10km，表格中只取为 10km。

8.4.3　预警等级划分结果

1. 预警警限计算结果

图 8.18 给出了模糊 C 均值算法计算的各预警指标的隶属度分布。如图 8.18(b)～(d) 所示，正态高斯分布能够用于描述 BW、AP 和 EW 预警指标的隶属度分布。AP 的四个预警等级(a～d)的聚类中心分别为 65%、28%、14% 和 1%，相邻聚类中心的跨度几乎是等间距的。BW 的警限划分结果与余文畴和卢金友(2008)基于

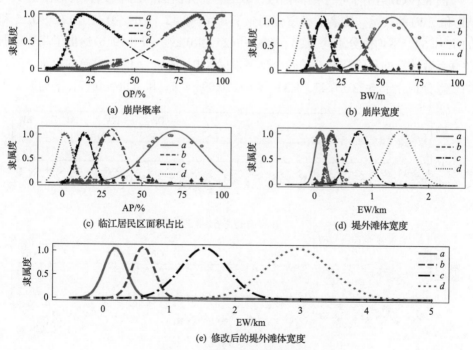

(a) 崩岸概率　　　　　　　　　　　(b) 崩岸宽度

(c) 临江居民区面积占比　　　　　　(d) 堤外滩体宽度

(e) 修改后的堤外滩体宽度

图 8.18　预警指标隶属度分布

(a)～(d) 中离散点表示隶属度的计算数据，曲线为拟合曲线

工程实践的划分结果较为类似。该研究中将崩岸宽度划分为四个等级：弱（BW＜20m）、中等（20m≤BW＜50m）、强（50m≤BW＜80m）和极强（BW≥80m）。本节中 BW 的 a～d 级聚类中心分布为 52m、28m、12m、0m。EW 的聚类中心（d～a）分别是 1.4km、0.7km、0.3km 和 0.1km，这些聚类中心之间的间距从 d 至 a 递减，这种间距减小的规律符合工程实践。当河岸十分靠近堤防时，较小的崩岸很可能会给堤防带来相对较大的危险，因此当堤外滩体宽度减少时，预警等级应迅速升高。然而，鉴于长江中游最大年内崩岸宽度可能超过 500m，而本节中认为只有当 EW 的值超过最大年内崩岸宽度的 2 倍时，堤防才能被视为相对安全（c～d 级），为此，将堤外滩体宽度分类中心增加到图 8.18（d）中的两倍，且相应地扩展了隶属度的高斯分布（图 8.18（e））。OP 的分布不能由高斯分布拟合，但其数据点分布良好，a～d 四个预警等级的中心分别为 99%、85%、20% 和 2%，其中 b 和 c 聚类中心的间距较大。这也反映出：若仅基于崩岸概率确定崩岸预警等级，则预警等级大概率集中于 b 或 c，只有当模型非常确定崩岸发生或不发生时，预警等级才会是 a 或 d。

2. 预警指标融合结果

图 8.19（a）给出了基于距离函数计算的各研究断面的四个预警指标（OP、BW、AP 和 EW）的权重，四者的权重分别介于 0.16～0.42、0.09～0.41、0.10～0.25 和 0.07～0.52，平均值分别为 0.24、0.23、0.24 和 0.29。图 8.19（b）给出了基于证据关联系数计算的各研究断面的四个预警指标（OP、BW、AP 和 EW）的权重，四者的权重分别介于 0.23～0.43、0.31～0.42、0.09～0.31 和 0.06～0.17，平均值分别

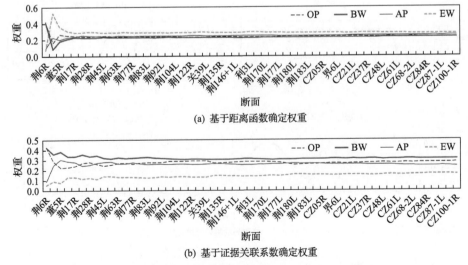

(a) 基于距离函数确定权重

(b) 基于证据关联系数确定权重

图 8.19　基于距离函数和证据关联系数分别确定各断面预警指标权重

为 0.28、0.32、0.26 和 0.14，其中表示崩岸强度的预警指标(OP 和 BW)和表示崩岸危害程度的预警指标(AP 和 EW)的权重和分别为 0.6 和 0.4。由此可知，证据关联系数给出的权重认为划分崩岸预警等级时更应注重崩岸强度相关的预警指标。

　　根据由上述两种方法计算的权重结果及实际崩岸情况，本节确定了四个预警指标(OP、BW、AP 和 EW)的权重 w 分别为 0.2、0.3、0.1 和 0.4，即认为崩岸可能性及其危害性对崩岸预警具有同等的重要性。图 8.20 给出了 2020 年荆 98R 和荆 182R 两个断面各预警指标的基本概率指派函数值。由图可知，荆 98R 中 AP 的基本概率分布在不同命题中($\{b\}$ 的 BPA 函数值为 0.56、$\{b\cup c\}$ 为 0.42、$\{a\cup b\cup c\}$ 为 0.02)，而荆 182R 上的基本概率集中在特定命题上($\{d\}$ 的 BPA 函数值为 0.96、$\{c\cup d\}$ 为 0.04)，这表明根据 AP 指标划分等级的不确定性在荆 98R 断面高于荆 182R 断面。

预警指标	a	b	c	d	ab	ac	ad	bc	bd	cd	abc	abd	acd	bcd	abcd
OP			0.82							0.17				0.01	
BW				0.98						0.02					
AP		0.56						0.42			0.02				
EW	1.00														

(a) 荆98R

预警指标	a	b	c	d	ab	ac	ad	bc	bd	cd	abc	abd	acd	bcd	abcd
OP		0.90						0.10							
BW		0.97						0.03							
AP				0.96						0.04					
EW		0.99			0.01										

(b) 荆182R

图 8.20　长江中游崩岸断面的基本概率指派函数分布
abc 代表命题 $\{a\cup b\cup c\}$，以此类推

3. 预警等级划分结果与预警信息图

　　表 8.6 给出了不同权重下长江中游 2020 年各断面预警等级的计算结果，以及当年 5 月水利部长江水利委员会水文局基于监测数据及工程经验发布的预警等级(限于选取的崩岸易发区)。从表中可知，采用上述预警指标的权重时，预警河段主要分布在刘巷、向家洲、七姓洲和荆河垴等区域。在下荆江尾部的七姓洲到荆河垴段，计算的崩岸宽度约 36m，而崩岸概率介于 0.29～0.62，预警等级为 Ⅱ 级，表明该河段具有高崩岸风险，且高于水利部长江水利委员会水文局发布的预警等级(Ⅱ～Ⅲ级)。此外，2020 年实际崩岸情况显示该河段内崩岸情况较为严重，故预警结果与实际情况较为符合。反咀段(荆 173L 断面)不预警，主要是因为虽然该处在 2020 年崩岸概率大(0.6)且计算的崩岸宽度大(37m)，但堤外滩体宽度较大(1.6km)，且临江居民区面积占比较小(0%)。然而值得注意的是，反咀靠近八姓洲狭颈，该处崩岸对于河势的影响较大，在以后的研究中需要加以考虑。

表 8.6　长江中游 2020 年不同权重组合下得到的断面预警等级

崩岸易发区	断面	OP∶BW∶AP∶EW			证据关联系数	基于距离函数	水利部长江水利委员会水文局预警等级	实际崩岸宽度/m
		0.2∶0.3∶0.1∶0.4	0.3∶0.3∶0.2∶0.2	0.3∶0.3∶0.1∶0.3				
关洲	荆 6R	d	d	d	d	d	b	0
毛家花屋	董 5L	d	d	d	d	a	c	0
松滋口	董 5R	d	d	d	d	d	c	0
马家店	荆 15L	c	d	d	d	a	a	0
刘巷	荆 17R	a	d	d	d	d	d	0
七星台	荆 20L	d	d	d	d	d	d	0
涴市段	荆 28R	d	d	d	d	d	d	0
腊林洲	荆 35R	d	d	d	d	d	d	0
盐观段	荆 45L	c	b	b	d	a	a	0
突起洲	荆 58R	d	d	d	d	d	d	0
陡湖堤	荆 63R	d	d	d	d	d	d	0
冲和观	荆 69L	d	d	d	d	d	d	0
覃家台	荆 77R	b	d	d	d	d	d	0
新厂	公 2L	d	d	d	d	d	d	0
茅林口	荆 83L	d	d	d	d	d	d	0
天星洲	荆 85+1R	d	d	d	d	d	d	0
向家洲	荆 92L	c	d	d	d	c	b	0
北门口	荆 98R	d	d	d	d	d	a	0
北碾子湾	荆 104L	d	d	d	d	d	a	0
小河口	荆 119L	d	d	d	d	d	d	0
调关	荆 122R	d	d	d	d	d	b	0
八十丈	荆 123R	d	d	d	d	d	d	0
中洲子	关 39L	d	d	d	d	d	c	0
方家夹	荆 133L	d	d	d	d	d	d	0
塔市驿	荆 135R	d	d	d	d	d	d	0
新沙洲	利 1R	d	d	d	d	d	b	0
铺子湾	荆 146+1L	d	d	d	d	d	d	0
天字一号	荆 150R	d	d	d	d	d	d	0
天星阁	利 3L	d	d	d	d	d	b	0

续表

崩岸易发区	断面	OP∶BW∶AP∶EW			证据关联系数	基于距离函数	水利部长江水利委员会水文局预警等级	实际崩岸宽度/m
		0.2∶0.3∶0.1∶0.4	0.3∶0.3∶0.2∶0.2	0.3∶0.3∶0.1∶0.3				
洪山头	荆 167R	d	d	d	d	d	d	0
盐船套	荆 170L	a	c	c	c	c	d	0
反咀	荆 173L	d	b	b	b	d	b	0
熊家洲	荆 177L	b	d	d	d	d	c	0
孙良洲	荆 178L	d	d	d	d	d	b	19.7
八姓洲	荆 180L	d	d	d	d	d	b	0
七姓洲	荆 182R	b	b	b	b	b	c	450.5
荆河垴	荆 183L	b	b	b	d	b	b	78.2
道人矶	CZ03R	d	d	d	d	d	d	0
龙头山	CZ05R	d	d	d	d	d	d	0
螺山	CZ07L	d	d	d	d	d	d	0
石码头	界 6L	b	c	b	d	a	d	0
石矶头	CZ18-1R	d	d	d	d	d	d	0
宏恩矶	CZ21L	d	d	d	d	d	d	0
肖潘	CZ31R	d	d	d	d	d	a	0
簰洲湾	CZ37R	d	d	d	d	d	a	0
邓家口	CZ46L	d	d	d	d	d	d	0
大咀	CZ48L	a	c	c	c	c	a	0
赤矶山	CZ51R	a	a	a	d	d	d	0
尹魏	CZ61L	d	d	d	d	d	b	0
泥矶	CZ62R	d	d	d	d	d	d	0
江咀	CZ68-2L	a	a	a	a	a	a	0
潘家湾	CZ72L	c	c	c	c	c	d	12.9
海关山	CZ84R	b	d	d	d	a	d	0
西塞山	CZ86+1R	b	d	d	d	a	d	0
丝周	CZ87-1L	d	d	d	d	d	b	0
鄈家嘴	CZ95-1L	d	d	d	d	d	d	0
半壁山	CZ100-1R	d	d	d	d	d	d	0

注：a、b、c、d 分别代表Ⅰ级预警、Ⅱ级预警、Ⅲ级预警和不预警

　　图 8.21(a)～(c)给出了计算得到的 2020 年长江中游预警信息图。图 8.22(a)～(c)给出了水利部长江水利委员会水文局(2020)发布的预警信息图(仅限选取的崩

岸易发区)。计算结果表明：2020 年内长江中游的 57 个崩岸易发区中有 17 个崩

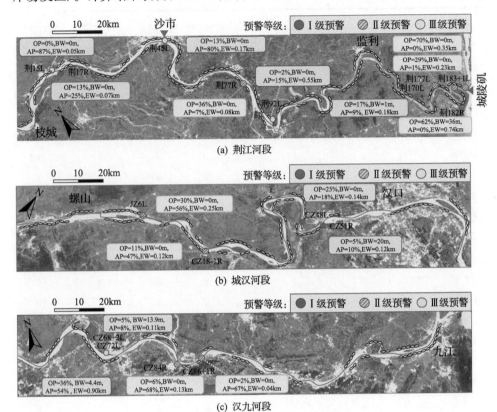

图 8.21　计算的 2020 年断面崩岸预警等级

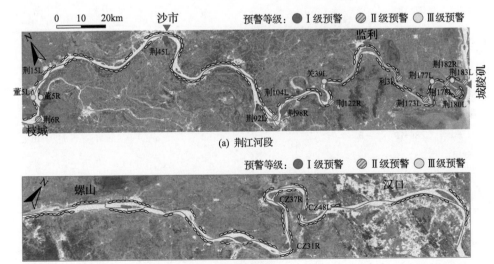

(c) 汉九河段

图 8.22　2020 年水文局崩岸预警等级(仅限选取的崩岸易发区)

岸预警点，包括 5 个Ⅰ级预警点、8 个Ⅱ级预警点和 4 个Ⅲ级预警点，而水利部长江水利委员会水文局(2020)发布的信息显示共 24 个崩岸预警点，包括 9 个Ⅰ级预警点、10 个Ⅱ级预警点和 5 个Ⅲ级预警点。部分河岸计算的预警等级与水利部长江水利委员会水文局(2020)给出的预警等级接近，例如，在 CZ48L 河岸，水利部长江水利委员会水文局(2020)的预警结果为Ⅰ级预警，且该岸段为历史老险段，岸坡已守护，主流顶冲，深泓逼岸，崩岸可能性和危害性较大。根据本节的计算结果，该河岸在 2020 年的崩岸概率为 0.25，计算的崩岸宽度为 0m，临江居民区面积占比为 18%，堤外滩体宽度为 0.14km，且计算的预警等级也为Ⅰ级。但部分区域计算的预警等级与水利部长江水利委员会水文局(2020)发布的预警信息不一致。例如，水利部长江水利委员会水文局(2020)发布的预警信息中，下荆江向家洲左岸与北门口段右岸两处的预警等级分别为Ⅱ级和Ⅰ级，而本节给出的预警等级分别为Ⅲ级和不预警，低于水利部长江水利委员会水文局(2020)发布的预警等级。根据计算结果，这两处在 2020 年内的崩岸宽度与崩岸概率均较低，主要是因为这两处河段均实施了护岸工程，而随机森林模型中仅以 0 和 1 描述护岸与否，无法详细描述护岸工程损毁等过程。

　　此外，本节提出的预警模型仍存在两个主要局限性。首先，目前的预警体系是基于预警年份给定的水沙条件来开展的，但实际上全年的水沙条件一般不能很好地预知，只能使用具有代表性的水沙条件，今后需要在实时监测水沙条件的基础上建立实时或分时段预警模型。其次，预警指标权重确定方法有待改进。预警指标权重可以通过数学方法进行估计，并结合实际情况进行率定，且权重的取值对预警等级划分结果的影响较为明显(表 8.6)。较为合理的方法是评估预警信息是否满足防洪管理的要求，且不同区域其防洪管理要求有所不同。因此，本节预警指标权重被保留为可以根据实际要求进行调整的参数。

8.5　本章小结

　　本章构建了河道崩岸预警模型，包括崩岸过程预测、预警指标计算和预警等级划分三个模块，给出了 2020 年长江中游的崩岸预警信息图。主要结论如下。

(1)结合动力学模型和随机森林模型进行崩岸过程预测。首先,以深泓走向及以往崩岸情况,确定了崩岸易发区。从水沙条件和河床边界条件两个方面选取和量化崩岸影响因子,并通过随机森林模型计算易发区的崩岸概率。采用一维水沙输移和崩岸过程的耦合动力学模型,计算研究河段的崩岸过程,确定易发区的崩岸宽度。其次,提出了崩岸强度及危害程度两类预警指标,前者包括崩岸宽度和崩岸概率,后者包括临江居民区面积占比和堤外滩体宽度。最后,基于 DS 证据理论,提出了各指标的融合方法,确定了崩岸预警等级,并绘制预警信息图。

(2)基于2018年深泓位置与以往崩岸情况共选取了长江中游57个崩岸易发区(固定断面),其中48%的断面位于下荆江。采用 2003～2019 年崩岸易发区的数据训练和测试随机森林模型,且经过数据重采样处理后,随机森林模型在测试集中得到的崩岸的召回率达到了 0.67。此外,基于随机森林模型,计算得到崩岸的重要影响因素依次是水下坡比、黏性土层厚度、水上坡比、滩槽高差和相对深泓位置,其总重要度达到 68.7%左右。通过 2013 年和 2019 年的实测水沙及地形数据,对一维床面冲淤与崩岸过程耦合模型进行了重新率定和验证,且结果较好地反映了长江中游主要崩岸区域及其崩岸宽度。

(3)基于模糊 C 均值聚类算法确定了各预警指标的警限,即各指标在各等级下的聚类中心与隶属度分布。其中,临江居民区面积占比的四个预警等级(a～d)的聚类中心分别为65%、28%、14%和1%;崩岸宽度的聚类中心(a～d)分别为 52m、28m、12m 和 0m;堤外滩体宽度的聚类中心(a～d)分别是 0.1km、0.3km、0.7km和 1.4km;崩岸概率的聚类中心(a～d)分别为 0.99、0.85、0.20 和 0.02。采用高斯分布函数拟合各预警指标在不同预警等级下的隶属度函数,将隶属度值转换为基本概率指派函数,并利用 DS 证据理论融合各断面的基本概率指派函数,从而确定预警等级。

(4)分析了预警指标权重对预警等级划分的影响以及探讨了构建的预警模型的合理性与局限性。结果表明当崩岸概率、崩岸宽度、临江居民区面积占比和堤外滩体宽度四个预警指标的权重分别为 0.2、0.3、0.1、0.4 时,长江中游预警点主要分布在刘巷、向家洲、七姓洲和荆河垴等区域。此外,本章构建的预警模型存在的局限性主要包括暂未考虑实时或分时段预警,且预警指标及其权重的确定有待改进。

第9章 河道崩岸治理技术

本章主要介绍长江中下游河道崩岸治理技术，包括局部河段河势调控以及大型窝崩抢险与治理技术。首先以长江中游腊林洲与下游落成洲的典型河势控制工程为例，对其实施方案及治理效果等进行分析；其次研究长江中下游大型窝崩抢险与治理原则及采用的结构型式，分析不同窝塘治理措施的阻水与促淤效果；最后以长江下游三江口与指南村两个典型窝崩现象为例，分析其抢险方案及治理效果。

9.1 局部河段的河势调控技术

河势调控措施应在掌握河道历史演变、近期现状和发展趋势的基础上，结合防洪规划、河道治理规划以及调控目标(控制现有河势或改善和调整河势)等来选择调控措施的类型。此外，调控措施还应考虑工程对上下游、左右岸及分汊河段各汊道间的影响，并需兼顾航道、桥梁、取水等设施的正常运行(余文畴和卢金友，2008)。

为了改善和调整河势，长江中下游已经实施大量的河势调控工程。此处，以长江中游太平口水道的腊林洲低滩守护工程和长江下游扬中河段落成洲洲头控制工程为实例，分析长江中下游典型河段的河势调控措施，并评估其调控效果。

9.1.1 腊林洲低滩守护工程

1. 导流护滩带工程布置方案

腊林洲低滩位于长江中游上荆江沙市河段太平口水道右侧，见图9.1。太平口

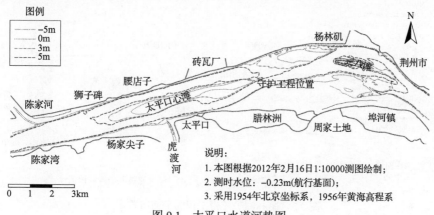

图 9.1 太平口水道河势图

水道上起陈家湾，下至玉和坪，全长约 22km，属微弯分汊型河道。2003 年三峡水库蓄水以来，腊林洲上段持续冲刷后退，幅度达百米以上；滩尾则淤积下延，向三八滩一侧挤压展宽(夏军强等，2020)，影响河道堤防和通航安全。由此，在该河段实施了腊林洲导流护滩带工程，适当恢复腊林洲低滩的滩体，引导水流集中冲槽，并强化"南槽～北汊"上下主流衔接的格局。

导流护滩带主要由底部的混凝土软体排、上部中间区域的抛石压载(中间加强带)及边缘透水框架压载所组成，见图 9.2。与常规护滩带相比，导流护滩带的导流功能主要源自于中间加强带对水流的调整作用。由于中间加强带的阻水作用，主流向护滩带外侧偏移，使得导流护滩带前沿至对岸区域的流量增加。

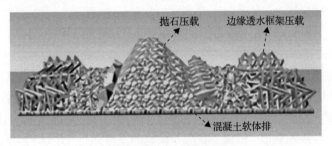

图 9.2　导流护滩带结构型式

为确定导流护滩带工程的布置方案，建立了局部正态(比尺 1∶100)物理模型，来研究不同方案下导流护滩带工程的导流效果。模拟的原型范围包括腊林洲护滩工程及其上、下游 3～6km 范围的局部河段，且首先基于实测水文与地形数据建立了概化模型，开展了相似性验证。继而开展了典型水流条件下工程方案的对比试验，确定了导流护滩带工程的平面布置方案和中间加强带的立面结构，见图 9.3和图 9.4。

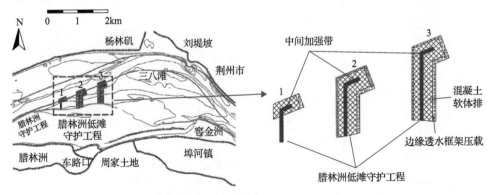

图 9.3　腊林洲护滩带工程的平面布置图

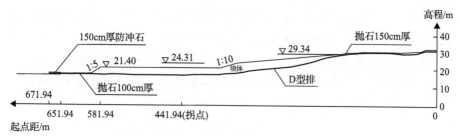

(a) 2护滩带纵轴线剖面图(垂直比例1:1000，水平比例1:3000)

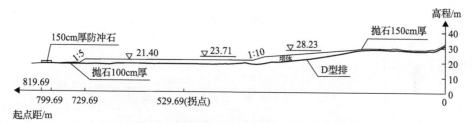

(b) 3护滩带纵轴线剖面图(垂直比例1:1000，水平比例1:3000)

图 9.4 腊林洲护滩带中间加强带的纵剖面

2. 护滩带的导流效果评价方法

1)导流流量和导流率

本节将护滩带工程区域称为"阻流区"，而护滩带前沿至对岸区域称为"主流区"，并采用导流流量及导流率来定量评估护滩带工程的导流效果。其中导流流量定义为主流区增加的流量，而导流率为导流流量与断面总过流流量的比值。导流率的计算方法为选择典型的计算断面，将主流区划分为 n 个计算区间，根据测量结果，统计不同区间的流速值和区间宽度，从而得到主流区增加的流量，可表示为

$$\frac{\Delta Q}{Q} = \frac{1}{Q}\left[\sum_{i=1}^{n}\left(\overline{V_{2i}} \cdot B_{2i} \cdot H_{2i}\right) - \sum_{i=1}^{n}\left(\overline{V_{1i}} \cdot B_{1i} \cdot H_{1i}\right)\right] \tag{9.1}$$

式中，H_{1i}、H_{2i}、B_{1i}、B_{2i} 和 $\overline{V_{1i}}$、$\overline{V_{2i}}$ 分别为护滩带实施前后计算区间的水深(m)、区间宽度(m)和垂线平均纵向流速(m/s)；ΔQ 为导流流量(m^3/s)；Q 为断面总过流流量(m^3/s)。

2)主流偏移相对距离

主流偏移相对距离是指护滩带实施后主流区内同体积水体的偏移距离，其计算示意图如图 9.5 所示，具体包括：选择典型横断面，以导流护滩带对岸为起点，在断面总过流流量 Q 下，计算距离起点特定宽度内的流量 Q_1，以及其百分比

$P=Q_1/Q$。将具有相同百分比的水体部分视为同等体积的水体。以各计算点与起点之间的距离为横坐标，以 P 为纵坐标，可得到导流护滩带实施前后的过水频率曲线沿河宽的分布。例如，若取 $P=60\%$ 为代表百分比，则可由图 9.5 中工程实施前后的两条频率曲线，计算 $P=60\%$ 时对应的横坐标差值，即为主流偏移距离（ΔL）。此外，定义 ΔL 与河宽（B）的比值为主流偏移的相对距离。

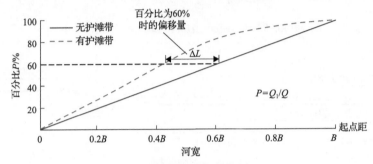

图 9.5　主流偏移距离计算的示意图

3. 实际工程实施效果评估

为分析护滩带的具体导流效果，在长 40m、宽 9m 的概化水槽中开展了试验研究。根据腊林洲设计护滩带的结构型式（护滩带+中间加强带的结构型式），在水槽中部右侧布置护滩带，并设置了 5 道纵向水位观测线（L1～L5）和 8 个流速观测横断面（CS1～CS8），见图 9.6。影响导流率和主流偏移距离的因素主要包括护滩带长度、中间加强带坝体高度与来流流量，故通过组合这些因素的取值形成不同的试验工况。其中，护滩带长度取 4.15m 和 5.15m 两种，分别占总河道宽度的 46% 和 57%；中间加强带高度则取 2cm、4cm 和 6cm 三种；流量取 $100\times10^3\text{cm}^3/\text{s}$、$150\times10^3\text{cm}^3/\text{s}$、$200\times10^3\text{cm}^3/\text{s}$ 和 $300\times10^3\text{cm}^3/\text{s}$ 四种。

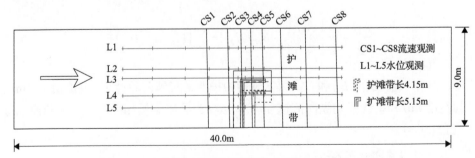

图 9.6　试验水槽平面形态及纵向与横向观测线的布置

1）纵向水面线变化规律

通过对比有无护滩带工程时纵向水面线的变化规律，可以发现：导流护滩带建成后，护滩带上游水位壅高而下游水位降低，且靠近护滩带一侧的水位变化幅度大于对岸侧的变化幅度。其原因在于：靠近护滩带一侧受护滩带阻流的作用较大，从而使得护滩带上游侧水位壅高也大，引起上游水面比降减小而流速降低，并导致护滩带上游水面线出现较短距离的逆坡。

随着护滩带坝体高度增大，对水流的阻水作用加强，上游壅水高度也增大。以 L4 纵向水面线为例，当护滩带长为 4.15m 且流量为 $100 \times 10^3 \mathrm{cm}^3/\mathrm{s}$，加强带高为 2cm、4cm 和 6cm 时引起的护滩带上游平均壅水高度分别为 0.01cm、0.04cm 和 0.10cm（图 9.7(a)）。随着护滩带长度增加，上游壅水高度同样会有所增大。在流量为 $100 \times 10^3 \mathrm{cm}^3/\mathrm{s}$ 且加强带高为 6cm 的条件下，随着护滩带长度由 4.15m 增长到 5.15m（图 9.7(a) 和 (c)），坝体上游平均水位由 10.12cm 增加到 10.29cm，而坝体下游平均水位由 9.95cm 下降到 9.89cm。随着流量增大，坝体的阻水作用相对较弱，从而导致上游壅水与下游水位下降幅度也会有所减小（与无护滩带时相比）。例如，在护滩带长为 4.15m 而加强带高为 6cm 的条件下，随着流量由 $100 \times 10^3 \mathrm{cm}^3/\mathrm{s}$ 增加到 $300 \times 10^3 \mathrm{cm}^3/\mathrm{s}$（图 9.7(a) 和 (b)），护滩带上游的平均壅水高度由 0.10cm 减小到 0.02cm，而下游的平均水位降幅由 0.05cm 下降到 0.02cm。

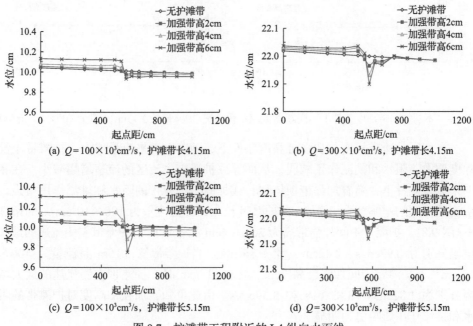

(a) $Q = 100 \times 10^3 \mathrm{cm}^3/\mathrm{s}$，护滩带长4.15m

(b) $Q = 300 \times 10^3 \mathrm{cm}^3/\mathrm{s}$，护滩带长4.15m

(c) $Q = 100 \times 10^3 \mathrm{cm}^3/\mathrm{s}$，护滩带长5.15m

(d) $Q = 300 \times 10^3 \mathrm{cm}^3/\mathrm{s}$，护滩带长5.15m

图 9.7　护滩带工程附近的 L4 纵向水面线

2) 横断面流速变化规律

通过对比有无护滩带工程时流速分布的变化规律（图 9.8），可知因护滩带的阻水作用，水流向护滩带外侧偏移，护滩带前沿至对岸区域（主流区）的过流量增大，流速明显增大，如图 9.8(a)及图 9.8(d)中的 CS1 及 CS7 断面的流速变化所示。护滩带工程区域 CS3 与 CS4 断面流速分布变化特征相对复杂，由于 CS3 断面位于护滩带加强带，断面过水面积大幅减小，整个断面的流速都有所增加，且流速增幅随加强带加高而增大；CS4 断面位于加强带下方护滩区域，当流量为 $100\times10^3\text{cm}^3/\text{s}$ 而护滩带加强带高度为 2cm 时，CS4 断面右侧流速增大，然而当加强带高度增加为 4cm 或 6cm 时，CS4 断面右侧流速转为减小。

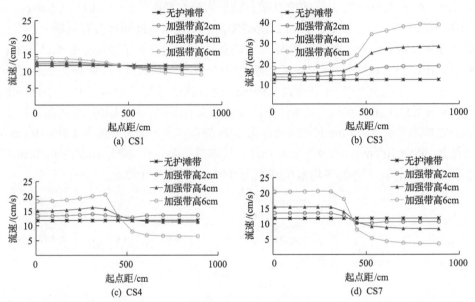

图 9.8　不同加强带高度条件下不同断面流速变化情况(护滩带长 5.15m，流量为 $100\times10^3\text{cm}^3/\text{s}$)

在相同护滩带长度与加强带高度条件下，随着上游来流量增大，护滩带淹没程度增大，阻水和挑流作用减弱，从而导致护滩带主流区的流速增幅减小。在相同来流量条件下，随着加强带坝体加长或加高，护滩带的阻水和挑流作用增强，主流区流速的增幅加大。例如，在护滩带长 4.15m 且流量为 $100\times10^3\text{cm}^3/\text{s}$ 的条件下(图 9.8)，护滩带中间加强带高为 2cm、4cm 和 6cm 时，护滩带左侧流速的最大增幅分别为 0.97cm/s、2.42cm/s 和 5.86cm/s。当护滩带长 5.15m 且流量为 $100\times10^3\text{cm}^3/\text{s}$，护滩带中间加强带高 2cm、4cm 和 6cm 时，护滩带左侧流速的最大增幅分别为 1.82cm/s、3.83cm/s 和 8.59cm/s。由此可知，加强带高度对护滩带的阻水和挑流作用影响更为明显。

3) 主流偏移相对距离及导流率的变化规律

主流偏移相对距离和导流率的调整与护滩带中间加强带的尺度及淹没程度有关，且后者可采用相对阻水面积(护滩带最大截面面积 A' 与断面过流面积 A 之比)来表征。这里根据水槽试验成果，点绘了主流偏移相对距离、导流率与相对阻水面积的关系，如图 9.9 所示。可以看出：主流偏移相对距离和导流率随着相对阻水面积的增大而增大，且均呈指数关系。

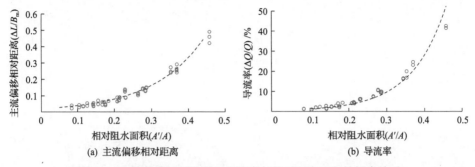

(a) 主流偏移相对距离　　　　　　　　　(b) 导流率

图 9.9　主流偏移相对距离及导流率与相对阻水面积的拟合关系

9.1.2　落成洲洲头控制工程

扬中河段上接镇江大港河段，下连江阴河段，上下两端均为微弯型的单一河道，河宽相对缩窄，中间河道放宽，为分汊弯曲河型，总体上形成四岛三汊的河势格局，见图 9.10。落成洲位于长江下游扬中河段的左汊上段。落成洲汊道段上端右侧为五峰山深槽，下端左侧为三江营深槽，该段既有汊道分流，又存在淮河入流，其水流、泥沙运动特征和河床变化十分复杂。近年来，落成洲过渡段上游五峰山深槽出现下延且右移的现象，见图 9.11。过渡段河床右侧冲刷十分明显，深泓右移，落成洲头部及左缘滩地冲刷崩退，同时落成洲右汊冲刷发展，对扬中河段河势稳定造成极为不利的影响。

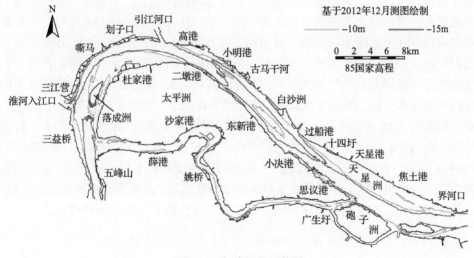

图 9.10　扬中河段河势图

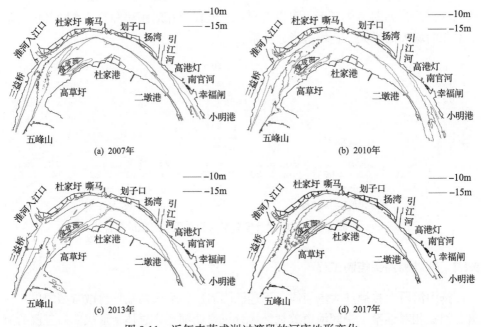

图 9.11　近年来落成洲过渡段的河床地形变化

1. 落成洲汊道段演变特征

从 20 世纪 70 年代至今，落成洲汊道段演变大致经历了四个阶段。第一阶段为 20 世纪 70～90 年代初，左汊上段嘶马弯道曾发生强烈崩岸现象，致使深泓大幅左移，右岸边滩大幅淤长。三益桥过渡段的上端五峰山节点处形成上深槽，下端主流顶冲三江营从而形成下深槽，中间过渡段深泓偏左，且具有"中、枯水期主流偏左，洪水期主流右摆"的水流特征。第二阶段为 20 世纪 90 年代，上段嘶马弯道仍存在大幅度崩岸现象，且呈向下发展趋势，弯道水流顶冲点逐渐下移，与此同时，左汊进口处主流取直且偏向河道右侧，导致落成洲洲头冲刷严重，右汊分流比不断增大而左汊输沙能力相应有所减弱。20 世纪 90 年代后期长江下游连续出现大水年份，落成洲汊道段右侧边滩冲刷崩退，左侧甚至中部则大量淤积。第三阶段为 2000～2007 年，嘶马弯道护岸工程进一步加强，崩岸现象基本上得到控制，至 2006～2007 年，中间过渡段深泓又恢复为偏向河道左侧。第四阶段为 2008 年至今，2008 年落成洲汊道段上游五峰山深槽出现下延右偏现象，落成洲右侧低滩冲刷崩退，洲头前沿低滩及洲头左缘冲刷崩退，过渡段水流特征已不明显，必须辅以治理工程才能重塑良好的滩槽形态，维护扬中河段的河势稳定。

2. 河势控制治理思路及工程措施

根据落成洲汊道段河床演变特征，确立落成洲低滩和洲头治理思路为加强岸线守护,保持河段平面形态;在促进河势稳定的前提下,通过在落成洲洲头及右侧边滩布置整治建筑物,限制主流特别是洪季主流的右摆,促使退水期主流归槽,防止落成洲洲头及左缘滩地冲刷崩退,并限制落成洲右汊分流比进一步增大,维护扬中河段的河势稳定。具体设定以下 3 个方案(图 9.12)。

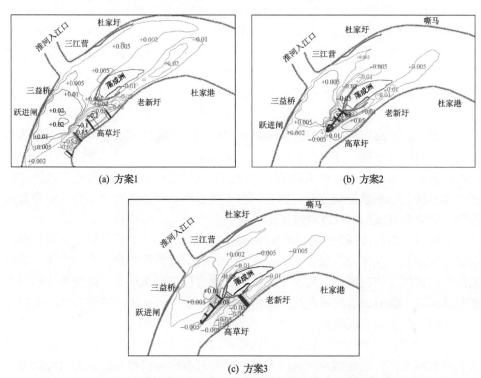

(a) 方案1　　　　　　　　　　(b) 方案2

(c) 方案3

图 9.12　不同整治工程实施方案下落成洲附近的流速变化幅度(单位:m/s)

方案 1:落成洲洲头布置抛石守护,右侧高草圩边滩布置四道丁坝组成丁坝群,适当减小过渡段河宽,促使退水期主流归槽,起到冲刷浅滩的作用,四道丁坝长度分别为 400m、580m、660m 和 500m,坝顶高程为-2.0m,根部与岸坡相连,坝顶纵坡的坡比为 1:200。落成洲洲头及左侧三江营岸线护岸加固。

方案 2:落成洲洲头部布置分流鱼嘴工程,将洲头分流点上提,洲头分流鱼嘴由头部鱼嘴坝、纵向顺坝及三道横向格坝组成。纵向顺坝长 1480m,三道横向格坝从上游至下游长度分别为 300m、450m 和 600m,坝顶高程为-2.0m。落成洲洲头及左侧三江营岸线护岸加固。

方案 3:落成洲洲头部布置梳齿坝,同时右汊布置一道潜坝,洲头梳齿坝由一道纵向顺坝及三道横向齿坝组成。纵向顺坝坝头部为勾头状,坝长 2030m,三道横向齿坝从上游至下游长度分别为 229m、341m 和 418m,坝顶高程为-2.0m。潜坝长度为 657m,坝顶高程为-5m。落成洲洲头及左侧三江营岸线护岸加固。

3. 河势控制治理效果评估

针对上述 3 个方案，利用前面构建的三维水沙数学模型对不同方案的治理效果进行评估。模型计算中以五峰山为进口边界，以肖山为出口边界，计算河段的全长约 92km。依据计算结果，各整治方案工程效果分析如下。

方案 1：过渡段右侧丁坝群阻流作用明显，高草圩边滩流速减小，有利于泥沙淤积形成高滩，同时落成洲右汊分流比得到控制，分流比减小 2%～3%，过渡段中部流速增大，左汊过渡段浅区流速增大，说明整治方案对促进过渡段浅区冲刷，限制落成洲右汊发展起到了较好的效果。但是，工程实施后，洪水情况下落成洲洲头及右缘近岸流速增大明显，对落成洲头部的稳定形成不利影响。

方案 2：落成洲洲头因分流鱼嘴阻水的作用，鱼嘴区域流速减小，因分流鱼嘴使洲头分流点上提，落成洲右汊分流比减小 0.8%～1.2%，左汊航槽流速增大，因此，分流鱼嘴的实施有利于促进泥沙淤积形成稳定洲头形态，可使三益桥过渡段洪水右摆趋中现象得到改善。但是，由于落成洲右汊分流比并未得到完全有效控制，对限制落成洲右汊发展效果不明显。

方案 3：因落成洲头部梳齿坝将洲头分流点上提，三益桥过渡段主流有略向左偏移的迹象，左汊过渡段浅区流速增大，有利于过渡段滩槽形态的改善。落成洲洲头梳齿坝区流速减小，有利于泥沙淤积形成稳定洲头形态、防止落成洲洲头和左缘崩退，落成洲右汊因潜坝限流作用，流速减小，分流比减小 3.0%～4.7%，有利于限制落成洲右汊发展。

综上所述，三个整治工程方案实施后对加强落成洲洲头守护，防止落成洲洲头和左缘崩退，并限制落成洲右汊发展，促进过渡段滩槽形态的改善均可取得一定的工程效果。其中方案 3 实施后，工程效果更为明显。

9.2　窝崩应急治理原则与措施

9.2.1　窝崩治理原则

长江中下游大型窝崩现象的治理原则包括：①实时进行抢险，遏制险情发展，确保堤防安全，避免灾情进一步扩大，减少人员伤亡和经济损失；②事发抢险与后续复建相结合，并与河道综合治理相适应，堤防退建的布置、窝塘两肩和周边等关键部位的守护结构及材料选择等，既能满足险情抢护的要求，也能适应事后治理的需要，还必须与今后的河道治理工程相互适应，有效控导近岸水流，防止产生严重的局部冲刷，有利于稳定岸线和河势；③窝崩治理目标为改善局部水流流态，降低水流紊动强度，促进上下游、左右岸相关联岸段的河床稳定，避免河床出现大冲大淤，同时需满足沿岸港口、航道、桥梁、取水等工程的正常运行需求；④贯彻生态环保措施，选用施工便利快捷的结构材料。

9.2.2　窝崩应急抢险治理流程

窝崩应急抢险治理的具体措施，应与当地环境、条件、窝崩的危害程度等因素相结合（镇江市工程勘测设计院，2017）。不同河段窝崩所采取的抢险流程可能有所不同，本节以扬中市指南村"11·8"窝崩为例，介绍相应的抢险治理流程，具体包括以下内容。

（1）紧急疏导，控制现场，组织群众撤离，设立警戒线与安全区，同时切断交通与水电，控制险情现场，确保人员安全。

（2）果断决策，抢筑子堤，明确水流条件与抢筑时机，组织人力物力，完成子堤抢筑，并后续加高加固子堤。

（3）窝塘治理措施为"守两肩、固周边、先促淤、后封口"，具体见 9.2.3 节分析。

（4）做好群众安置工作，保障受灾群众的生命财产安全，强化安全教育，做好心理疏导和宣传解释。

（5）妥善做好舆情处置，积极做好正面引导，避免造成群众恐慌。

9.2.3　窝崩治理措施

此处从"守两肩、固周边、先促淤、后封口"四个方面介绍长江中下游大型窝崩的治理措施，具体包括以下内容。

（1）窝塘上、下肩的守护。上、下肩位于窝塘口门上下端，是河道水流向窝塘输送能量的关口。因此控制上、下肩地形的发展，也就控制了河道与窝塘内水流的交换过程，从而限制了口门处河岸土体的崩塌，以及窝塘继续向上、下游方向发展的动力条件，进而限制更大规模的河岸崩塌。

（2）窝塘内侧周边固岸。窝塘形成后，次生回流的持续淘刷，导致窝塘内岸坡土体继续滑落。因此，在口门上、下两肩守护的基础上，需及时对窝塘内缘周边的岸坡进行守护，为后续治理提供基础。

（3）窝塘减流促淤。在窝塘内采取减流促淤措施，有利于恢复原有岸坡形态，并维持河岸稳定。

（4）窝塘封口。当窝塘内泥沙回淤量达到一定程度后，可以实施封口措施。

由于窝崩抢险难度颇大，故必须考虑多项工程措施的组合，如窝塘口门两肩守护与口门潜坝的组合，或窝塘口门两肩守护与口门潜坝及窝塘促淤措施的组合。对于工程措施的实施时机与顺序，窝塘口门两肩守护是抢险工作的首要任务，并应尽快构筑窝塘口门低潜坝工程；内侧固岸工程措施与两肩守护相互配合，防止窝塘扩大，而后尽快实施窝塘促淤措施，达到消减紊乱水流，巩固窝塘内侧岸坡稳定性的目的，并有利于后续窝塘内的泥沙回淤；在窝崩险情得到控制，窝塘形态稳定且泥沙回淤量达到接近 80%崩失土体的情况下，可考虑在口门潜坝的基础上，继续实施口门封堵工程。

9.3　窝崩应急治理效果的试验研究

本节选择长江下游扬中指南村窝崩为典型案例，开展了 1 : 100 的正态物理模型试验，用于分析不同窝崩应急抢险治理措施的效果，主要对窝塘促淤结构(树头石)的高度和密度、窝塘口门潜坝的高度等参数对工程治理效果的影响进行了分析。

9.3.1　局部模型设计及验证

1. 模型范围及比尺

模拟的原型范围包括整个指南村窝崩体，以及河道主流靠窝崩侧的部分(包括上下游深槽及–20m 等高线范围)，河道总长度约 2km。上边界为窝崩体上游 1.1km 处，下边界为窝崩体下游 0.9km 处。鉴于窝塘内外水流具有较强的三维紊动特性，故采用比尺 λ_L=100 的正态模型。室内模型的宽度为 11m，长度为 20m(不包括进口水流调整段和出口回流段)，模型布置如图 9.13(a)所示。

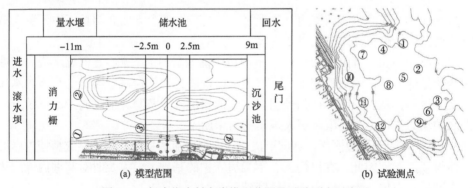

(a) 模型范围　　　　　　　　　　　　　　(b) 试验测点

图 9.13　扬中指南村窝崩模型范围及试验测点示意图

2. 试验设计

考虑到长江下游窝崩主要发生在枯水季，故本节选择下游扬中段河道流量 Q=28500m³/s 为原型的设计流量。由于该次试验范围仅为半江区域，故首先通过平面二维水流运动模型计算了设计流量下原型河道内的水深与流速分布情况，随后采用数学模型的计算结果来对概化水槽模型进行验证，即保证概化模型中测量的水深和流速与数模计算的水深和流速符合相似性原则。流速测量主要采用螺旋桨流速仪，并在窝塘内共布置了 12 个测点，如图 9.13(b)所示。每个测点布置一根测杆，并测量相对水深为 0.2、0.6 及 0.8 处的流速。每个测点的取样时间为 10min，且流速取四次测量的平均值，以消除窝内水流周期性脉动所带来的影响。此外，还采用粒子图像测速(PIV)法开展了表面流场的测量。

3. 治理措施的模拟材料

针对窝塘促淤，实际工程中是采用树头石材料，即由树冠和主干的树头(长 5m 左右)以及下端装入石块(200kg 左右)的编织袋所组成的结构(图 9.14(a))(孙信德等，1996)。室内模型中则采用塑料树(图 9.14(b))和塑料草(图 9.14(c))来模拟树头石结构。塑料树实际高约 9cm，但由于自然下垂和水流的作用，故其在水里的高度约为 7cm。塑料树包括了 5 种形式，且设置为在窝塘内随机分布。在模拟天然河道内 5m 树高时，将塑料树剪至 5cm；若模拟更小的树高，则采用塑料草，且塑料草离河底高约 2cm，直径为 6.5cm。

(a) 树头石　　　　　　　　　(b) 塑料树　　　　　　　　　(c) 塑料草

图 9.14　树头石和模型中用的塑料树和塑料草

针对天然河道内的潜坝和上下肩守护工程，可采用沙枕结构，也可采用抛石结构。然而，对于 1∶100 的正态模型，沙枕和抛石等单元体结构过小，故仅针对大结构潜坝进行模拟试验。选用直立式潜坝，并采用混凝土块制作试验模型。借鉴指南村窝塘的抢护措施，将模型中潜坝顶宽设为 3cm(相当于天然潜坝坝宽为 3m)。潜坝高度分别为 10%~50%水深，如图 9.15 所示。

图 9.15　潜坝模拟示意图

4. 试验工况

本节将概化模型试验共分为 4 组(表 9.1)。其中第一组为无工程试验,即在窝塘无抢护措施情况下,进行窝塘内外水流结构的测量;第二组为树头石窝塘促淤试验,即在窝塘内实施树头石抢护措施后,进行窝塘内外流场的测量及对比分析包括 3 种树高和 3 种树间距,且模型中塑料树的排列见图 9.16;第三组为口门潜坝封堵试验,且包括 5 种潜坝高度;第四组为树头石与潜坝的组合试验。

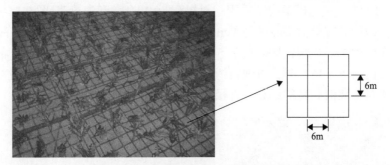

图 9.16　塑料树按照 6m×6m 间距排列的照片

表 9.1　指南村窝崩模型的试验组次

组(G)	次(N)					试验内容
	1	2	3	4	5	
1	无工程					无工程试验
2	T_h=7cm T_s=3m×3m	T_h=7cm T_s=6m×6m	T_h=7cm T_s=8m×8m	T_h=5cm T_s=6m×6m	T_h=2cm T_s=6m×6m	树头石窝塘促淤
3	D_h=0.1H	D_h=0.2H	D_h=0.3H	D_h=0.4H	D_h=0.5H	口门潜坝封堵
4	G2N4+G3N1	G2N4+G3N2	G2N4+G3N3	G2N4+G3N4	G2N4+G3N5	组合试验

注: T_h 为树高, T_s 为间距, D_h 为坝高, H 为水深; G2N4 表示第 2 组的第 4 次试验工况,而 G2N4+G3N1 表示第 2 组的第 4 次试验条件与第 3 组的第 1 次试验条件的组合工况。

9.3.2　试验结果与分析

1. 无工程条件下的试验结果

无工程时窝塘和河道的表面流速分布见图 9.17,而窝塘内各测点不同水深下的实测流速分布见图 9.18,可以看出:窝塘内流速以 8 测点为中心进行顺时针旋转,且在口门与主流交界处流速较大;在下口门附近,虽然表层流速还是指向下游,但由于受地形的影响底层流速已指向窝塘内,两者有较大的差别;窝塘内的表层流速受惯性影响较大,而底部流速受地形影响较大,故底层流向首先发生改变;窝塘内流速沿垂线分布较为均匀,且部分区域甚至出现底层流速最大的现象。

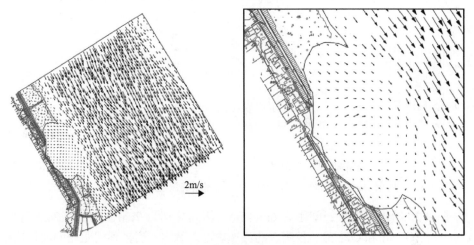

图 9.17　无工程时窝塘附近表面流场分布

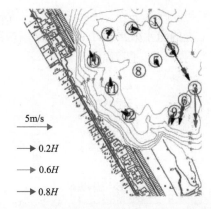

图 9.18　无工程时窝塘各测点不同水深下的流速分布

2. 树头石窝塘促淤的试验结果

窝塘内布置树头石工程时，随树头石的高度和分布密度的变化，窝塘内阻力发生变化，导致窝塘内流速发生变化。然而窝塘内的流向与无工程时的情况基本相同，这与窝塘内树头石均匀分布等因素有关。

图 9.19(a)给出了当树头石的树高为 7cm，排列间距分别为 3m×3m、6m×6m 和 8m×8m 时(工况 G2N1～G2N3)，各测点的垂线平均流速。可以看出：在相同树高时，树间距变大，窝塘内流速也变大。图 9.19(b)给了窝塘内各测点平均流速的相对值(有工程时的流速/无工程时的流速)与树头石间距的关系，可以看出，流速呈先快速下降而后趋于平缓的变化趋势，且当树头石的间距小于 8m×8m 后流速变化较小，故此时为经济效益最佳的树头石布置方案。

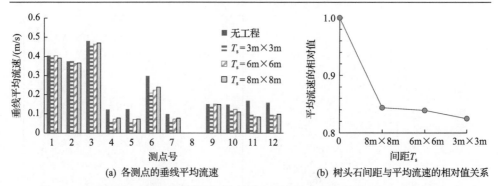

(a) 各测点的垂线平均流速　　　　　　(b) 树头石间距与平均流速的相对值关系

图 9.19　相同树高而不同间距排列下窝塘内各测点的流速比较（工况 G2N1～G2N3）

图 9.20 给出了树头石间距为 6m×6m，树高分别为 7cm、5cm 和 2cm 时（工况 G2N2、G2N4 和 G2N5），各测点的流速。可以看出：当排列间距相同而树高变大时，窝塘内平均流速的相对值变小（图 9.20（b））。此外，窝塘内树头石的阻水作用效果除与树头石的高度与间距有关外，还与工程的位置相关。1～3 测点处于窝塘口门与主流交界处，工程的阻水效果较小；靠近窝塘内部时，随着回流路径的增长，阻水效果也可更为明显，流速降幅也变大。

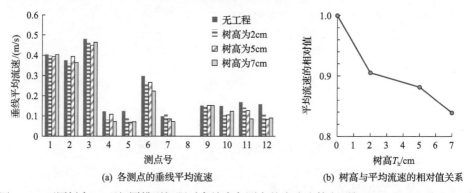

(a) 各测点的垂线平均流速　　　　　　(b) 树高与平均流速的相对值关系

图 9.20　不同树高 T_h 而相同排列间距时窝塘内各测点的流速比较（工况 G2N2、G2N4 和 G2N5）

3. 口门潜坝封堵的试验效果

潜坝影响了窝塘周围的水流运动，在潜坝阻水作用范围内流速总体上减小，但对于受潜坝影响的绕流水体，其流速则有所增大。例如，在潜坝坝高为 50%水深时（工况 G3N5），相对水深为 0.8 时 6 测点的流速由无工程（工况 G1N1）的 0.326m/s 增加到 0.441m/s，9 测点由 0.151m/s 增加到 0.176m/s；而在窝塘上游的 4 测点，垂线上的流速均小于无工程时的流速（图 9.21（a））。

图 9.22 给出了不同潜坝高度下各测点的垂线平均流速值（工况 G1N1 与 G3N1～G3N5），可以看出不同测点的垂线平均流速值变化趋势并不十分明显。

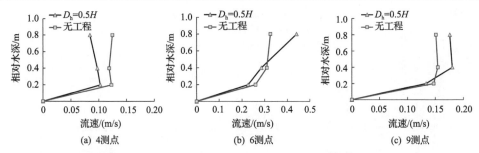

图 9.21　无工程时和潜坝坝高 D_h 为 50%水深 H 下窝塘内不同测点流速沿垂线的分布

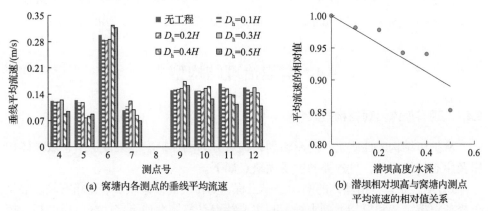

图 9.22　不同潜坝坝高下窝塘内的流速分布

因此，取窝塘内所有测点的平均流速的相对值，并分析其与潜坝相对坝高（潜坝高度/水深）的关系，结果见图 9.22(b)。可以看出，随着潜坝高度的增大，窝塘内水体的平均流速的相对值呈线性减小，有利于稳定窝塘。但随着坝高的增大，坝长也会增长，故潜坝体积则随着坝高的二次方增加，潜坝工程量和工程费用也会迅速增加。由于窝塘内的流速减小只与坝高呈线性关系，而工程费用与坝高呈 2～3 次方关系，因此，在确保窝塘减流促淤效果的情况下，从经济性的角度出发，不宜选取较大的坝高。

4. 树头石与潜坝组合措施的试验效果

针对不同树头石与潜坝组合措施方案，窝塘内各测点垂线平均流速的结果见图9.23。在树头石基础上增加潜坝封口措施后，窝塘内流速将进一步减小，并且随着坝高的增大，窝塘内流速减小幅度也变大（图 9.23(b)）。例如，在无工程时（工况G1N1），窝塘内（测点 4～12）平均流速为 0.141m/s；当窝塘内布置 5cm 树高、6m×6m 间距的树头石时（工况 G2N4），窝塘内平均流速为 0.122m/s；在树头石基础上，又增加坝高 D_h 为 50%水深的锁口潜坝（工况 G4N5）时，窝塘内平均流速减少到 0.096m/s。

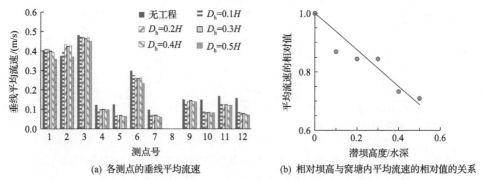

(a) 各测点的垂线平均流速　　　　　(b) 相对坝高与窝塘内平均流速的相对值的关系

图 9.23　树头石+潜坝组合措施下不同测点流速变化(树高 5cm、间距 6m×6m)

9.4　窝崩治理结构型式

9.4.1　现有崩岸治理结构型式

从护岸结构的性质上，崩岸治理结构可分为刚性护岸、柔性护岸、散粒体护岸及生态护岸四类，且各类的主要优缺点如下。

(1)刚性护岸。指整体的刚性护岸工程，如传统的浆砌块石、笼箱石块、混凝土板或框架结构和模袋混凝土等。其主要特点是整体性和稳定性好、强度高、抗冲能力强，不透水、不变形，且在护岸下部河床被局部掏空(未发生断裂破坏)时仍保持原有形状。缺点是易在护岸结构与河岸土体结合部位出现淘刷底部河床的绕流，从而使护岸结构产生破坏；护岸结构不透水，易使岸坡土体内渗透压力增大，造成护岸坡面损坏；刚性结构适应变形的能力差，故局部的破坏可能会导致护岸结构的整体破坏。

(2)柔性护岸。指具有一定柔度的护岸工程结构，如大多数排体类护岸结构。早期为由树枝、竹片和蒲草编扎的柴排，20 世纪 70 年代后陆续出现钢筋混凝土铰链排、充砂管袋软体排等新型排体结构。此类柔性护岸结构具有整体性强、稳定性好、抗冲能力强等特点。此外，柔性护岸结构能较好地适应河岸地形变化，对近岸水流影响小，且耐久性好和维护工程量不大。但此类护岸工程一次投资较大、施工工艺复杂、技术难度大，且对水下岸坡地形的要求较高，在船只抛锚区域容易被扎破而毁坏，因而适用范围受到限制。

(3)散粒体护岸。指向河床内抛投散粒体的护岸工程，且抛投物有块石、石笼、混凝土块体、沙袋、枕木或枵槎，以及近期采用的四面六边体和砼钩连体(郭晓玲和姚玉扣，2022)等。散粒体护岸的特点是适应岸坡变形的能力较强，能自动调整形态形成新的保护层，并且一次性投资少、施工简单、操作方便。但抛投物的空隙中及其周围(主要是护岸外缘附近)会产生绕流，引起局部流速加大、紊动增强，从而引起岸坡坡脚处发生淘刷，导致抛投物滚动或走失，故该类工程实施后仍需要大量的维护。

(4)生态护岸。指兼有便于植物生长和生物栖息等功能的护岸结构。在常水位以上，多采用草本、木本作物的种植、移植和插枝等进行护坡；在水位变动区，多采用网框结构上的生态复植技术进行护坡，如混凝土网格、钢丝网石笼、土工格栅等结构上种植耐淹植物；枯水位以下则多结合网框结构与沉水植物或采用抗冲性较强的人工鱼礁等结构进行护脚，如生态透水框架、六边透水框架等(杨芳丽等，2012；郭杰等，2015)。在长江南京以下河段 12.5m 深水航道建设中，针对南京以下河段水文泥沙、河床组成及生态环境现状，研发了格状石笼压载植生垫、立体网状、生态软体排等潮位变动区生态护坡结构；土工格栅加十字块压护、隔室模袋混凝土等高滩生态防护结构；空间排体、主动式钩连体、扭双工字透水框架等生态护底结构；开孔半圆形构件、开孔梯形构件等生态型坝体结构(曹民雄等，2018)。

从护岸材料方面，可将崩岸治理结构分为天然植物护岸、常规土木材料护岸、人工合成材料护岸三类，且各类的主要优缺点如下。

(1)天然植物护岸，即利用天然植物的根系避免土壤流失，增加河岸的耐侵蚀能力，维护岸坡的稳定。主要有两大类，一类是在常水位以下种植水生植物，从而衰减风浪对河岸的冲击能量，又可用以拦截漂浮物；另一类是在常水位以上的坡面甚至延伸到坡后的高坡种植植物，用以防止雨水对坡面冲刷而形成大小不等的雨淋沟，防止土体流失，保护坡后土地。天然植物护岸不仅能起到岸坡防护作用，而且能起到保护生态与美化环境的作用。但由于植物根系的强度不大，抵抗水流侵蚀作用有限，一般仅适用于水流、风浪、船行波较小的小型河道，且往往还需辅以其他工程措施。

(2)常规土木材料护岸，主要是指采用砂石料、水泥、钢材、木料，以及芦苇、灌木、柳条和蒲草等常规土木材料形成的各类护岸工程。其特点是取材方便、经济实用，但施工效率较低，且砂石开采、水泥生产等破坏生态并污染环境，而草木材料易腐朽而耐久性差。

(3)人工合成材料护岸，主要是指近几十年来出现的土工织物材料，如聚丙烯或丙纶编织布、无纺布等。这些材料不仅强度高、耐磨损、透水性和保(沙)土性好，可满足反滤和透水性的准则，能适用于多种类型的护岸工程，而且可大规模生产、运输方便。但这类材料的缺点是暴露在水上的部分易老化而耐久性较差，同时相对于常规土木材料的价格偏高。

9.4.2　新型治理结构型式

1. 混凝土正交码槎

混凝土正交码槎是由三根尺寸完全相同且横截面为正方形的混凝土杆件组成

的，在这混凝土杆件的指定位置，预留了两个贯穿断面的洞，由螺丝将这 3 根杆件固定，见图 9.24(a)。单根长度为 $2a$ 的正交码槎，投放水中后，在床面上的稳定状态如图 9.24(a)所示。因此，混凝土正交码槎在床面以上高度为 $2\sqrt{3}a/3$，而支撑床面三杆的间距为 $\sqrt{2}a$。相同材料的四面六边混凝土框架(边长为 a)在床面以上高度为 $\sqrt{6}a/3$，见图 9.24(b)。因此，正交码槎在水中的高度及支撑床面三杆的间距均为四面六边混凝土框架的 $\sqrt{2}$ 倍。结构离床面越高，阻水作用越大，而三杆间在床面的间距越大，结构体越稳定，故混凝土正交码槎的性能优于四面六边混凝土框架。

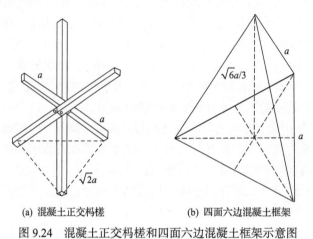

(a) 混凝土正交码槎　　　　　(b) 四面六边混凝土框架

图 9.24　混凝土正交码槎和四面六边混凝土框架示意图

2. 布帘石新结构

布帘石结构以布匹、编织布或帆布制成的布帘作为主要阻水工具，顶端以采用空心管、浮筒或泡沫材料制成的圆柱筒等作为浮力材料。布帘受上端浮筒浮力的作用浮于水中，起到减缓流速、淤积泥沙的作用。布帘下端为装有石块的布袋，且石块的重力应大于浮筒的浮力，以确保布帘石下端沉于河底(图 9.25)。布帘长度可参考具体工程所处的水深来选择，而宽度则可根据出厂布片的幅宽来选择，一般可选布片在水中的长度为 5～7m，宽度为 2～3m。单个布帘石所需布帘的总长应该是其在水中的长度、顶端与下段的折叠长度之和。

3. 土工格栅板树

由于采用树头石结构进行崩岸治理时，需砍伐较多的树木，对环境的影响较大，因此设计了土工格栅板树的护岸结构。该结构是以塑料(PVC)管代替树干(图 9.26(a))，以塑料网格板代替树枝(图 9.26(b))。实际窝崩抢险时，将储备好的已封口的塑料管、塑料网格和箍筋按比例运到崩岸现场，将每四片塑料网格进

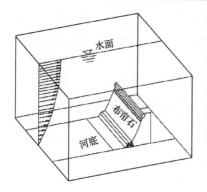

图 9.25　布帘石结构图及其在水流中的试验照片

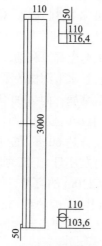

(a) 单根塑料管与闷头

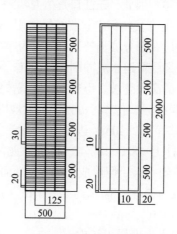

(b) 塑料网格及网格肋条

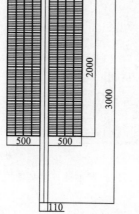

(c) 制成后的塑料网格板

图 9.26　土工格栅板树(单位：mm)

行组合，见图 9.26(c)。下端连接装石块的编织袋进行压重，并投放到指定位置，形成土工栅板树，以减少抢险方案对环境的影响。土工格栅板树的阻水效果可与树头石阻水效果类似。

9.5　典型窝崩治理案例研究

9.5.1　南京河段三江口窝崩治理

1. 窝崩特征

三江口位于长江南京河段栖龙弯道下端。长江主流过三江口节点后向北转向左岸进入仪征水道。因此，三江口是栖龙弯道下游的重要控制节点，对下游仪征水道和镇扬河段的主流及其稳定起着控导作用。栖龙弯道南侧凹岸岸坡与滩地属于现代冲积层，除表层有部分壤土外，下层皆为厚度很大的粉土(砂)和细砂，抗冲性较差。南侧凹岸因长期受弯道水流冲刷，不仅河岸不断后退，且水下深槽的深度也超过 50m，因而形成水下的高大陡坡。历史上该处就曾多次出现窝崩，而 2000 年后崩岸也时有发生。2004 年 11 月，仁本圩处发生较大规模窝崩，且历时仅数小时。最终的窝塘形状呈半圆形，口门长 190m，进深达 60 余米，坍失土方达 60 多万立方米。

2008 年 11 月 18 日 16：40，栖霞区龙潭三官村友庄圩(三江河口上游侧)发生崩岸，历时不到一天，便形成长约 340m 而进深为 230m 的窝塘，如图 9.27 所示。窝塘平面形态为 Ω 形，面积约 5.3 万 m^2，底部高程由崩前的约+5m 减小至−20m，崩塌土方量约 110 万 m^3。该窝崩导致约 200m 长的主江堤遭受水毁，且龙潭街道花园水厂的取水头也塌入江中。

(a) 窝崩照片

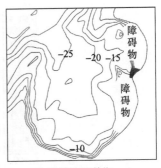

(b) 窝塘地形(单位：m)

图 9.27　三江口(友庄圩)窝崩照片和窝塘地形

2. 应急抢险工程

三官村友庄圩窝崩按照"守两肩、护周边、先促淤、后封口"原则，确定工程措施及方案。主要包括两部分，一是应急护岸部分，通过在窝塘内外采取水下抛石来遏制窝崩发展，并为后期综合治理创造条件；二是堤防退建部分，即依据现场窝崩情况和堤后地形条件，对损毁的主江堤进行退堤修建，以满足该区防洪安全的要求。

根据窝崩发展情况，在窝塘口门及两肩开展水下抛石护岸工程，共守护的岸线长度为 400m，抛石厚度为 1～2m，抛石量约 $5.37\times10^4m^3$；窝塘范围内退堤段前沿的近岸守护长度为 280m，宽度为 30m，抛石厚度为 1m，抛石量约 $0.84\times10^4m^3$。拟定的退堤距离约 60m（原状堤防轴线至新建堤防轴线间距离），且新筑堤基本与原堤平行，堤线总长约 365m。结合现有的堤防型式，堤防退建工程采用钢筋混凝土防洪墙，断面呈 L 形，底板高 4m 且宽 5.2m。防洪墙基础采用水泥搅拌桩，并且首排桩下设置短桩，形成连续的防渗幕墙，以延长渗径长度，且墙顶高程为 9.87m。

3. 险情监测与治理效果

在窝崩发生后数天，南京市长江河道管理处对窝崩段进行了水下地形测量，为应急抢险工程设计与施工提供了重要依据。2008 年 12 月 24 日，在抢险抛石完成后又对该河段进行了水下地形测量，发现抛石段内岸坡都有所淤积，窝崩也得到了控制，河岸前沿深槽的变化趋于稳定。2009 年 3 月又再次对该段进行水下地形测量，发现窝塘上游及口门处地形变化不大，且无继续发展的迹象，但窝塘下游岸线有明显冲刷，深槽也有向下游发展的趋势。

4. 护岸加固工程

受时间紧、资金不够充裕等因素制约，三江口（友庄圩）窝崩应急抢险工程措施的实施范围有限且标准也相对较低。三江口附近岸段仍是最为薄弱的环节，因而需要对三江口段的岸坡进行全面防护，以保证沿岸防洪安全以及三江口节点的河势控导作用，并为下游镇扬河段的河势稳定提供有利条件。该次守护采取了窝塘促淤及上下游补抛措施：

（1）窝塘促淤。在窝塘内抛投四面六边体框架，防止窝塘内侧岸坡继续受到冲刷，并促使窝塘内泥沙沉积；由于在应急抢险工程中口门处防崩层的抛石宽度较窄，故进一步将其适当加宽。

（2）上下游补抛。窝塘下游至中石油码头段在 20 世纪 80 年代已实施过护岸工程，但由水下地形可知，−10m 以下的岸坡冲刷下切较剧烈，且原来的护岸工程损毁严重。近岸区原来的抛石厚度较小，标准较低，故适当补充了抛石。该次护岸加固工程中，水下护岸长度共计 1340m，而窝塘内四面六边体框架的抛护面积为 $3.42\times10^4m^2$。

9.5.2 扬中河段指南村窝崩治理

第 3 章已经分析了 2017 年 11 月 8 日发生的扬中河段指南村窝崩的特征,故本节仅针对其应急抢险工程、堤防复建工程以及后续治理工程进行介绍。

1. 应急抢险工程

指南村窝崩险情发生后,当天 8:00 时确认属于典型塌江险情,随即逐级上报险情,10:00 时启动扬中市防御洪水Ⅱ级应急响应指令,随即展开了应急抢险工程,并进行方案设计,主要包括临时挡洪子堤工程与窝塘抢险工程两方面。

1) 临时挡洪子堤工程

通过潮位分析,预测当天晚 20:00 高潮水位将超过地面,因而设置临时挡洪子堤,保证 2018 年主汛来临之前扬中市的防洪安全。该工程的设计包括堤线布置、设计水位、断面设计及稳定性计算四个部分。

(1)堤线布置:考虑窝崩岸段周边的安全,结合现有堤防道路布置,在主江堤后方约 150m 处抢筑 1.5m 高的临时子堤(子堤上游至三墩港南侧,下游至指南村十五组)。随后根据窝崩的发展状况,为防止子堤崩塌,将其两端进一步延伸,上游向北至自来水厂,下游向南至指南站附近,填筑子堤长度共 1.39km(图 9.28)。

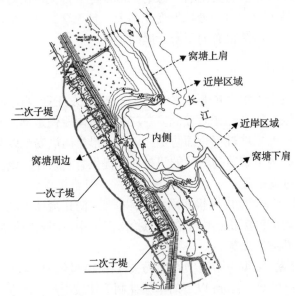

图 9.28　子堤堤线布置(单位:m)

(2)设计水位:依据本河段 11 月至次年 4 月的历史最高水位,并结合河段附近过船港闸水文站的实测数据,确定子堤设计洪水位为 4.06m。

（3）断面设计：考虑风浪及超高，子堤堤顶高程的设计安全超高为 1m，且子堤顶高程不得低于 5.1m，堤顶宽度为 3m，两侧坡比均为 1：2。

（4）稳定性计算：对设计的子堤开展了渗流和抗滑稳定计算，且结果表明子堤稳定性均满足规范要求。

2）窝塘抢险工程

为保障扬中市防洪安全且遏制险情进一步发展，按照"守两肩、固周边、先促淤、后封口"的原则布置工程措施，工程划分为窝塘上肩、窝塘口门、窝塘下肩以及窝塘内缘四个区域。

（1）守两肩。窝塘上肩抛护长度为 350m，护岸外缘基本沿–25～–20m 等深线布设防崩层，且防崩层厚 2.0m，宽 15m；近岸抛石的厚度为 1.0m，宽度为 40～145m。窝塘下肩抛护长度为 245m，外缘基本沿–30～–25m 等深线布设防崩层，且其厚度为 2.0m，宽度为 15m；近岸抛石的宽度为 80～140m。窝塘下肩属于迎流顶冲区域，为加强守护力度，外侧 20m 宽范围内采用格宾石笼防护，内侧全部为散抛块石。

（2）固周边。窝塘周边抛护岸线的长度为 490m，护岸的外缘基本沿–20～–15m 等深线布设防崩层，防崩层厚 1.5m 且宽 10m；近岸抛石，抛厚 0.8m 且抛宽 10～50m。待窝塘陆上陡坎的崩塌基本稳定后，对陡坎部位按 1：3 的坡比进行削坡后实施抛石防护，防护范围为枯水位至滩面，长度为 775m，设计厚度为 0.6m。护坎与水下抛石之间布置 2m 宽的枯水平台（散抛块石），以连接护坎与水下护岸工程。

（3）锁口促淤。窝塘口门设置抛石锁坝，长度为 95m 且高度为 5m 左右；护岸内缘基本沿–30m 等深线布设，口门处抛石厚度为 2.0m 且抛宽为 40m。窝塘口门内侧沉树头石，以减缓窝塘内水流流速，沉树头石区域长 230m 且宽 60m。

2. 堤防复建工程

考虑到临时挡洪子堤防洪标准偏低，因而需要在汛前恢复缺失的主江堤，以保证安全度汛。根据《长江流域综合规划（2012—2030 年）》和《长江流域防洪规划》，复建堤防以抵御 1954 年型洪水为防洪标准，即设计洪水位采用 100 年一遇洪水位，堤防的具体设计包括以下内容。

（1）布置原则。确立"安全、平顺、合规"的原则，即在防洪安全的前提下，确保江堤基础稳定和维护岸线稳定；堤线、岸线与河势相适应，并与大洪水的主流线大致平行；兼顾适应省市防洪规划等相关规划和文件的要求。

（2）堤线布置。考虑堤防边坡稳定，结合现有堤防两端的衔接条件，拟定复建堤线走向基本与原主江堤平行，相距约 200m（图 9.29），且复建堤防长 1331m。

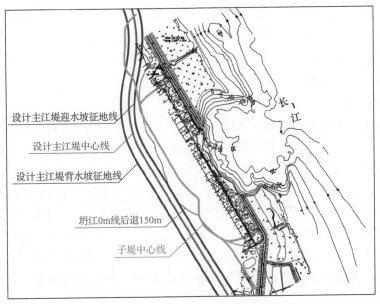

图 9.29 复建江堤堤线布置(单位：m)

(3)堤防断面结构。采用土堤结合挡浪墙的结构型式(图 9.30)，堤顶宽 8m，迎水侧坡比为 1∶3。设计洪水位 6.51m 以下采用现浇砼护坡，高程 6.51～7.31m 的范围内采用铰链式生态护坡。背水侧采用草皮护坡，坡比为 1∶2.5，且坡脚布设宽 10m 的压渗平台。

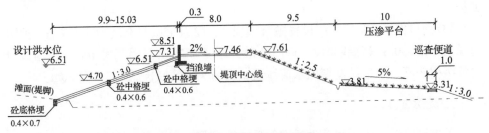

图 9.30 复建江堤断面结构(单位：m)

3. 后续治理工程

扬中指南村窝崩的后续治理工程包括窝塘治理和窝塘上下游河道岸线守护工程，具体如下。

(1)窝塘治理工程。考虑在原有抢险措施上对窝塘口门处进行防护，并采取适当的促淤措施。在窝塘口门、上肩上游 590m 和下肩下游 175m 的范围内，采用 1.1m 厚格宾石笼加强守护岸坡，并与上下游平顺衔接。窝塘内采用沉树头石进行减流促淤，树头石的沉放面积为 $3.96×10^4 m^2$，且每 $9m^2$ 布置一棵树头石，其高度不小于 5m。

(2)窝塘上下游岸线守护工程。对窝塘上下游岸线进行守护,守护范围从二墩港上游 500m 至泰州大桥下游约 100m 的岸段,守护长度为 4150m。该守护工程采用散抛块石,且水下护脚的抛厚均为 1.2m,上游防崩层宽 15m,而下游防崩层宽 20m,且防崩层抛厚均为 2.0m。

4. 工程效果分析

指南村窝崩抢险工程施工期间共进行 7 次水下地形监测,结果表明:窝塘形成初期(2017 年 11 月 9～20 日)陆上陡坎存在后退的现象,水下岸坡(尤其是 0m 等高线)持续缓慢后移;2017 年 11 月 29 日至 2018 年 1 月 3 日,窝塘基本无明显变化,窝塘近岸陡坎继续坍塌,但速率渐缓,窝塘中部因坍塌土体堆积而表现为等深线略有收缩。此后,随着近岸土体不断坍塌,窝塘近岸边坡变缓而趋于稳定,坍塌下来而堆积在窝塘中部的松散土体逐渐外流或沉陷,使得窝塘中部表现为等深线略有扩展。

9.6　本章小结

本章结合长江中下游实际崩岸治理工程案例,介绍了河道崩岸的局部河段河势控制技术以及窝崩抢险与治理技术,取得的主要结论包括以下内容。

(1)以长江中游腊林洲低滩守护工程和长江下游落成洲洲头控制工程为实例,分析了局部河势调控效果。腊林洲低滩兴建导流护滩带后,表现为水流向护滩带对岸侧偏移,护滩带侧上游及掩护区流速减小,有利于维持腊林洲低滩稳定。落成洲洲头的工程措施为洲头梳齿坝与右汊潜坝相结合时,工程效果明显,可限制其右汊发展,防止洲头和左缘崩退,并促进过渡段滩槽形态的改善。

(2)开展了长江下游大型窝崩治理措施的物理模型试验,研究了树头石、潜坝等抢护措施的治理效果,同时分析了现有崩岸治理结构及其优缺点,并给出了混凝土正交码槎、布帘石新结构与土工格栅板树三种新型结构。

(3)以南京河段三江口窝崩治理、扬中河段指南村窝崩治理为案例,分析两个窝崩的应急抢险治理工程及后续治理措施。明确了窝塘"守两肩、固周边、先促淤、后封口"的抢险治理措施,可有效控制窝崩发展趋势,保障岸线稳定,并可为后续堤防复建和岸线守护工程奠定良好基础。

参 考 文 献

曹民雄, 申霞, 应翰海. 2018. 长江南京以下深水航道生态型整治建筑物结构研究[J]. 水运工程, 538(1): 1-11.

曹双, 蔡磊, 刘沛. 2019. 崩岸预警综合评估法研究与应用探讨[J]. 水利水电快报, 40(8): 21-28.

长江科学院. 2021. 长江中游荆江河段崩岸巡查、监测及预警技术研究项目-典型崩岸段岸坡土体特性分析报告[R]. 武汉: 长江科学院.

长江流域规划办公室. 1983. 长江中下游河道基本特征[R]. 武汉: 长江流域规划办公室.

代加兵, 刘宏远, 戴海伦, 等. 2015. 黄河宁蒙河段塌岸侵蚀现场监测及评价研究[J]. 泥沙研究, (5): 63-68.

戴永江. 2011. 激光雷达技术[M]. 北京: 电子工业出版社.

邓珊珊, 夏军强, 宗全利, 等. 2020. 下荆江典型河段芦苇根系特性及其对二元结构河岸稳定的影响[J]. 泥沙研究, 45(5): 13-19.

邓书斌, 陈秋锦, 杜会建, 等. 2014. ENVI遥感图像处理方法[M]. 北京: 高等教育出版社.

邓勇, 施文康, 朱振福. 2004. 一种有效处理冲突证据的组合方法[J]. 红外与毫米波学报, 23(1): 27-32.

邓宇, 赖修蔚, 郭亮. 2018. 长江中下游崩岸监测及分析研究[J]. 人民长江, 49(15): 13-17.

丁兵, 姚仕明, 栾华龙. 2023. 新形势下长江中下游干流河道治理思路探讨[J]. 长江技术经济, 7(1): 35-42.

丁普育, 张曼玉. 1985. 江岸土体液化与崩塌关系的探讨[C]//水利部长江水利委员会. 长江中下游护岸论文集(第三集). 武汉, 长江水利水电科学研究院: 104-109.

董哲仁, 孙东亚, 彭静. 2009. 河流生态修复理论技术及应用[J]. 水利水电技术, 1: 4-10.

方红卫, 王光谦. 2000. 一维全沙泥沙输移数学模型及其应用[J]. 应用基础与工程科学学报, 8(2): 154-164.

费晓昕. 2017. 长江中下游典型航道整治建筑物水毁机理与评判标准研究[D]. 南京: 南京水利科学研究院.

冯传勇, 郑亚慧, 周儒夫. 2018. 长江中下游崩岸监测技术应用研究[J]. 水利水电快报, 39(3): 47-50, 52.

冯大德. 1983. 滨湖地区意大利杨的引种栽培[J]. 江西林业科技, 4: 36-38.

顾慰慈. 2000. 渗流计算原理及应用[M]. 北京: 中国建材工业出版社.

郭杰, 王珂, 段辛斌, 等. 2015. 航道整治透水框架群对鱼类集群影响的水声学探测[J]. 水生态学杂志, 36(5): 29-36.

郭晓玲, 姚玉扣. 2022. 长江崩岸应急治理方案研究及应用[J]. 城市道路与防洪, 274(2): 137-140.

黑鹏飞. 2009. 丁坝回流区水流特性的实验研究[D]. 北京: 清华大学.

胡春宏. 2018. 三峡水库和下游河道泥沙模拟与调控技术研究[J]. 水利水电技术, 49(1): 1-6.

胡春宏. 2019. 从三门峡到三峡我国工程泥沙学科的发展与思考[J]. 泥沙研究, 44(2): 1-10.

胡春宏, 方春明. 2017. 三峡工程泥沙问题解决途径与运行效果研究[J]. 中国科学: 技术科学, 47: 832-844.

胡春宏, 王延贵, 张燕. 2006. 河流泥沙模拟技术进展与展望[J]. 水文, 26(3): 37-41.

胡春宏, 张双虎. 2020. 长江治理开发与保护协调策略探讨[J]. 人民长江, (1): 1-6.

胡德超, 张红武, 钟德钰, 等. 2010. 三维悬沙模型及河岸边界追踪方法Ⅰ-泥沙模型[J]. 水力发电学报, 29(6): 99-105.

假冬冬. 2010. 非均质河岸河道摆动的三维数值模拟[D]. 北京: 清华大学.

假冬冬, 陈长英, 张幸农, 等. 2020. 典型窝崩三维数值模拟[J]. 水科学进展, 31(3): 385-393.

假冬冬, 邵学军, 王虹, 等. 2010. 荆江典型河湾河势变化三维数值模型[J]. 水利学报, 41(12): 1451-1460.

蒋雯, 邓鑫洋. 2018. D-S证据理论信息建模与应用[M]. 北京: 科学出版社.

蒋泽锋, 朱大勇, 沈银斌, 等. 2015. 水流冲刷过程中的边坡临界滑动场及河岸崩塌问题研究[J]. 岩土力学, 36(S2):

21-28.

金腊华, 石秀清, 王南海. 2001. 长江大堤窝崩机理与控制措施研究[J]. 泥沙研究, (1): 38-43.

荆州市长江勘察设计院. 2017. 2017年洪湖长江干堤燕窝虾子沟堤段崩岸险情应急整险方案[R]. 荆州: 荆州市长江勘察设计院.

荆州市长江勘察设计院, 长江科学院, 荆州市荆江河道演变监测中心. 2018. 2017年荆江河道演变监测及分析成果报告[R]. 荆州: 荆州市长江勘察设计院, 长江科学院, 荆州市荆江河道演变监测中心.

冷魁. 1993. 长江下游窝崩形成条件及防护措施初步研究[J]. 水科学进展, (4): 281-287.

李超. 2012. 平原河道的整治措施[J]. 农技服务, 29(4): 487.

李钦荣. 2021. 多波束测深系统在长江河道监测中的应用[J]. 水利信息化, (3): 51-53,58.

李义天. 1987. 冲淤平衡状态下床沙质级配初探[J]. 泥沙研究, 1: 82-87.

李义天, 邓金运. 2013. 冲积河流崩岸预警方法: 102409634[P]. 2012-04-11.

李义天, 唐金武, 朱玲玲, 等. 2012. 长江中下游河道演变与航道整治[M]. 北京: 科学出版社.

李卓越. 2021. 后向台阶流动中三维湍流结构产生机理及演化规律的实验研究[D]. 大连: 大连理工大学.

练继建, 杨伟超, 徐奎, 等. 2018. 山洪灾害预警研究进展与展望[J]. 水力发电学报, 37(11): 1-14.

刘东风. 2014. 长江河道崩岸预警方法探索[J]. 江淮水利科技, (4): 5-7.

刘东风, 吕平. 2017. 安徽省长江崩岸预警技术研究与应用[J]. 水利水电快报, 38(11): 91-95, 118.

刘鹏飞, 冯小香, 乐培九. 2012. 动床阻力研究与应用[J]. 水动力学研究与进展(A辑), 27(5): 537-545.

刘青泉. 1995. 盲肠回流的水流运动特性[J]. 水动力学研究与进展(A辑), (3): 290-301.

刘仁钊, 马啸. 2020. 无人机倾斜摄影测绘技术[M]. 武汉: 武汉大学出版社.

刘世振, 樊小涛, 冯国正, 等. 2019. 现代高时空分辨率崩岸应急监测技术研究进展与展望[J]. 长江科学院院报, 36(10): 85-88,93.

刘彦祥. 2016. ADCP技术发展及其应用综述[J]. 海洋测绘, 36(2): 45-49.

卢金友, 等. 2020. 长江中下游河道整治理论与技术[M]. 北京: 科学出版社.

卢金友, 朱勇辉, 岳红艳, 等. 2017. 长江中下游崩岸治理与河道整治技术[J]. 水利水电快报, 38(11): 6-14.

陆守一. 2017. 地理信息系统[M]. 2版. 北京: 高等教育出版社.

陆永军, 左利钦, 季荣耀, 等. 2009. 水沙调节后三峡工程变动回水区泥沙冲淤变化[J]. 水科学进展, 20(3): 318-324.

罗利民, 田伟君, 翟金波. 2004. 生态交错带理论在生态护岸构建中的应用[J]. 环境保护, (11): 26-30.

罗龙洪, 苏长城, 应强, 等. 2019. 长江扬中河段指南村窝崩原因分析[J]. 江苏水利, (S2): 65-69, 80.

彭良泉. 2022. 长江中下游崩岸预测方法研究[J]. 水利水电快报, 43(2): 1-8.

彭彤. 2016. 基于船载移动激光扫描的滩涂崩岸测量系统关键技术研究[D]. 江西: 东华理工大学.

皮亦鸣, 杨建宇. 2007. 合成孔径雷达成像原理[M]. 成都: 电子科技出版社.

钱宁, 张仁, 周志德. 1987. 河床演变学[M]. 北京: 科学出版社.

邵学军, 王兴奎. 2005. 河流动力学概论[M]. 北京: 清华大学出版社.

施少华, 林承坤, 杨桂山. 2002. 长江中下游河道与岸线演变特点[J]. 长江流域资源与环境, (1): 69-73.

水利部长江水利委员会. 2017. 长江中下游护岸工程65年[J]. 水利水电快报, 38(11): 1-5.

水利部长江水利委员会水文局. 2014. 长江中游重点河段崩岸调查与研究[R]. 武汉: 水利部长江水利委员会水文局.

水利部长江水利委员会水文局. 2018. 长江中下游及汉江兴隆以下河道崩岸预警简报[R]. 武汉: 水利部长江水利委员会水文局.

水利部长江水利委员会水文局. 2019. 长江中下游及汉江兴隆以下河道崩岸预警简报[R]. 武汉: 水利部长江水利委员会水文局.

水利部长江水利委员会水文局. 2020. 长江中下游及汉江兴隆以下河道崩岸预警简报[R]. 武汉: 水利部长江水利委员会水文局.

水利部长江水利委员会水文局. 2022. 长江中游荆江河段崩岸巡查、监测及预警技术研究[R]. 武汉: 水利部长江水利委员会水文局.

苏龙飞, 李振轩, 高飞, 等. 2021. 遥感影像水体提取研究综述[J]. 国土资源遥感, 33(1): 9-19.

孙信德, 蔡元裕, 姚文庆. 1996. 采用沉树头石治理长江江岸崩窝的实践[J]. 水利工程管理, (4): 45-47.

唐金武, 邓金运, 由星莹, 等. 2012. 长江中下游河道崩岸预测方法[J]. 四川大学学报(工程科学版), 44(1): 75-81.

唐磊, 何术锋, 莫康乐, 等. 2019. 小型水坝拆除后河貌演变模拟分析——以西河水坝为例[J]. 水科学进展, 30(5): 699-708.

陶文铨. 2001. 数值传热学[M]. 2版. 西安: 西安交通大学出版社.

王博. 2008. 连续弯道水流及床面变形的试验研究[D]. 北京: 清华大学.

王磊. 2011. 植被根系固土力学机理试验研究[D]. 南京: 南京林业大学.

王延贵. 2003. 冲积河流岸滩崩塌机理的理论分析及试验研究[D]. 北京: 中国水利水电科学研究院.

王延贵, 匡尚富. 2006. 河岸窝崩机理的探讨[J]. 泥沙研究, (3): 27-34.

王媛, 李冬田. 2008. 长江中下游崩岸分布规律及窝崩的平面旋涡形成机制[J]. 岩土力学, (4): 919-924.

闻云呈, 贾梦豪, 张帆一, 等. 2022. 长江扬中河段典型岸段江岸稳定性研究[J]. 水道港口, 43(4): 457-465,548.

吴永新, 周玲霞, 吴昊, 等. 2017. 长江南京河段崩岸规律及预警措施[J]. 水利水电快报, 38(11): 99-102.

夏继红, 严忠民. 2004. 国内外城市河道生态型护岸研究现状及发展趋势[J]. 中国水土保持, (3): 20-21.

夏军强, 邓珊珊, 周美蓉, 等. 2019. 长江中游河道床面冲淤及河岸崩退数学模型研究及其应用[J]. 科学通报, 64(7): 725-740.

夏军强, 刘鑫, 邓珊珊, 等. 2022. 三峡工程运用后荆江河段崩岸时空分布及其对河床调整的影响[J]. 湖泊科学, 34(1): 296-306.

夏军强, 王光谦, 吴保生. 2005. 游荡型河流演变及其数值模拟[M]. 北京: 中国水利水电出版社.

夏军强, 周美蓉, 许全喜. 2020. 三峡工程运用后长江中游河床调整及崩岸特点[J]. 人民长江, 51(1): 16-27.

夏军强, 宗全利. 2015. 荆江段崩岸机理及数值模拟[M]. 北京: 科学出版社.

徐涵秋. 2005. 利用改进的归一化差异水体指数(MNDWI)提取水体信息的研究[J]. 遥感学报, 9(5): 589-595.

许全喜, 董炳江, 张为. 2021. 2020年长江中下游干流河道冲淤变化特点及分析[J]. 人民长江, 52(12): 1-8.

闫霈, 张友静, 张元. 2007. 利用增强型水体指数(EWI)和GIS去噪音技术提取半干旱地区水系信息的研究[J]. 遥感信息, 11(6): 62-67.

杨芳丽, 耿嘉良, 付中敏, 等. 2012. 长江中游航道整治中生态技术应用探讨[J]. 人民长江, 43(24): 68-71.

杨云平, 张明进, 李义天, 等. 2016. 长江三峡水坝下游河道悬沙恢复和床沙补给机制[J]. 地理学报, 71(7): 1241-1254.

姚仕明, 黎礼刚, 岳红艳, 等. 2022. 长江中下游崩岸机理与护岸工程技术回顾与展望[J]. 中国防汛抗旱, 32(9): 7-15.

姚仕明, 卢金友. 2006. 抛石护岸工程试验研究[J]. 长江科学院院报, (1): 16-19.

姚仕明, 卢金友. 2018. 长江中下游护岸工程技术与防护效果研究[C]//中国水利学会. 纪念98抗洪十周年学术研讨会优秀文集. 郑州: 黄河水利出版社: 30-34.

姚仕明, 岳红艳. 2012. 长江中下游生态护岸工程发展趋势浅析[J]. 中国水利, 6: 18-21.

应强, 张幸农, 张思和, 等. 2009. 不同粒径块石及其组合的护岸效果[J]. 水利水运工程学报, (2): 44-49.

余明辉, 郭晓. 2014. 崩塌体水力输移与塌岸淤床交互影响试验[J]. 水科学进展, 25(5): 677-683.

余文畴. 2013. 长江河道认识与实践[M]. 北京: 中国水利水电出版社.

余文畴, 卢金友. 2008. 长江河道崩岸与护岸[M]. 北京: 中国水利水电出版社.

余文畴, 苏长城. 2007. 长江中下游"口袋型"崩窝形成过程及水流结构[J]. 人民长江, 381(8): 156-159.

张冠军, 张志刚, 于华. 2014. GPS RTK 测量技术实用手册[M]. 北京: 人民交通出版社.

张幸农, 陈长英, 假冬冬, 等. 2011. 流滑型窝崩特征及概化模拟试验[J]. 水利水运工程学报, (4): 13-17.

张幸农, 假冬冬, 陈长英. 2021. 长江中下游崩岸时空分布特征与规律[J]. 应用基础与工程科学学报, 29(1): 55-63.

张幸农, 假冬冬, 应强, 等. 2022. 长江下游窝崩机理及其治理技术[J]. 中国防汛抗旱, 32(9): 1-6.

张幸农, 蒋传丰, 陈长英, 等. 2008. 江河崩岸的类型与特征[J]. 水利水电科技进展, 28(5): 66-70.

张幸农, 蒋传丰, 陈长英, 等. 2009. 江河崩岸的影响因素分析[J]. 河海大学学报(自然科学版), 37(1): 36-40.

张幸农, 牛晨曦, 假冬冬, 等. 2020. 流滑型窝崩水流结构特征及其变化规律[J]. 水科学进展, 31(1): 112-119.

张幸农, 应强, 陈长英. 2007. 长江中下游崩岸险情类型及预测预防[J]. 水利学报, (S1): 246-250.

镇江市工程勘测设计院. 2017. 扬中市 11·8 长江崩岸抢险工程[R]. 镇江: 镇江市工程勘测设计院.

中国水利学会. 河道崩岸监测规范: T/CHES 57—2021[S]. 北京: 中国水利学会.

中国科学院地理研究所, 长江水利水电科学研究院, 长江航道局规划设计研究所. 1985. 长江中下游河道特性及其演变[M]. 北京: 科学出版社.

中华人民共和国水利部. 2000 年中国河流泥沙公报(长江、黄河). (2000-12-31)[2024-04-12]. http://www.mwr.gov.cn/sj/tjgb/zghlnsgb/201612/t20161222_776055.html.

中华人民共和国住房和城乡建设部. 堤防工程设计规范: GB 50286—2013[S]. 北京: 中国计划出版社.

周建红. 2017. 荆江河道险工险段崩岸监测技术与预警方法探讨[J]. 水利水电快报, 38(12): 12-16.

周美蓉, 夏军强, 邓珊珊. 2017. 荆江石首河段近 50 年河床演变分析[J]. 泥沙研究, 42(1): 40-46.

宗全利, 冯博, 蔡杭兵, 等. 2018. 塔里木河流域河岸植被根系护坡的力学机制[J]. 岩石力学与工程学报, 37(5): 1290-1300.

Arnold E, Toran L. 2018. Effects of bank vegetation and incision on erosion rates in an urban stream[J]. Water, 10(4): 482.

ASCE Task Committee. 1998a. Hydraulics, bank mechanics, and modeling of river width adjustment Ⅰ: Processes and mechanisms[J]. ASCE Journal of Hydraulic Engineering, 124(9): 881-902.

ASCE Task Committee. 1998b. Hydraulic, bank mechanics, and modeling of riverbank width adjustment Ⅱ: Modeling[J]. ASCE Journal of Hydraulic Engineering, 124(9): 903-918.

Barman K, Roy S, Das V K, et al. 2019. Effect of clay fraction on turbulence characteristics of flow near an eroded bank[J]. Journal of Hydrology, 571: 87-102.

Baum R L, Godt J W. 2010. Early warning of rainfall-induced shallow landslides and debris flows in the USA[J]. Landslides, 7(3): 259-272.

Begin, Z B. 1981. Stream curvature and bank erosion: A model based on the momentum equation[J]. Journal of Geology, 89: 497-504.

Best J. 2019. Anthropogenic stresses on the world's big rivers[J]. Nature Geoscience, 12: 7-21.

Breiman L. 2001. Random forests[J]. Machine Learning, 45(1): 5-32

Campbell J B, Wynne R H. 2011. Introduction to Remote Sensing[M]. New York: Guilford Press.

Carpenter J R, Tedford E W, Heifetz E, et al. 2011. Instability in stratified shear flow: Review of a physical interpretation based on interacting waves[J]. Applied Mechanics Reviews. 64(6): 060801.

Cavaille P, Dommanget F, Daumergue N, et al. 2013. Biodiversity assessment following a naturally gradient of riverbank protection structures in French prealps rivers[J]. Ecological Engineering, 53: 23-30.

Cavaille P, Ducasse L, Breton V, et al. 2015. Functional and taxonomic plant diversity for riverbank protection works:

Bioengineering techniques close to natural banks and beyond hard engineering[J]. Journal of Environmental Management, 151: 65-75.

Chawla N V, Bowyer K W, Hall L O, et al. 2002. SMOTE: Synthetic minority over-sampling technique[J]. Journal of Artificial Intelligence Research, 16: 321-357.

Chiang S, Tsai T, Yang J. 2011. Conjunction effect of stream water level and groundwater flow for riverbank stability analysis[J]. Environmental Earth Sciences 62 (4): 707-715.

Clopper P E, Lagasse P F, Ruff J F, et al. 2006. Riprap design criteria, recommended specifications, and quality control: NCHRP 568[S]. Washington DC: Transportation Research Board.

Couper P R, Maddock I P. 2001. Subaerial river bank erosion processes and their interaction with other bank erosion mechanisms on the River Arrow, Warwickshire, UK[J]. Earth Surface Processes and Landforms, 26: 631-646.

Crosetto, M, Castillo, M, Arbiol, R. 2003. Urban subsidence monitoring using radar interferometry[J]. American Society for Photogrammetry and Remote Sensing. 69 (7): 775-783.

Cutler D R, Edwards Jr T C, Beard K H, et al. 2007. Random forests for classification in ecology[J]. Ecology, 88 (11): 2783-2792.

Darby S E, Alabyan A M, de Wiel M J. 2002. Numerical simulation of bank erosion and channel migration in meandering rivers[J]. Water Resources Research, 38 (9): 1163.

Darby S E, Rinaldi M, Dapporto S. 2007. Coupled simulations of fluvial erosion and mass wasting for cohesive river banks[J]. Journal of Geophysical Research, 112 (F3): F03022.

David F C. 2011. Mass angle of repose of open-graded rock riprap[J]. Journal of Irrigation & Drainage Engineering, 137 (7): 454-461.

Darby S E, Thorne C R. 1996. Development and testing of riverbank-stability analysis[J]. Journal of Hydraulic Engineering, 122 (8): 443-454.

Dempster A P. 1967. Upper and lower probabilities induced by a multivalued mapping[J]. Annals of Mathematical Statistics, 38 (2): 325-339.

Deng S S, Xia J Q, Zhou M R. 2019b. Coupled two-dimensional modeling of bed evolution and bank erosion in the Upper Jingjiang Reach of Middle Yangtze River[J]. Geomorphology, 334: 10-24.

Deng S S, Xia J Q, Zhou M R, et al. 2019a. Coupled modeling of bed deformation and bank erosion in the Jingjiang Reach of the Middle Yangtze River[J]. Journal of Hydrology, 568: 221-233.

Duró G, Crosato A, Kleinhans M G, et al. 2018. Bank erosion processes measured with UAV-SFM along complex banklines of a straight mid-sized river reach[J]. Earth Surface Dynamics, 6: 933-953.

Evetter A, Balique C, Lavaine C, et al. 2012. Using ecological and biogeographical features to produce a typology of the plant species used in bioengineering for riverbank protection in Europe[J]. River Research and Applications, 28: 1830-1842.

Ferguson R I. 1986. Hydraulics and hydraulic geometry[J]. Progress in Physical Geography: Earth and Environment, 10 (1): 1-31.

Fox G A, Wilson G V. 2010. The role of subsurface flow in hillslope and stream bank erosion: A review[J]. Soil Science Society of America Journal, 74 (3): 717-733.

Frei, M, Kaufmann, H, Xia Y. 2012. Remote detection and analysis of mass movements in the vicinity of the Three Gorges Dam/Yangtze River/China[C]. 2012 IEEE International Geoscience and Remote Sensing Symposium, Munich: 3923-3926.

Fukuoka S. 1994. Erosion processes of natural river bank[C]. Proceedings of the 1st International Symposium on

Hydraulic Measurement, Beijing.

Gourley J J, Flamig Z L, Vergara H, et al. 2017. The flash project: Improving the tools for flash flood monitoring and prediction across the United States[J]. Bulletin of the American Meteorological Society, 98 (2): 361-372.

Han H, Wang W Y, Mao B H. 2005. Borderline-SMOTE: A new over-sampling method in imbalanced data sets learning[C]. Proceedings of International Conference on Intelligent Computing, Heidelberg.

Hanson G J, Simon A. 2001. Erodibility of cohesive streambeds in the loess area of the Midwestern USA[J]. Hydrological Processes, 15 (1): 23-38.

Hasan M A Z. 1992. The flow over a backward-facing step under controlled perturbation: Laminar separation[J]. Journal of Fluid Mechanics, 238: 73-96.

Hathaway R J, Bezdek J C. 1988. Recent convergence results for the fuzzy c-means clustering algorithms[J]. Journal of Classification, 5: 237-247.

Henshaw A J, Thorne C R, Clifford N J. 2013. Identifying causes and controls of river bank erosion in a British upland catchment[J]. Catena, 100: 107-119.

Ikeda S, Parker G, Sawai K. 1981. Bend theory of river meanders. Part 1. Linear development[J]. Journal of Fluid Mechanics, 112: 363-377.

Jia D D, Shao X J, Wang H, et al. 2010. Three-dimensional model of bank erosion and morphological changes in the Shishou bend of the middle Yangtze River[J]. Advances in Water Resources, 33 (3): 348-360.

Julian J P, Torres R. 2006. Hydraulic erosion of cohesive riverbanks[J]. Geomorphology, 76 (1-2): 193-206.

Karmaker T, Dutta S. 2011. Erodibility of fine soil from the composite river bank of Brahmaputra in India[J]. Hydrological Processes 25 (1): 104-111.

Karmaker T, Dutta S. 2013. Modeling seepage erosion and bank retreat in a composite river bank[J]. Journal of Hydrology, 476: 178-187.

Klavon K, Fox G A, Guertault L, et al. 2017. Evaluating a process-based model for use in streambank stabilization: Insights on the bank stability and toe erosion model (BSTEM) [J]. Earth Surface Processes and Landforms, 42 (1): 191-213.

Kwan H, Swanson S. 2014. Prediction of annual streambank erosion for Sequoia National Forest, California[J]. Journal of the American Water Resources Association, 50 (6): 1439-1447.

Lagasse P F, Clopper P E, Zevenbergen L W, et al. 2006. Riprap design criteria, recommended specifications, and quality control[M]. Washington, DC: Transportation Research Board.

Larsen E W, Premier A K, Greco S E. 2006. Cumulative effective stream power and bank erosion on the Sacramento River, California, USA[J]. Journal of the American Water Resources Association, 42 (4): 1077-1097.

Leopold L B, Maddock T. 1953. The hydraulic geometry of stream channels and some physiographic implications[R]. Washington, DC: U.S. Geological Survey.

Maleki F S, Khan A A. 2016. 1-D coupled non-equilibrium sediment transport modeling for unsteady flows in the discontinuous Galerkin framework[J]. Journal of Hydrodynamics, 28 (4): 534-543.

Martinis S, Kuenzer C, Wendleder A, et al. 2015. Comparing four operational SAR-based water and flood detection approaches[J]. International Journal of Remote Sensing, 36 (13): 3519-3543.

Muste M, Yu K, Gonzalez-Castro J A, et al. 2004. Methodology for Estimating ADCP Measurement Uncertainty in Open-channel Flows[C]//Sehlke G, Hayes D F, Stevens D K. Critical Transitions in Water and Environmental Resources Management. Salt Lake City: American Society of Civil Engineers.

McFeeters S K. 1996. The use of the normalized difference water index (NDWI) in the delineation of open water features[J]. International Journal of Remote Sensing, 17(7): 1425-1432.

McMillan M, Liebens J, Metcalf C. 2017. Evaluating the BANCS streambank erosion framework on the northern Gulf of Mexico Coastal Plain[J]. Journal of the American Water Resources Association, 53(6): 1393-1408.

Nardi L, Campo L, Rinaldi M. 2013. Quantification of riverbank erosion and application in risk analysis[J]. Natural Hazards, 69(1): 869-887.

Nath R K, Deb S K. 2010. Water-body area extraction from high resolution satellite images-an introduction, review, and comparison[J]. International Journal of Image Processing, 3(6): 265-384.

Newton S E, Drenten D M. 2015. Modifying the bank erosion hazard index(BEHI)protocol for rapid assessment of streambank erosion in Northeastern Ohio[J]. Journal of Visualized Experiments, (96): e52330.

Osman A M, Thorne C R. 1988. Riverbank stability analysis. Ⅰ: Theory[J]. Journal of Hydraulic Engineering, 114(2): 134-150.

Prosser I, Hughes A, Rutherfurd I. 2000. Bank erosion of an incised upland channel by subaerial processes: Tasmania, Australia[J]. Earth Surface Processes and Landforms, 5(10): 1085-1101.

Rinaldi M, Casagli N. 1999. Stability of streambanks formed in partially saturated soils and effect of negative pore water pressures: The Sieve River(Italy)[J]. Geomorphology, 26(4): 253-277.

Rinaldi M, Mengoni B, Luppi L, et al. 2008. Numerical simulation of hydrodynamics and bank erosion in a river bend[J]. Water Resources Research, 44: W09428.

Rombaut M, Yue M Z. 2002. Study of Dempster-Shafer theory for image segmentation applications[J]. Image and Vision Computing, 20(1):15-23.

Rosgen D L. 2001. A practical method of computing streambank erosion rate[C]//Proceedings of the Seventh Federal Interagency Sedimentation Conference, Reno.

Rousseau Y Y, de Wiel M J, Biron P M. 2017. Simulating bank erosion over an extended natural sinuous river reach using a universal slope stability algorithm coupled with a morphodynamic model[J]. Geomorphology, 295: 690-704.

Rowland J C, Shelef E, Pope P A, et al. 2016. A morphology independent methodology for quantifying planview river change and characteristics from remotely sensed imagery[J]. Remote Sensing of Environment, 184: 212-228.

Rozo M G, Nogueira A C R, Castro C S. 2014. Remote sensing-based analysis of the planform changes in the Upper Amazon River over the period 1986–2006[J]. Journal of South American Earth Sciences, 27(51): 28-44.

Rustam Z, Saragih G S. 2018. Predicting bank financial failures using random forest[C]. Proceedings of International Workshop on Big Data and Information Security(IWBIS), Jakarta: 81-86.

Salekshahrezaee Z, Leevy J L, Khoshgoftaar T M. 2021. A reconstruction error-based framework for label noise detection[J]. Journal of Big Data, 8: 1-16.

Sass C K, Keane T D. 2012. Application of Rosgen's BANCS Model for NE Kansas and the development of predictive streambank erosion curves[J]. Journal of the American Water Resources Association, 48(4): 774-787.

Schuurman F, Kleinhans M G. 2015. Bar dynamics and bifurcation evolution in a modelled braided sand-bed river[J]. Earth Surface Processes and Landforms, 40(10): 1318-1333.

Shafer G. 1976. A mathematical Theory of Evidence[M]. Princeton: Princeton University Press.

Simon A, Collison A J. 2002. Quantifying the mechanical and hydrologic effects of riparian vegetation on streambank stability[J]. Earth Surface Processes and Landforms, 27(5): 527-546.

Simon A, Pollen-Bankhead N, Mahacek V, et al. 2009. Quantifying reductions of mass-failure frequency and sediment loadings from streambanks using toe protection and other means: Lake Tahoe, United States[J]. Journal of the American Water Resources Association, 45(1): 170-186.

Stone H L. 1968. Iterative solution of implicit approximations of multi-dimensional partial differential equations[J]. SIAM Journal on Numerical Analysis, 5: 530-558.

Sutarto T, Papanicolaou A N, Wilson C G, et al. 2014. Stability analysis of semicohesive streambanks with CONCEPTS: Coupling field and laboratory investigations to quantify the onset of fluvial erosion and mass failure[J]. Journal of Hydraulic Engineering, 140(9): 04014041.

Thorne C R, Tovey N K. 1981. Stability of composite river banks[J]. Earth Surface Processes and Landforms, 6(5): 469-484.

Torrey V H. 1988. Retrogressive failures in sand deposits of the Mississippi River. Report 2. Empirical evidence in support of the hypothesized failure mechanism and development of the levee safety flow slide monitoring system[R]. Vicksburg: USArmy Corps of Engineers.

USACE(US Army Corps of Engineers). 1994. Hydraulic Design of Flood Control Channels[M]. Washington, DC: US Government Printing Office.

Wang G Q, Xia J Q, Wu B S. 2008. Numerical simulation of longitudinal and lateral channel deformations in the braided reach[J]. ASCE, Journal of Hydraulic Engineering, 134(8): 1064-1078.

Wu W M, Vieira D A, Wang S S. 2004. One-dimensional numerical model for nonuniform sediment transport under unsteady flows in channel networks[J]. Journal of Hydraulic Engineering, 130(9): 914-923.

Xia J Q, Deng S S, Lu J Y, et al. 2016. Dynamic channel adjustments in the Jingjiang Reach of the Middle Yangtze River[J]. Scientific Reports, 6(1): 22802.

Xia J Q, Deng S S, Zhou M R, et al. 2017. Geomorphic response of the Jingjiang Reach to the Three Gorges Project operation[J]. Earth Surface Processes and Landforms, 42(6): 866-876.

Xia J Q, Wang Z B, Wang Y, et al. 2013. Comparison of morphodynamic models for the Lower Yellow River[J]. Journal of the American Water Resources Association, 49(1): 114-131.

Xia J Q, Zhang X L, Wang Z H, et al. 2018. Modelling of hyperconcentrated flood and channel evolution in a braided reach using a dynamically coupled one-dimensional approach[J]. Journal of Hydrology, 561: 622-635.

Xia J Q, Zong Q L, Deng S S, et al. 2014a. Seasonal variations in composite riverbank stability in the Lower Jingjiang Reach, China[J]. Journal of Hydrology, 519: 3664-3673.

Xia J Q, Zong Q L, Zhang Y, et al. 2014b. Prediction of recent bank retreat processes at typical sections in the Jingjiang Reach[J]. Science China-technological Sciences, 57(8): 1490-1499.

Xie Z H, Huang H Q, Yu G A, et al. 2018. Quantifying the effects of dramatic changes in runoff and sediment on the channel morphology of a large, wandering river using remote sensing images[J]. Water, 10(12): 1767.

Xu H. 2006. Modification of normalised difference water index(NDWI) to enhance open water features in remotely sensed imagery[J]. International Journal of Remote Sensing, 27(14): 3025-3033.

Yang S L, Milliman J D, Xu K H, et al. 2014. Downstream sedimentary and geomorphic impacts of the Three Gorges Dam on the Yangtze River[J]. Earth Science Reviews, 138: 470-486.